U0805946

教育部高等学校高职高专测绘类专业教学指导委员会“十二五”规划教材

地形测量

主　编　李天和

副主编　张　博　钱伶俐　徐晓艳

孟凡超　李　建　崔书珍

殷　忠

主　审　赵文亮

黄河水利出版社

·郑州·

内 容 提 要

本书为教育部高等学校高职高专测绘类专业教学指导委员会“十二五”规划教材，是根据教育部高等学校高职高专测绘类专业教学指导委员会2011年制定的教材编写规划，为培养生产一线高端技能型的测绘人才编写的。全书共分为九章，内容包括测量学基本知识、水准测量、角度测量、距离测量、三角高程测量、测量误差、图根控制测量、大比例尺地形图的测绘、地形图应用。

本书是高职高专院校工程测量技术专业的必修课教材，同时也可作为工程测量与监理、地籍测量与土地管理信息技术、矿山测量、地理信息系统与地图制图技术等专业的教材，亦可供相关专业和相关技术人员阅读参考。

图书在版编目(CIP)数据

地形测量/李天和主编．—郑州：黄河水利出版社，2012.8 (2019.7 重印)
教育部高等学校高职高专测绘类专业教学指导委员会“十二五”规划教材
ISBN 978-7-5509-0258-9

Ⅰ.①地… Ⅱ.①李… Ⅲ.①地形测量-高等职业教育-教材 Ⅳ.①P217

中国版本图书馆 CIP 数据核字(2012)第 097631 号

组稿编辑：陶金志 电话：0371-66025273 E-mail：838739632@qq.com

出 版 社：黄河水利出版社 网址：www.yrcp.com
地址：河南省郑州市顺河路黄委会综合楼14层 邮政编码：450003
发行单位：黄河水利出版社
发行部电话：0371-66026940、66020550、66028024、66022620(传真)
E-mail：hhslcbs@126.com
承印单位：郑州豫兴印刷有限公司
开本：787 mm×1 092 mm 1/16
印张：15.5
字数：380 千字 印数：4 001—7 000
版次：2012 年 8 月第 1 版 印次：2012 年 8 月第 1 次印刷
2019 年 7 月第 2 次印刷

定价：42.00 元

序　一

职业教育是为我国国民经济建设和发展作出重要贡献的教育类型。近20年来，我国高职高专教育得到了迅速发展，可以说现在已经占据了我国高等教育的半壁江山。特别是近几年来，被定位于“以就业为导向”的职业教育，为国家第二、第三产业的发展培养出了大批技能型高端人才，为国家的经济建设和社会发展，以及为我国建成世界第二大经济实体国家发挥着积极的作用，并作出了重要贡献。其中，我国测绘类高职高专教育及其人才培养同样取得了巨大的进展。为了不断推动测绘类高职高专人才培养工作的建设、改革和发展，2004年教育部委托国家测绘局组建和管理高等学校高职高专测绘类专业教学指导委员会，并作为一个分委员会隶属教育部高等学校测绘学科教学指导委员会。分委员会成立后即开展了高职高专测绘类专业设置的研制，继而规划、组织了“十五”规划教材的编写，并经过教材审定委员会严格审定后，经协商确定，该套教材统一由黄河水利出版社出版。“十五”规划教材的按期出版和投入使用，满足了高职高专测绘类专业的教学需求，起到了有力的教学保障作用，收到了良好的效果。

2006年教育部提出，高等学校高职高专专业教学指导委员会(包括测绘类专业)独立设置开展工作，并由教育部高教司直接管理。在此期间，教学指导委员会按照教育部的要求开展了“高职高专测绘类专业规范”和“高职高专测绘类专业教学基本要求”的研制和上报工作。为了适应当前国内外测绘技术的新进展和经济社会发展对高职高专人才培养的新要求，高等学校高职高专测绘类专业教学指导委员会重新规划并组织“十二五”规划教材的编写和出版。新一批成套的规划教材是按照教育部的要求，依据“高职高专测绘类专业规范”和“高职高专测绘类专业教学基本要求”的规定编写而成的，此套教材仍然按照第一批规划教材出版协议，由黄河水利出版社统一出版。希望本套教材能在高职高专测绘类专业的人才培养中发挥更好的作用。借此机会，再次对黄河水利出版社长期给予高职高专测绘类专业人才培养工作的支持表示衷心的感谢！

虽然有“十五”规划教材的基础，也有了20年来高职高专测绘类专业人才培养的成绩和经验，但是在高职高专人才培养中仍存在地区和行业的差异，以及其自身的特点。既是规划教材，我们希望有测绘类专业的高职高专院校能在教学中使用这套教材，并在使用中发现问题，提出意见，以便今后教材的修订和不断完善。

教育部高等学校测绘学科教学指导委员会主任委员
中国工程院院士

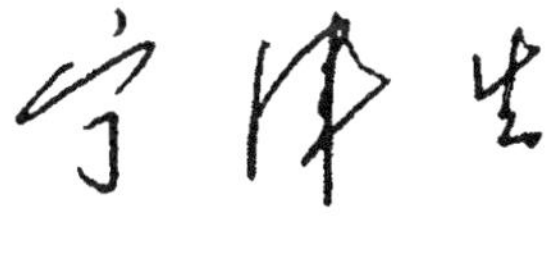

2011年12月10日　于武汉

序　二

近年来，我国高等职业教育蓬勃发展，测绘高等职业教育也随之大发展。目前，已有120余所高职院校设立了测绘类专业，每年有数万名在校生就读，有上万名测绘类专业的高职高专毕业生走向测绘与地理信息生产一线岗位，以及为相关行业部门提供测绘与地理信息保障的服务岗位。测绘类专业应用性技能型高端人才的培养，显现出招生、就业两旺的良好发展态势。

人才培养的教育教学工作，需要有教材的基础支持。早在2004年，教育部高等学校测绘学科教学指导委员会主任委员、中国测绘学会教育委员会主任委员、中国工程院院士宁津生倡导并亲自规划和组织，由教育部高等学校测绘学科教学指导委员会组织落实编写全国第一套测绘类专业高职高专规划教材。教材编写得到了各院校教学一线老师们的积极响应和支持。教材编写出版的整个过程，得到了宁津生院士等老专家的全程关心、支持和帮助。在初稿完成后，由宁津生院士任主任委员、陶本藻教授和王侬教授任副主任委员组成的教材编写审定委员会，对初稿进行了一一审查，并提出了修改意见，经主编修改再次审查通过后，经过审定委员会同意后出版。宁津生院士亲自和黄河水利出版社进行了商议，并达成协议，由黄河水利出版社给予支持和帮助，并承担出版任务。经过共同努力，教材按期出版和投入使用。该套在中原大地母亲河边出生的教材成为了我国高职高专测绘类专业整体规划设计的第一套教材，为高职高专测绘类专业人才培养发挥了基础性作用，改写了测绘高职高专教育没有成套教材的历史。该套教材受到了各院校的热烈欢迎，并得到了广泛的使用，其中的不少种教材由教育部批准成为了国家级"十一五"规划教材。

近年来，测绘新技术的应用发展迅速，测绘生产技术平台不断提升，需要迅速将测绘新技术引进课堂、引进教材；在教育部的大力推动下，对应用性技能型高端人才培养从实践到教育理论都进行了广泛而深刻的探索，并得到了新的经验。以系统化职业能力构建为本位，以与之相适应的理论知识为基础，走校企合作的道路，用工学结合的模式，以系统化的工作过程和项目为载体，追求实现人才培养的"知行合一"的目标，这样的教育思想得到了广泛的认可，并在人才培养中得到应用。培养出来的高职人才以其对就业岗位较强的切入能力、较好的适应能力和较高的职业发展能力逐渐得到社会的认可。

同时，经济、技术和社会的发展，对高职人才的培养也提出了新的要求。教育部高等学校高职高专测绘类专业教学指导委员会和黄河水利出版社遵照协议，共同商议组织高职高专测绘类专业"十二五"规划教材的编写和出版。在策划和组织的时候，教育部组织研制的专业规范和教学基本要求已经完成，这为教材的编写奠定了基础。教育部高等学校高职高专测绘类专业教学指导委员会期望通过编写团队、专家和出版社的共同努力，立足已有基础，高水平编写并按期出版新一套规划教材，希望各院校积极使用新编"十二五"规划教材，让教材为促进高职测绘教育的可持续科学发展发挥积极作用。

衷心感谢宁津生院士、陶本藻教授、王侬教授对高职高专测绘类专业人才培养工作一路走来的支持、关心和帮助！衷心感谢为本套教材的编写付出了心血的每一位老师！感谢黄河水利出版社为本套教材的出版而默默付出的每一位同志！

尽管有了良好基础，但由于地区、装备水平、服务行业等的差异，以及各院校老师对课程教学组织的个性化设计，对教材会有不同的要求，因此希望各院校在教材使用过程中能发现问题，提出意见，以便今后教材的修订和完善。

教育部高等学校高职高专测绘类专业教学指导委员会主任委员

2011年12月6日　于昆明

前　言

本教材是教育部高等学校高职高专测绘类专业教学指导委员会“十二五”规划教材。地形测量课程是测绘类专业重要的专业核心课程，又是测绘课程的入门课程。根据国家“十二五”教育发展规划对高职高专的要求——以培养生产一线高端技能型人才为根本任务，以培养技术应用能力为主线，设计学生的知识、能力、素质结构和培养方案，根据测绘科学的发展状况，以教育部高等学校高职高专测绘类专业教学指导委员会制定的高职高专教材编写、审查和出版的流程及规定为指南，在广泛调研的基础上，本着科学性、实用性、先进性的编写指导思想，注重高等职业技术教育的特色，侧重地形测量学的基本理论、基本知识和基本方法的阐述，加强动手能力培养，突出教学内容的针对性和实用性，将理论教学和实践教学融为一体，教材内容力求做到简明扼要，深入浅出，贴近生产现场，力争编写出一本内容先进、符合高等职业技术教育改革并具有高等职业教育特色的教材。

本书每章有教学的主要内容和知识、技能目标提示，并将知识能力和技能训练融入各章中，这样既便于教师组织教学，又便于学生自学。

本书由重庆工程职业技术学院李天和教授担任主编，沈阳农业大学高等职业技术学院张博、长江工程职业技术学院钱伶俐、云南能源职业技术学院徐晓艳、辽源职业技术学院孟凡超、重庆工程职业技术学院李建、重庆工程职业技术学院崔书珍、南京工程高等职业学校殷忠担任副主编。具体编写分工如下：第一章、第五章由徐晓艳编写，第二章由钱伶俐编写，第三章由孟凡超编写，第四章由张博编写，第六章由崔书珍编写，第七章由李天和编写，第八章由李建编写，第九章由殷忠编写。全书由李天和统稿、定稿。

全书完成后，由教育部高等学校高职高专测绘类专业教学指导委员会责成赵文亮教授进行认真细致的审稿，提出了许多宝贵意见，修改后，通过了教育部高等学校高职高专测绘类专业教学指导委员会“十二五”规划教材审定委员会的审定，作为测绘类专业的高职高专院校统编教材，供高等职业教育测绘类专业使用。在此，对赵文亮教授和教材审定委员会的各位专家表示感谢！同时对黄河水利出版社为本教材顺利出版给予的大力支持表示感谢！

在本书的编写过程中，参阅了大量的文献，引用了同类书刊的部分资料，在此，谨向有关作者表示衷心的感谢！

由于作者水平有限，本书在编写过程中，编者做了很大努力，经过了多次审校，但书中错漏及不妥之处在所难免，诚请广大读者批评指正。

编　者

2012 年 4 月

目　录

第一章　测量学基本知识

教学内容:

测量学、水准面、大地水准面、水平面、大地体、坐标系统、高程、高差、基准面、基准线等基本概念;地球的形状和大小的意义及地面点位的确定方法;平面坐标和高程系统的建立过程;测量工作的基本原则与作业过程。

知识目标:

1. 理解测量学等基本概念及测量学的任务、作用;

2. 了解测绘科学技术的作用、发展历史和研究方向,测量学的分类;

3. 了解地球的形状和大小及地面点位的确定方法;

4. 了解测绘工作的基本原则与作业过程;

5. 通过对基本概念的重点学习,引出本门课程的性质、任务、学习方法等,为后续章节的进一步学习做好铺垫,并为后续专业课的学习打下基础。

第一节　测量学的基本概念

一、测量学的概念及发展概况

(一)测量学的概念

测量学是研究地球的形状和大小,确定地球表面各种自然和人造物体的形态及其变化,对各种地物和地貌的空间位置及属性等信息进行采集、处理、管理、更新和利用的科学与技术。其任务为:一是精准地测定地面点的平面位置和高程,并确定地球的形状和大小;二是将地球表面的起伏形态与各种固定物体及其他信息测绘成图;三是开展经济建设和国防建设所需要的测绘工作,以推动生产与科技的发展。因测量学的主要技术表现为测量与绘图,所以测量学也被称为"测绘学"。

(二)测量学的分类

测量学是测绘科学技术的总称,它的研究对象非常广泛,从地球的形状、大小至地球以外的空间,到地面上局部的面积和点位等的有关数据及信息,按照研究范围、对象以及测量手段的不同,通常又将测量学分为许多分支学科。

1. 大地测量学

大地测量学是以地球表面上一个较大的区域,乃至整个地球为研究对象,研究和测定地球的形状、大小和重力场,测定地面点几何位置和地球整体与局部运动的理论与技术的学科。大地测量学中测定地球的大小,是指测定地球椭球的大小;研究地球形状,是指研究大地水准面的形状;测定地面点的几何位置,是指测定以地球椭球面为参考的地面点的位置。其基本任务是建立国家大地控制网,测定地球的形状、大小和重力场,为地形测图和各种工程测量提供基础起算数据;为地球科学、地震预报、陆地变迁、地形图测绘及工程施工提供控制依据；为航空、航天、航海提供定轨、定位依据；为国防建设提高战略、战术和武器的精确命中提供制导手段等。由于人造卫星的发射和遥感技术的发展，现代大地测量学又分为常规大地测量学和卫星大地测量学。

2. 地形测量学

地形测量学是研究如何将地球表面较小区域内的地物（地球表面固定不动的物体）和地貌（地表的起伏形态）等测绘成地形图的基本理论、技术和方法的学科。地形图是地形测量的最终成果，也是最主要成果。地形图作为规划设计和工程施工建设的基本图件，在国民经济和国防建设中起着非常重要的作用。地形图测绘工作通常是在地表面范围不大的区域内进行，如何获得符合用图要求的地形图是地形测量学的主要任务。

3. 摄影测量学与遥感

摄影测量学与遥感是利用航空或航天器对地面摄影或遥感，以获得地物和地貌的影像及光谱，然后对这些信息进行处理、量测、判释和研究，以确定被测物体的形状、大小和位置，并判断其性质，从而绘制成地形图的基本理论和方法的一门学科。按获取像片的方法不同，分为地面立体摄影测量学和航空摄影测量学。摄影测量主要用于测制地形图，它的原理和基本技术也适用于非地形测量。出现了影像的数字化技术以后，被测对象既可以是固体、液体，也可以是气体；可以是微小的，也可以是巨大的；可以是瞬时的，也可以是缓慢变化的。只要能够被摄到影像，就可以使用摄影测量的方法进行量测。这些特性使摄影测量方法得到广泛的应用。用摄影测量的手段成图是当今大面积地形图测绘的主要方法，目前，1∶50 000～1∶10 000的国家基本图主要采用摄影测量的方法完成。

摄影测量发展很快，特别是与现代遥感技术相配合使用后，光源可以是可见光或近红外光；运载工具可以是飞机、卫星、宇宙飞船及其他飞行器。利用遥感技术（电磁波、光波、热辐射等）可以快速获取地球表面、地球内部、环境影像、天体等传感目标的信息特征信号，可在农业调查、土壤性质分析、植被分布、地下资源、气象、环境污染等的调查以及自然灾害预测等方面应用。根据获得影像的方式及遥感距离的不同，摄影测量与遥感又分为地面摄影测量学、航空摄影测量学和航天遥感测量等。

4. 工程测量学

工程测量学是研究工程建设在规划设计、施工放样和运营管理各阶段中进行测量工作的理论、技术和方法的科学，所以又称为实用测量学或应用测量学。它是测量学在国民经济和国防建设中的直接应用。按工程建设的程序，工程测量在各阶段的主要任务有：在规划设计阶段测绘拟建工程区域的地形图，为规划设计提供翔实的资料；在施工阶段进行各种施工测量，在实地准确地标定出建筑物各部分的平面位置和高程位置，作为施工和安装的依据，以确保工程质量和安全生产。将图上设计好的建筑物标定到实地，确保其形状、大小、位置和相互关系正确，称为放样；工程竣工后，要将建筑物测绘成竣工平面图，作为质量验收和日后维修的依据，称为竣工测量；对于大型工程，如高层建筑物、水坝等，工程竣工后，为监视工程的状况，保证安全，需进行周期性的重复观测，即变形监测。工程测量服务的领域非常广阔，有军事建筑、工业与民用建筑、道路修筑、水利枢纽建造等。工程测量按其建设的对象又分为城市测量、铁路工程测量、公路工程测量、水利测量、地籍测量、建筑测量、工业厂区施工安装测量、矿山测量等。

5. 海洋测量学

海洋测量学是研究测绘海岸、水体表面、海底自然与人工形态及其变化状况的理论、技术和方法的学科。它主要包括海洋大地测量,海底地形测量,海道测量,海洋专题测量以及航海图、海底地形图、各种海洋专题图和海洋图集的编制等。

6. 地图制图学

地图制图学是研究模拟地图和数字地图的基础理论、地图设计、地图编制和复制的技术方法及其应用的学科。它以地图信息传输为中心,探讨地图及其制作的理论、工艺技术和使用方法。它主要研究用地图图形反映自然界和人类社会各种现象的空间分布、相互联系及其动态变化,具有区域性学科和技术性学科的两重性,所以也称地图学。其主要内容包括地图投影、地图编制、地图设计、地图制印和地图应用等。随着计算机技术的引入,现代地图制图学还包括用空间遥感技术获取地球、月球等星球的信息,编制各种地图、天体图以及三维地图模型和制图自动化技术等。

7. 地理信息系统

地理信息系统(Geographic Information System 简称 GIS)是在计算机技术支持下,把采集的各种地理空间信息按照空间分布及属性进行输入、存储、检索、更新、显示、制图,并与其他相关专业的专家系统咨询系统相结合,以便综合应用的技术系统。通过 GIS,利用互联网可实现采集的地理信息数据的共享,为政府、各种社会经济组织,乃至个人提供地理信息服务,从而使采集的地理信息数据最大限度地发挥作用。

(三)测量学的发展概况

在人类发展的历程中,很多活动均产生了确定点的位置及其相互关系的需要,因此人类对地球的认识也由天圆地方经历了圆形、椭球形、梨状等越来越准确的过程。随着人类对世界的认识视野的拓宽,测绘科学也逐步完善,分支也越来越细。作为测绘主要成果形式的地图,在表现形式和制作方式上也取得了重大的进步。公元前 3 世纪以前,对地形的描述主要是一些示意略图。公元前 2 世纪,人类已经能够绘制有比例和方位的地图,并有了一定的精度。公元 2 世纪,古希腊的托勒密在《地理学指南》一书中提出了地球曲面在地图制图中的投影问题。中国西晋初年,裴秀编绘了世界上最早的历史图集——《禹贡地域图》,还以“制图六体”奠定了制图的理论基础。16 世纪,测量仪器在技术上有了大的进步,已经可以利用仪器直接测绘图件,再缩绘为不同比例的图。清初康熙年间,我国已经首次用仪器测绘完成全国范围内的《皇舆全览图》。

世界各国测绘科学技术的发展始于 17 世纪初叶,当时世界正处在资产阶级革命时期,生产力得到解放,科学技术飞速发展。在这个时期,测绘科学在仪器、理论和技术等方面都有了长足的进步。在仪器方面:17 世纪初,望远镜的发明是测绘科学发展史上一次较大的变革,且奠定了现代测绘仪器的基础;1617 年,三角测量方法开始得到应用;约于 1730 年,英国的西森制成了测角用的第一台经纬仪,大大促进了三角测量的发展,使它成为建立各种等级测量控制网的主要方法;在这一时期,由于欧洲又陆续出现小平板仪、大平板仪以及水准仪,地形测量和以实测资料为基础的地图制图工作也相应得到了发展;1859 年,法国洛斯达首创摄影测量方法,随后,相继出现立体坐标量测仪、地面立体测图仪等。由于航空技术的发展,1915 年出现了自动连续航空摄影机,因而可以将航摄像片在立体测图仪器上加工成地形图。这个时期,测绘理论有了重大突破:在地图制图方面,有德国墨卡托提出的“正形圆柱投影”、法国雅艺·卡西尼提出的“横圆柱投影”和法国兰伯特提出的“正形圆锥投影”等理论，奠定了现代地图制图理论的基础；在测量计算方面，1806年和1809年法国的勒让德和德国的高斯分别发表了最小二乘法准则和平均海水面概念，为测量平差计算奠定了科学基础。这一时期在技术方面的进步有：自20世纪50年代以来，不少新的科学技术如电子学、信息论、激光技术、电子计算机、空间科学技术等的飞速发展，又推动了测绘科技的发展；自1947年研究利用光波进行测距，到20世纪60年代中期红外光、激光测距仪相继问世；20世纪40年代，自动安平水准仪问世，1968年又生产出电子经纬仪；此后，电子速测仪、激光水准仪、数字水准仪相继问世，实现了观测记录自动化，测角、测距和计算一体化；以照片、遥感图像为处理对象的数据处理系统，已完全实现摄影遥感成图自动化。

新中国成立后，我国的测绘事业也进入了崭新的发展阶段。1950年解放军总参谋部设立测绘局，1956年国家测绘局成立，并相继创办解放军测绘学院和武汉测绘学院。中国科学院成立了测量与地球物理研究所，煤炭、冶金、地质、石油、水利、铁道、海洋等部门的大专院校相继设立测量系或测量专业。几十年来，我国测绘事业发展很快，在全国范围内建立了国家大地网、国家水准网、国家基本重力网和卫星多普勒网，并对国家大地网进行了整体平差，建立了我国“1980年国家大地坐标系”和“1985年国家高程基准”。在测绘仪器生产方面，从无到有，现在不仅能生产各种常规测绘仪器，而且能生产现代化精密测绘仪器，如电磁波测距仪、自动安平水准仪、电子经纬仪、全站仪、GPS接收机等。我国测量工作者在宝成铁路、葛洲坝水利枢纽、长江大桥、南极长城站、大型工矿业建设、北京正负电子碰撞机、三峡水利工程、西气东输、高速公路、高速铁路骨架网等工程中，做出了卓越贡献。

随着空间科学技术、计算机技术和信息科学的发展，全球定位系统（GPS）、遥感（RS）和地理信息系统（GIS）等技术使测绘科学也得以迅速发展。测量数据的采集、处理、存储、图形的显示形式等方面都发生了革命性的变化。测绘正从模拟走向数字化，从三维走向多维；地形图也从单一的平面图纸走向动态的3D显示，使之更加直观，从仅向单位和专业部门提供服务，拓展到逐步向公众提供服务。测量成果的价值更加显现，测量工作效率革命性的提高，使测量的应用领域也更加广阔。测绘仪器集成化，测绘过程自动化、实时化、动态化，测绘成果数字化及测绘系统智能化必将是未来测绘工作的发展方向。

二、测量学的基本内容及测绘学科的作用

（一）测量学的基本内容

测量学的基本内容包括测定和测设两部分。测定是利用测量仪器工具对研究的对象进行测量，经数据处理得到一系列数据资料，或把地球表面的地貌、地物绘制成图，供经济建设、规划设计、科学研究和国防建设使用。测设是测定的反过程，即把图纸上规划设计好的建（构）筑物的位置标定在实地上，作为施工的依据。

（二）测绘学科的作用

在国民经济建设和发展规划中，测绘信息是最重要的基础信息之一，测绘越来越受到人们的普遍重视，所以测绘学科的应用领域也愈来愈广泛。

公路、铁路在建设之前，为了确定一条最经济、最合理的路线，事先必须进行条带地形图的测绘，然后在地形图上进行线路规划设计，再将设计的路线标定在地面上，以便进行施工；在路线跨越河流时，必须建造桥梁，在建桥之前，要绘制河流两岸的地形图，为桥梁的设计提

供重要的图纸资料，最后将设计的桥墩位置在实地标定出来；在穿越山岭之前，需根据实际地形设计出合理的隧道贯通方案，在贯通过程中同样需要测量专业人员来指导隧道的掘进；在矿山井下各矿井之间，同一矿井各水平面之间需要掘进巷道，巷道开挖之前，需要测量标定巷道的开口位置和巷道的掘进方向，以保证巷道的正确贯通。城市规划、给水排水、煤气管道等市政工程的建设，工业厂房和高层建筑的建造，在设计之初都需要测绘各种比例尺的地形图，供工程设计使用。在施工阶段，要将设计的工程平面位置和高程在实地标定出来，作为施工依据。待工程完工后，还要测绘竣工图，供以后改扩建和维修之用；对某些重要的建筑物和构筑物，在建成以后，还需要进行变形监测，以确保安全运行。在房地产的开发、管理和经营中，房地产测绘起着重要的作用。地籍图和房产图以及其他测量资料准确地提供了土地的行政和权属界址，每个权属单元的位置、界线和面积，每幢房屋与每层房屋的几何尺寸和建筑面积，经过土地管理和房屋管理部门确认后具有法律效力，可以保护土地使用权人和房屋所有权人的合法权益，可以为合理开发、利用和管理土地及房产提供可靠的图纸和数据资料，并为国家对房地产的合理税收提供依据。总之，测绘学科已经渗透到各个领域，其主要作用可以归纳为以下几方面：

(1)提供地球表面一定空间内点的坐标、高程和地球表面点的重力值，为地形图测绘和地球科学研究提供基础资料。

(2)提供各种比例尺地形图，作为规划设计和编制各种专用地图的基础图件。

(3)为工程建设从勘测设计阶段到施工阶段、竣工阶段提供测绘图件或施工指导。

(4)准确测绘国家陆海边界和行政区划界线，以保证国家领土完整和睦邻友好相处。

(5)为地震预测预报、海底和江河资源勘测、灾情和环境的监测调查、人造卫星发射、宇宙航行技术等提供测量保障。

(6)为地质勘探各阶段的工作提供基础用图。

(7)为地理信息系统的建立提供基础数据和图纸资料，以供经济建设决策参考。

(8)为现代国防建设和国家安全提供测绘保障。

由于测量工作是客观、真实地测定各种需要的观测数据，作为一位测量工作者，对工作必须认真负责，遵守职业道德，严格按照测量操作规程的要求进行操作，做到观测、计算和绘图步步有检核，不符合现行测绘技术规范要求的必须进行重测，以确保测量成果的准确性，否则将会给国民经济建设造成重大损失。因此，测绘专业人才除应具有理论分析能力和实际动手能力外，还应具备较为流畅的文字表达能力、业务组织能力和公共关系能力，在素质方面，不仅要发扬测绘界吃苦耐劳、一丝不苟的优良传统，而且要具备执着的敬业精神、积极主动的工作态度和善于协作的开放意识。

第二节　测量学的基本知识

一、地球的形状和大小

测量工作是在地球表面的较大范围内进行的，为了合理处理测量数据和测绘地形图，正确地认识地球的形状和大小就显得非常必要。

（一）地球的自然表面

地球的自然表面有高山、深谷、丘陵、平原、海洋等，呈现出高低起伏的形态，是一个不规则的复杂曲面，这样的实际地球表面，称为地球的自然表面。地球的自然表面不可能用某种数学公式来概括和表达。因此，在地球表面上进行测量工作所获得的长度、角度等成果，就很难在这样不规则的自然表面上进行数据处理和准确地绘制出地形图。为了解决这些问题，需要找出一个与地球形状相近，并且又规则的曲面来代替地球的自然表面。

（二）大地水准面

地球表面的总面积约为5亿1千万 km^2，其中海洋约占71%，陆地约占29%。地球的半径约为6 371 km，而地球上最高的山峰——珠穆朗玛峰高出海水面8 844.43 m，太平洋西部的马里亚纳海沟深11 022 m，两者相差近20 km，但就整个地球而言，这些高度变化是微不足道的。因此，人们可以把地球总的形状看做是被海水包围的球体。从太空观看地球，它是一颗令人陶醉的蓝色球体。人们从宏观的角度上说，地球是个大水球。我们知道：地球表面上的任一质点同时受到地球引力和离心力的作用，这两种力的合力称为重力，重力作用的方向是铅垂线的方向，图1-1中 OG 为重力的作用线，又称为铅垂线。地球的表面以海水为主，每个水分子都受到重力的作用。在重力位相同时这些水分子便不再流动而呈静止状态，形成一个重力位等位面，这个面称为水准面。在实际工作中，假设某一静止不动的海水面延伸而穿过大陆和岛屿包围整个地球，形成一个封闭的曲面，这个静止的海水面就是水准面。由物理学可知水准面处处与重力方向垂直，见图1-2。因此，水准面具有这样的特性：过水准面上任意点的铅垂线与过该点所作的水准面的切面垂直，该切面又称为水平面。受潮汐的影响，海水面可高可低，所以假设的静止海水面也可有无数多个，符合这个特点的水准面也有无数个，其中与平

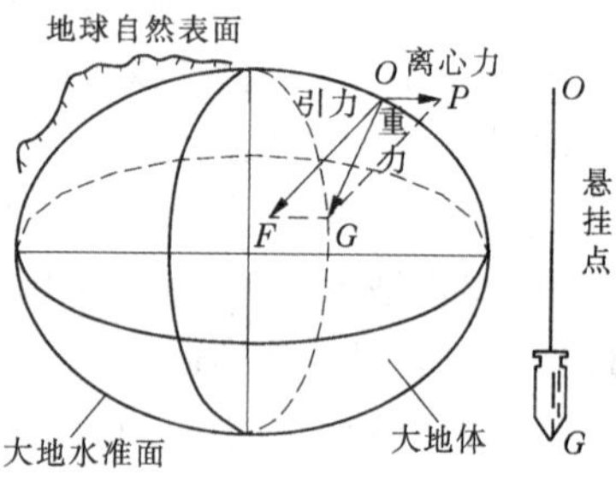

图1-1　重力

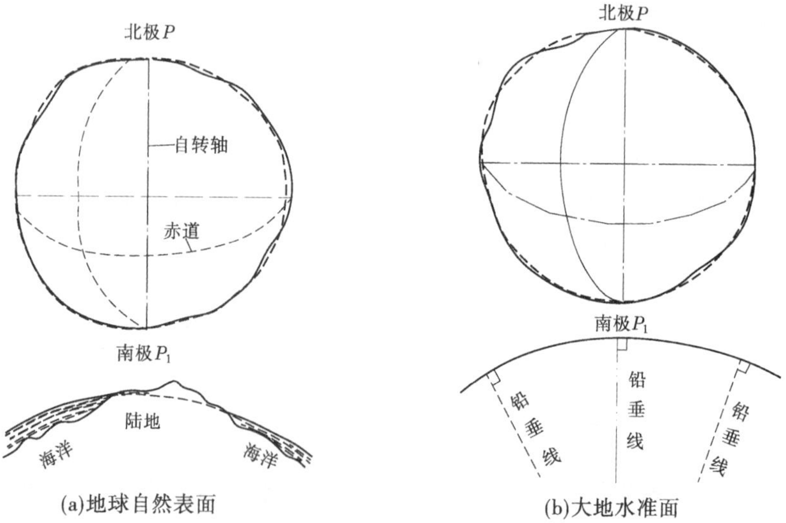

图1-2　地球自然表面与大地水准面的关系

均海水面相吻合的那个水准面,称为大地水准面。由大地水准面包围的地球形体,称为大地体,它近似于地球的形体。地球自转产生的离心力,使地球形体在赤道处较为突出,在两极处较为扁平。

铅垂线是测量工作的一种基准线,大地水准面则是测量工作的一种基准面。

大地水准面虽然比地球的自然表面要规则得多,但是由于地球内部质量分布不均匀,地球上各点受到的地球吸引力有所不同,这样就引起各点的铅垂线产生不规则的变化,从而使大地水准面有微小的起伏变化,致使大地水准面成为一个不规则的、复杂的曲面。它的精确形态目前还无法用数学模型来描述。如果将地球表面上的点位和图形投影到这样一个变化的曲面上,在计算上将是很困难的。为了解决这个问题,就要求我们选用一个与大地水准面非常接近,并可用数学公式表示的几何形体来建立一个投影面。

(三)地球椭球体

科学家经过长期的研究,认识到地球实际上是一个南北两极扁平(北极稍凸,南极稍凹)的类似于梨形的形体,其横切面接近一个圆,纵切面接近一个椭圆,与一个以椭圆的短轴为旋转轴的旋转椭球十分接近(见图 1-3),而旋转椭球是可以用数学公式来表示的。因此,测量上就是用这个旋转椭球体的表面来近似代替大地水准面的,并将该面作为测量计算和制图的基准面。该球称为地球椭球,它的表面称为地球椭球面。

地球椭球面与大地水准面不完全一致,有的地方稍高一些,有的地方稍低一些。两个面之间最大的差数不超过 ±150 m,在地球两极不超过 ±30 m。地球的自然表面、大地水准面、地球椭球面三者的关系如图 1-4 所示。

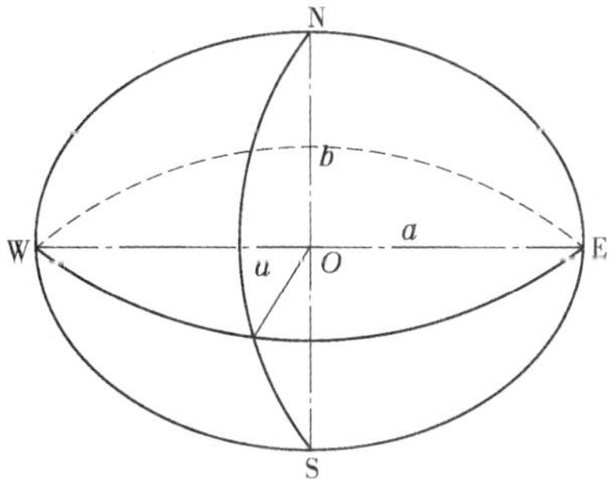

图 1-3　地球椭球

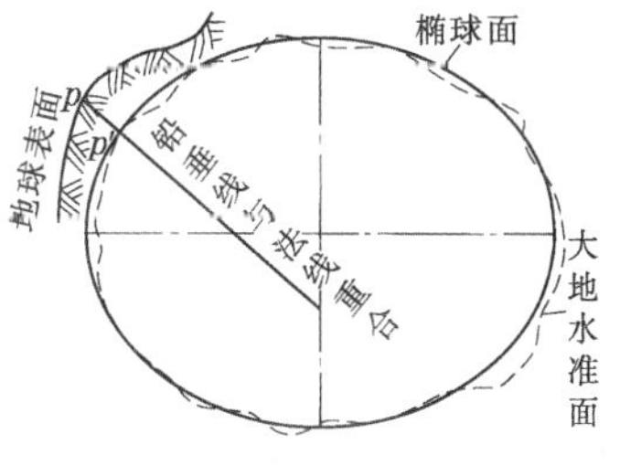

图 1-4　自然表面、大地水准面与地球椭球面

地球的形状既然可以用地球椭球来概括和表达,则地球的大小就可用下述几个参数来确定:

长半径　a

短半径　b

$$\text{扁率}\quad \alpha = \frac{a-b}{a} \tag{1-1}$$

为了确定这些参数的大小,人们经过了几个世纪的努力,特别是自人造卫星等先进技术应用以来,其值愈来愈精确。表 1-1 所示为几个有代表性的测算成果。

由于地球的扁率很小,在地形测量所研究的范围内,可以近似地将地球当做圆球来对待,取其半径 $R \approx 6\ 371$ km。

表 1-1 各国推算的参考椭球元素表

椭球名称	长半轴 a(m)	短半轴 b(m)	扁率 α	年代和国家
德兰布尔	6 375 653	6 356 564	1∶334	1800 年 法国
白塞尔	6 377 397	6 356 079	1∶299.2	1841 年 德国
克拉克	6 378 249	6 356 515	1∶293.5	1880 年 英国
海福特	6 378 388	6 356 912	1∶297.0	1909 年 美国
克拉索夫斯基	6 378 245	6 356 863	1∶298.3	1940 年 苏联
中国 1980 年国家大地测量坐标系	6 378 140	6 356 755.3	1∶298.257	1975 年国际大地测量与地球物理联合会推荐

地球的形状确定后，还需进一步确定大地体与地球的相对位置关系，这样才能将水准面或大地水准面上的实际测量成果换算到地球椭球上来进行计算。如图 1-4 所示，设想地面上选择适当的一点 p，在过 p 点的铅垂线上大地体与地球椭球相切于 p'点，此时，大地水准面的铅垂线与椭球体 p'点处的法线相重合。选择这样的 p'点时，还要满足使地球椭球的短轴与大地体的地轴相平行，且椭球面与这个国家领土内的大地水准面的差距尽量小等条件。这样，地球椭球体与大地体的相互关系便固定下来了，这项工作称为椭球定位。定了位的地球椭球又称参考椭球。

我国已进行了椭球定位工作，建立了大地原点，该点在陕西省西安市西北方向的泾阳县永乐镇境内，简称西安原点。椭球定位后，地面点投影到参考椭球面上的位置与投影到大地水准面上的位置，一般来说是有微小差别的。严格地说，地面点的投影面应取参考椭球面，但在实际测量工作中，由于铅垂线容易获得，而且铅垂线由于指示的是重力方向，在建筑等诸多方面有重要意义。因此，仍以大地水准面为基准面。当要求测量成果不需十分严密时，就不必化算到参考椭球面上去，这就简化了测量计算工作。

二、地面点的表示方法

测量工作的根本任务是确定地面点位。要确定某地面点的空间位置，通常是求出该点相对于某基准面和基准线的三维坐标或二维坐标。下面介绍几种用以确定地面点位的坐标系。

（一）地理坐标系

地理坐标系属球面坐标系，根据不同的投影面，又分为天文地理坐标系和大地地理坐标系。

1. 天文地理坐标系

天文地理坐标又称天文坐标，用天文经度 λ 和天文纬度 φ 来表示，地面点投影在大地水准面上的位置，如图 1-5所示。

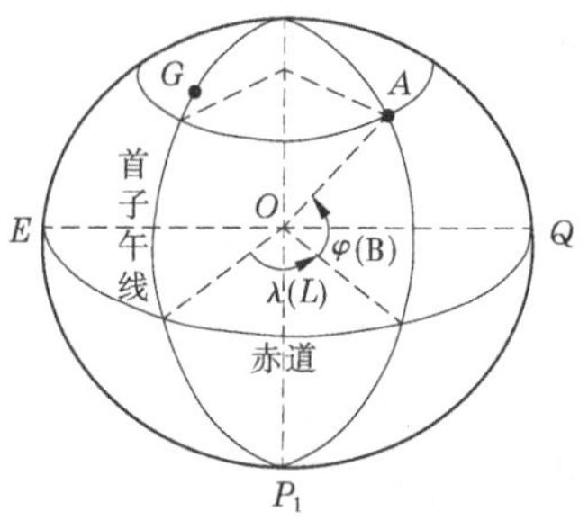

图 1-5　天文地理坐标系

确定球面坐标(λ,φ)所依据的基本线为铅垂线，基本面为包含铅垂线的子午面。图中，PP_1 为地球的自转轴，P 为北极，P_1 为南极。地面上任一点 A 的铅垂线与地轴

PP_1 所组成的平面称为该点的子午面,子午面与地球面的交线称为子午线,又称经线。A 点的经度 λ 是 A 点的子午面与首子午面(国际公认通过英国格林尼治(Greenwich)天文台的子午面——计算经度的起始面)所组成的二面角。大地坐标中,自首子午面起,向东或向西自 0°到 180°,分别称为东经或西经。垂直于地轴的平面与地球面的交线为纬线。垂直于地轴并通过地球中心 O 的平面为赤道平面,与地球表面相交的交线称为赤道。A 点的纬度 φ 是过 A 点的铅垂线与赤道平面之间的交角,其计算方法为自赤道起向北或向南计算,数值为 0° ~ 90°,在赤道以北为北纬,在赤道以南为南纬。天文地理坐标可在地面点上用天文测量的方法测定。

2. 大地地理坐标系

大地地理坐标系用大地经度 L 和大地纬度 B 表示,是地面点投影在地球椭球面上的位置,如图 1-6 所示。确定球面坐标(L,B)所依据的基本线为椭球面的法线,基本面为包含法线及南北极的大地子午面。F 点的大地经度 L 是 F 点的大地子午面与首子午面所夹的二面角,F 点的大地纬度 B 是过 F 点的椭球面法线与赤道平面的交角。

(二)地心坐标系

地心坐标系属空间三维直角坐标系,用于卫星大地测量。由于人造地球卫星围绕地球运动,地心坐标系取地球质心(地球的质量中心)为坐标系原点,x、y 轴在地球赤道平面内,首子午面与赤道平面的交线为 x 轴,z 轴与地球自转轴相重合,如图 1-7 所示。地面点 A 的空间位置用三维直角坐标(x_A,y_A,z_A)表示。

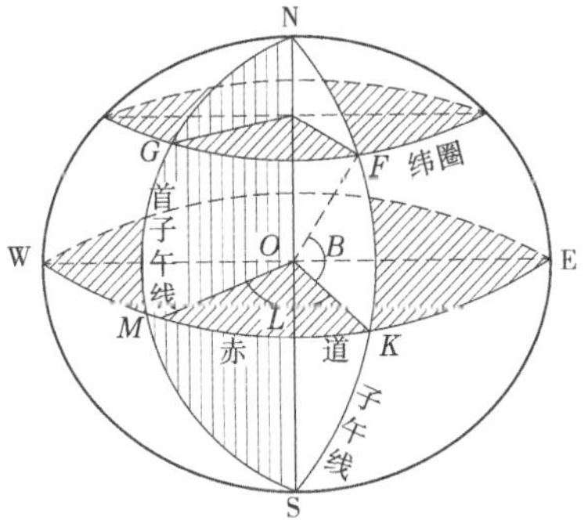

图 1-6　大地地理坐标系

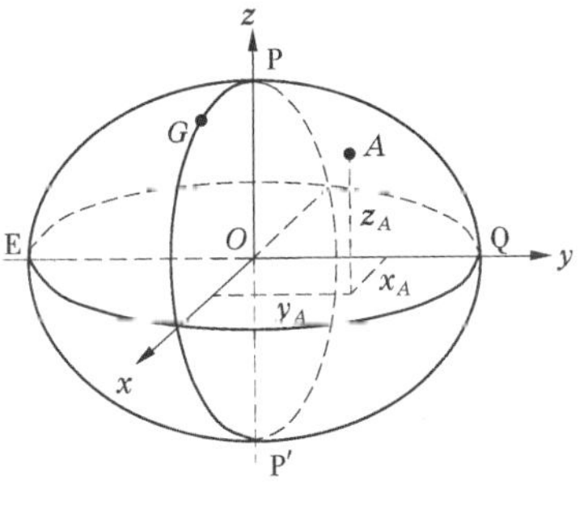

图 1-7　地心坐标系

地心坐标系和大地地理坐标系可以通过一定的数学公式进行换算。

(三)平面直角坐标系

采用地心坐标系或地理坐标系确定地面点位一般适用于少数高级控制点初始的计算,而对于确定大量的地面点位来说,则是不直观和不方便的,测量的计算和绘图最好是在平面上进行。但是,地球表面是一个不可展平的曲面,把球面上的点位化算到平面上,称为地图投影。我国普遍采用高斯(Gauss)投影的方法。

1. 高斯平面直角坐标系

高斯投影的方法首先是将地球按经线划分成带,称为投影带。6°投影带是从首子午线起,每隔经度 6°划为一带,如图 1-8 所示,自西向东将整个地球划分为 60 个带。带号从首子午线开始,用阿拉伯数字表示,位于各带中央的子午线称为该带的中央子午线(或称主子午线),如图 1-9 所示,第一个 6°带的中央子午线的经度为 3°,任意一个带中央子午线经度 L_0 与带号 n 关系为可按下式计算:

$$L_0^6 = 6n - 3 \tag{1-2}$$

式中,n 为 6°投影带带号。

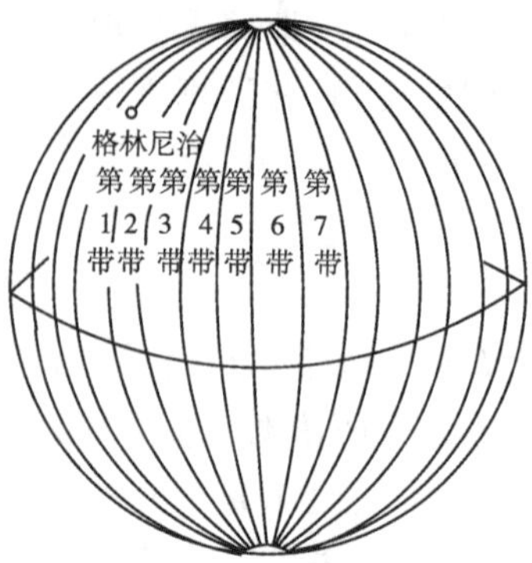

图 1-8　高斯投影分带

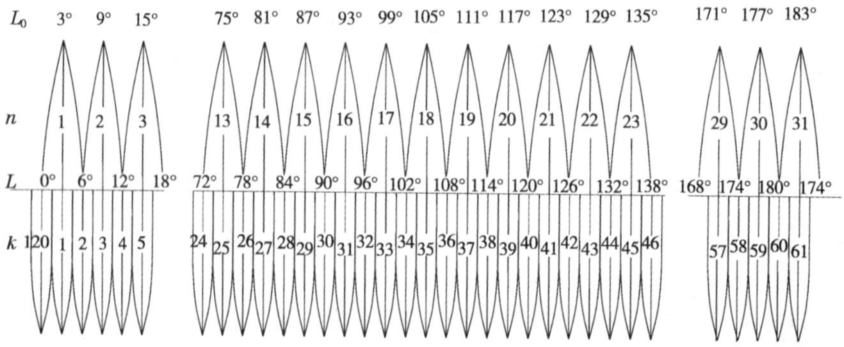

图 1-9　中央子午线经度与带号的关系

3°投影带是从东经 1°30′开始,每隔经度 3°划为一带,将整个地球划分为 120 个带。带号依次为 1 ~ 120,各带中央子午线的经度为 3°,6°,9°,…,如图 1-9 所示。任意一个带中央子午线经度 L_0 与带号 k 关系可按下式计算:

$$L_0^3 = 3k \tag{1-3}$$

式中,k 为 3°投影带带号。

我国境内有 11 个 6°分带,带号从 13 ~ 23,中央子午线经度从 75° ~ 135°;有 21 个 3°分带,带号从 25 ~ 45;6°分带和 3°分带的带号没有重叠,并且所有 6°分带的分带子午线和中央子午线都是 3°分带的中央子午线。

采用高斯投影时,设想取一个空心椭圆柱体与地球椭球体的一中央子午线相切(见图 1-10),在球面图形与柱面图形保持等角的条件下,将球面图形投影到椭圆柱面上。然后将柱体沿着通过南、北极的母线切开,并展开成平面。在这个平面上,中央子午线与赤道成为相互垂直的直线,分别作为高斯平面直角坐标系的纵轴(x 轴)和横轴(y 轴),两轴的交点 O 作为坐标的原点,如图 1-11(a)所示。

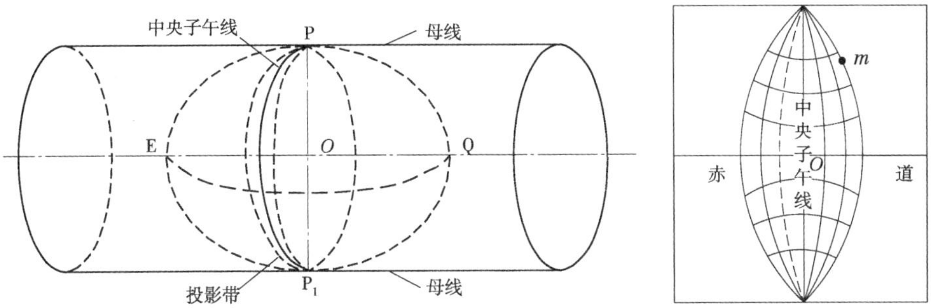

图 1-10　高斯平面直角坐标的投影

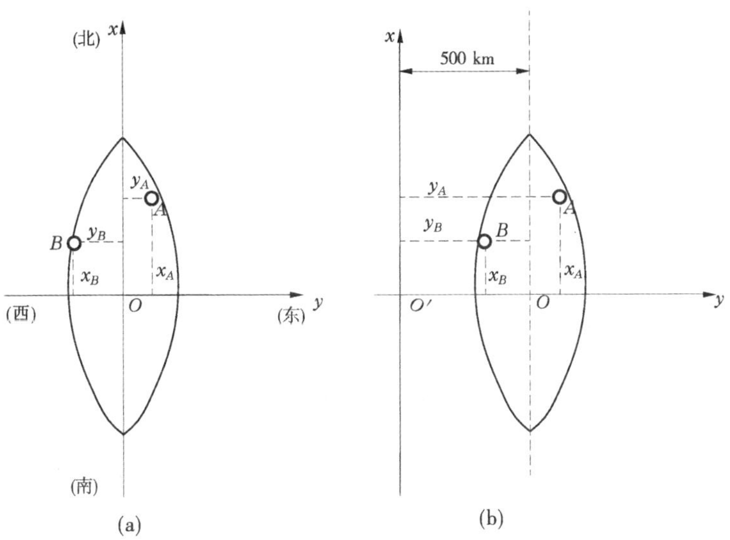

图 1-11　高斯平面直角坐标

在坐标系内,规定 x 轴向北为正,y 轴向东为正。我国位于北半球,境内 x 坐标值恒为正,y 坐标值则有正有负,例如,图 1-11(a)中,$y_A = +38\ 760$ m,$y_B = -24\ 560$ m。为了便于计算,统一将 y 坐标值加 500 km,则投影带中任一点的横坐标值也恒为正值。例如,图 1-11(b)中,$y_A = 500\ 000 + 38\ 760 = 538\ 760$ m,$y_B = 500\ 000 - 24\ 560 = 475\ 440$ m。为了能确定某点在哪一个 6°带内,在横坐标值前冠以带的编号。例如,设 A 点位于第 20 带内,则其横坐标值 $y_A = 20\ 538\ 760$ m。高斯投影中,虽然能使球面图形的角度和平面图形的角度保持不变,但任意两点的长度却产生变形(投影在平面上的长度大于球面长度),称为投影长度变形,离中央子午线愈远,变形愈大。6°带投影后,其边缘部分的变形能满足 1∶25 000 或更小比例尺的精度,当进行 1∶10 000 或更大比例尺测图时,要求投影变形更小,可采用 3°带投影法或 1.5°分带投影法。

2. 地区平面直角坐标系

当测量的范围较小时,可以把该测区的地表一小块球面当做平面看待。将坐标原点选在测区西南角使坐标均为正值,以该地区中心的子午线为 x 轴方向,建立该地区的独立平面直角坐标系。

三、地面点的高程

地面点到大地水准面的铅垂距离称为绝对高程(简称高程,又称为海拔)。图 1-12 中 A、B 两点的绝对高程分别为 H_A、H_B。

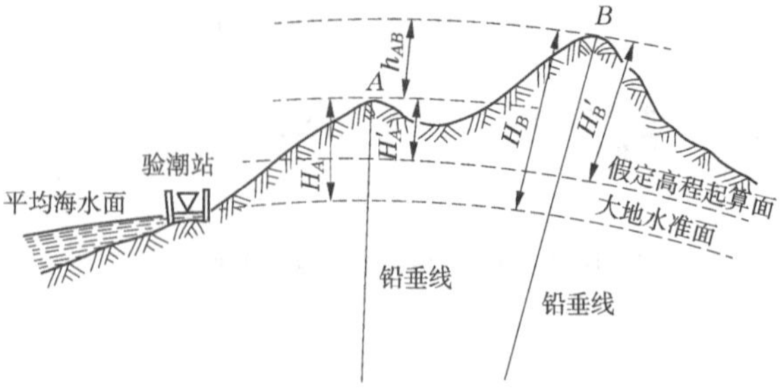

图 1-12　高程和高差

由于海水面受潮汐、风浪等影响,它的高低时刻在变化。通常是在海边设立验潮站,进行长期观测,求得海水面的平均高度作为高程零点,也就是设大地水准面通过该点。在大地水准面上,绝对高程为零。大地水准面为高程的起算面。

在局部地区,有时需要假定一个高程起算面(水准面),地面点到该水准面的垂直距离称为假定高程或相对高程。如图 1-12 所示,A,B 点的相对高程分别为 H'_A、H'_B。地面上两点绝对高程或相对高程之差称为高差,用 h 表示。如 1-12 所示,A、B 两点间的高差为

$$h_{AB} = H_B - H_A = H'_B - H'_A \tag{1-4}$$

第三节　用水平面代替水准面的限度

在较小的地区内进行测量时,可将参考椭球近似地当做圆球看待。但是,如果先将地面点的位置投影到圆球上,然后将其描绘到平面图纸上,其计算和绘图工作都将是很困难的。如果在一定范围内,用水平面代替水准面,将地面点直接投影到平面上,在不影响用图精度要求的条件下,这将为地形测量工作带来很大的方便。用水平面代替水准面是会产生误差的,测量范围愈大,误差也愈大,故有必要分析一下其允许的范围有多大。下面从地球曲率对水平距离、水平角和高差三方面的影响进行分析。

一、地球曲率对水平距离的影响

图 1-13 中,假定大地水准面作为一个圆球来分析。设地面点 A、B、C 在圆球上的投影为 a、b、c 点,若以该区域中心点 a 相切的水平面代替球面,则地面点 A、B、C 在水平面上的投影为 a、b'、c'点。设地面上两点 A、B 在大地水准面上的距离为 D,在水平面上的距离为 t,两者之差 ΔD 即为用水平面代替大地水准面所引起的距离误差:

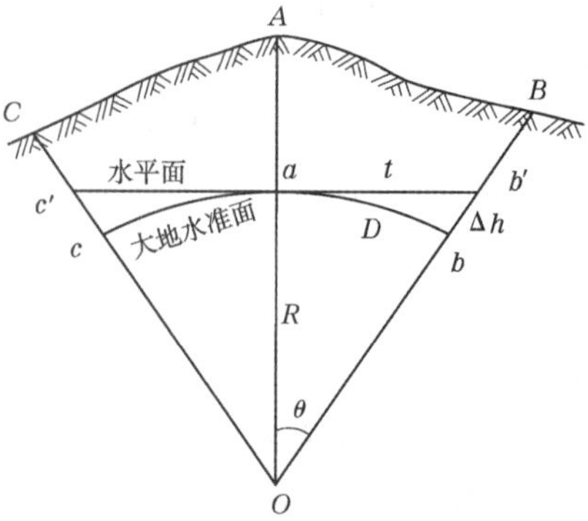

图 1-13　用水平面代替水准面的影响

$$\Delta D = ab' - ab = t - D \tag{1-5}$$

其中

$$t = R\tan\theta$$

$$D = R\theta$$

将 t、D 代入式(1-5),并将 $\tan\theta$ 按级数展开:

$$\tan\theta = \theta + \frac{1}{3}\theta^3 + \frac{2}{15}\theta^5 + \frac{17}{315}\theta^7 + \frac{62}{2\ 835}\theta^9 + \cdots \tag{1-6}$$

因 θ 很小,略去 5 次方以上的所有项,并以 $\theta = D/R$ 以弧度值代入,则得

$$\Delta D = \frac{1}{3} \times \frac{D^3}{R^2} \tag{1-7}$$

两端同时除以 D,得相对误差:

$$\frac{\Delta D}{D} = \frac{1}{3}\left(\frac{D}{R}\right)^2 \tag{1-8}$$

其中 R 取 6 371 km,通过计算可得表 1-2 所示结果。

由表 1-2 可知,当球面上的距离 $D = 10$ km 时,以水平面代替大地水准面所产生的相对误差为 1∶122 万,而目前最精密的测距相对误差也才为百万分之一。所以,一般来说,在半径为 10 km 的范围内进行地形测量,不必考虑地球曲率对距离的影响,可把水准面当成水平面看待。

表 1-2　用水平面代替水准面对距离的影响

D(km)	ΔD(cm)	相对误差 $\Delta D/D$
1	0. 00	—
5	0. 10	1/5 000 000
10	0. 82	1/1 217 700
25	12. 83	1/194 800
100	821. 20	1/12 170

二、地球曲率对水平角的影响

由球面三角形公式推导,同一个空间多边形在球面上投影的各内角之和较它在平面投影的各内角之和,要大一个球面角超 ε,其计算公式为

$$\varepsilon = \frac{P}{R^2}\rho \tag{1-9}$$

式中　P——空间多边形在球面上投影的多边形面积,km^2;

R——地球半径,km;

ρ——一弧度的秒值,$\rho = 206\ 265''$。

以不同的 P 值代入式(1-9)中,得表 1-3。由表 1-3 可知,当地球上面积在 100 km^2 时,球面角也不超过 0. 51″,这种因水准面曲率对水平角的影响,在一般地形测量中是不予考虑

的，可以忽略不计。

表 1-3　用水平面代替水准面对水平角的影响

$P(km^2)$	$\varepsilon('')$	$P(km^2)$	$\varepsilon('')$
10	0.05	500	2.54
100	0.51	2 500	12.71
200	1.02		

三、地球曲率对高差的影响

若以水平面代替水准面进行高差测量，由图 1-13 可看出

$$(R+\Delta h)^2 = R^2 + t^2 \tag{1-10}$$

$$\Delta h = \frac{t^2}{2R+\Delta h} \tag{1-11}$$

由地球曲率对水平距离的影响分析可知，D 与 t 相差很小，可用 D 代替 t。此外，式(1-11)中，分母中 Δh 与 R 值比较，Δh 值可忽略不计，这样式(1-11)可写成

$$\Delta h = \frac{D^2}{2R} \tag{1-12}$$

以不同的距离代入式(1-12)，分别算出地球曲率与高差的影响值，如表 1-4 所列。由表可见，地球曲率对高差的影响是很大的，即使在较短的距离内，也应考虑其影响。

表 1-4　用水平面代替水准面对高差的影响

AB(km)	0.1	0.5	1	2	3	4	5
Δh(mm)	0.78	20	80	310	710	1 250	1 960

思考与练习题

1. 测量学的研究对象是什么？目前测量学有哪些分支学科，它们的研究对象分别是什么？主要任务是什么？

2. 测绘工作在我国经济建设中有哪些重要作用？

3. 何谓大地水准面、铅垂线？它们在测量工作中有何作用？何谓大地体、旋转椭球体和参考椭球体？

4. 为了表示地面点的位置有哪几种坐标系统？各有何特点？

5. 为什么要进行分带投影？高斯平面直角坐标系是如何建立的？

6. 测量中的平面直角坐标系和数学中的平面直角坐标系有何异同？为什么要这样规定？

7. 地面某点的大地经度为 117°30′，试计算它所在的 6°带和 3°带的带号，相应 6°带和 3°

带的中央子午线的经度。

8. 横坐标的自然值与通用值有何不同？如何换算？已知某点位于高斯投影6°带第19带，若该点在该投影带高斯平面直角坐标系中的横坐标 $y = -231\ 406.189$ m，试求出该点通用坐标 y 值及该带的中央子午线经度 L_0。

9. 何谓绝对高程、相对高程、高差？

第二章 水准测量

教学内容：

主要介绍高程的概念及水准测量的原理；DS_3 型水准仪的结构部件及使用方法；自动安平水准仪的使用方法；数字水准仪的使用；普通水准测量的方法及内业计算；四等水准测量的步骤方法和内业计算。

知识目标：

了解水准仪的精度等级及构造、水准仪的使用、水准仪的各项检验校正和水准观测的误差来源及观测注意事项；理解水准测量的原理；掌握 DS_3 型水准仪及自动安平水准仪的使用方法，普通水准观测和四等水准观测方法及计算方法，各项精度指标及闭合差的计算与分配。

技能目标：

能熟练操作 DS_3 型水准仪及自动安平水准仪；正确进行普通及四等水准的观测、记录和计算；掌握水准测量的内业计算；基本掌握 DS_3 型水准仪的检验与校正过程。

第一节 水准测量的原理

一、高程测量概述

测量工作中，地面点的空间位置，往往是通过其平面坐标和高程来确定的。确定地面点高程的测量工作称为高程测量，也是测量的基本工作之一。为了统一全国的高程系统，我国采用黄海平均海水面作为全国高程系统的基准面（大地水准面），在该面的任一点上，其绝对高程为零。为确定这个基准面，我国在青岛设立了验潮站和国家水准原点。根据青岛验潮站 1950～1956 年的观测成果推算的黄海平均海水面作为全国高程起算基准面，称为“1956 年黄海高程系”。为了稳固地表示高程基准的位置，我国于 1956 年在青岛建立了一个与黄海平均海水面相联系的水准点，测得其高程为 72.289 m。全国布设的国家各级水准点的高程，都是以青岛水准原点为准而引测确定的。由于当时验潮资料不足，该高程系统存在统计方面的错误。根据青岛验潮站 1953～1979 年的验潮资料，确定黄海的平均海水面作为高程零点，据此测定青岛水准原点的高程为 72.260 m，这个高程零点和原点高程称为“1985 年国家高程基准”。

根据测量原理和施测方法的不同，高程测量的方法可分为水准测量、三角高程测量、GPS 高程测量及气压高程测量等。

（一）水准测量概述

在高程控制测量和工程测量中，主要采用水准测量。水准高程测量是最传统最精密的方法。但是，这种方法外业工作量大，施测的速度慢，仅限于平原或起伏不大的丘陵地区。水准测量分为国家等级水准测量、等外水准测量。国家水准测量分为一、二、三、四等，水准点的代号为 BM(Bench Mark 的缩写)。一等水准测量精度最高,二、三、四等的精度依次降低。等外水准精度低于四等水准,但能满足地形测量图和某种工程建设的需要。

(二)三角高程测量概述

三角高程测量主要用在起伏较大的山区,快速测量地面点的高程。它主要通过两点间的距离和竖直角采用三角函数公式计算两点间高差的方法来推算待定点的高程。这种方法速度快,但精度较低。

(三)GPS 高程测量概述

在测量中常用的高程系统有大地高系统、正高系统和正常高系统。大地高系统是以参考椭球面为基准面的高程系统。某点的大地高是该点到通过该点的参考椭球的法线与参考椭球面的交点间的距离。大地高也称为椭球高,大地高一般用符号 H 表示。大地高是一个纯几何量,不具有物理意义,同一个点在不同的基准下,具有不同的大地高。正高系统是以大地水准面为基准面的高程系统。某点的正高是该点到通过该点的铅垂线与大地水准面的交点之间的距离,正高用符号 H_g 表示。正常高系统是以似大地水准面为基准的高程系统。某点的正常高是该点到通过该点的铅垂线与似大地水准面的交点之间的距离,正常高用 H_r 表示。

利用全球定位系统(GPS)测量技术直接测定地面点的大地高。为了确定正高或正常高,需要有大地水准面差距 h_g 或高程异常数据 ζ ,再通过等值线法、地球模型法、高程拟合法、区域似大地水准面精化法等获取高程异常数据,从而得到所需的正高或者正常高。

(四)气压高程测量概述

气压高程测量是根据大气压力随高程变化的规律,用空盒气压计或水银气压计测定两点的气压差推算高差的方法。由于大气压力受气象变化的影响较大,气压高程测量精度较低,主要用于高差较大的山区和高山区的勘测工作。

二、水准测量原理

水准测量的原理是利用水准仪提供的水平视线,在竖立在两点的水准尺上读数,以测定两点间的高差,从而由已知点的高程来推算未知点的高程。

如图 2-1 所示,在 A、B 两点分别竖立水准尺,利用水准仪提供的水平视线在水准尺上分别读取数据 a 和 b,则两点间高差:

$$h_{AB} = a - b \tag{2-1}$$

式中 a——后视读数(简称后视),通常是已知高程点 A 的水平视线截尺读数;

b——前视读数(简称前视),是未知高程点 B 的水平视线截尺读数。

两点的高差,等于后视读数减前视读数。高差有正负值,当后视读数 a 大于前视读数 b 时(即地面 B 点高于 A 点),高差 h_{AB}为正值,反之为负值。测得 A 点至 B 点的高差后,可求得 B 点的高程,即

$$H_B = H_A + h_{AB} \tag{2-2}$$

式(2-2)是通过高差的计算而求得 B 点高程的。高程的计算也可以用视线高程的方法进行计算,即

$$H_B = (H_A + a) - b = H_i - b \tag{2-3}$$

式中 H_i——视线高程,它等于已知 A 点的高程 H_A 加 A 点尺上的后视读数 a 。

其他符号意义同前。

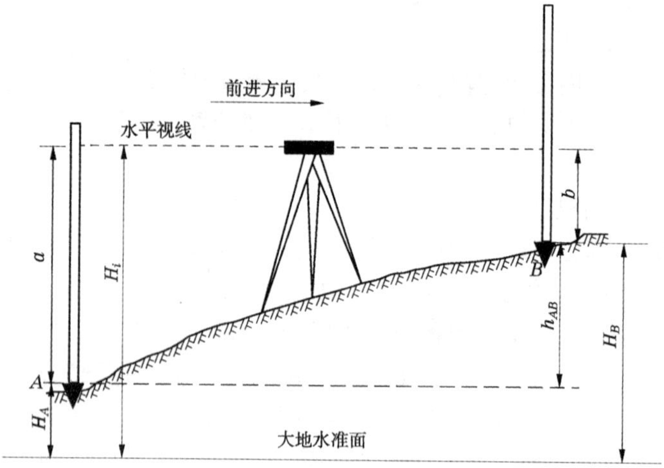

图 2-1 **水准测量原理**

用高差法计算点的高程,适用于在一个测站上有一个后视读数和一个前视读数;视线高程法适用于一测站上有一个后视读数和多个前视读数。

当 A、B 两点间距离较远或高差较大时,必须设置多个测站才能测定出高差 h_{AB}。由图 2-2可知:

$$h_1 = a_1 - b_1$$
$$h_2 = a_2 - b_2$$
$$\vdots$$
$$h_n = a_n - b_n$$

$$h_{AB} = h_1 + h_2 + \cdots + h_n = \sum_{i=1}^{n} h_i = \sum_{i=1}^{n} a_i - \sum_{i=1}^{n} b_i \tag{2-4}$$

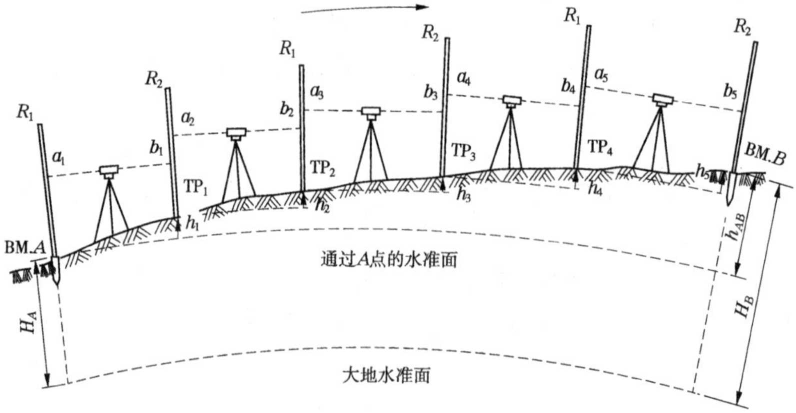

图 2-2 **连续水准测量**

图中的立尺点 TP_1,TP_2,…称为转点,是测量过程中临时选定的,在确定 B 点高程的工作中,转点起传递高程的作用。此时

$$H_B = H_A + h_{AB} = H_A + \sum_{i=1}^{n} a_i - \sum_{i=1}^{n} b_i \tag{2-5}$$

为了保证高程传递的准确性,在两相邻测站测量过程中,必须使转点保持稳定(高程不变)。

第二节　水准测量

一、水准仪和水准尺

水准测量所使用的仪器为水准仪,工具为水准尺和尺垫。

光学水准仪按其精度可分为 DS_{05}、DS_1、DS_3 三个等级。其下标数值 05、1、3 表示的是精度,即每千米往返测高差中数的偶然误差分别不超过 0.5 mm、1 mm 和 3 mm。水准仪的技术指标和用途见表 2-1。工程测量中广泛使用的是 DS_3 型水准仪。

表 2-1　水准仪的技术指标和用途

项目		DS_{05}	DS_1	DS_3
每千米水准测量高差中误差(mm)		±0.5	±1.0	±3.0
望远镜	物镜有效孔径不小于(mm)	42	38	28
	放大倍率不小于(倍)	55	47	38
水准管分划值		10″/2 mm	10″/2 mm	20″/2 mm
主要用途		一等水准测量	二、三等水准测量	四等、等外水准测量,图根水准、工程水准测量

按水准仪的结构分类,目前主要有微倾式水准仪、自动安平水准仪和电子水准仪三种。

(一)DS_3 型水准仪

DS_3 型水准仪主要由照准部和基座两部分组成,照准部由望远镜、水准器和竖轴等组成(见图 2-3)。

1. 望远镜

1)望远镜的构造

水准仪望远镜主要由物镜、目镜、对光透镜和十字丝分划板组成。物镜和目镜多采用复合透镜组,十字丝划板上刻有两条互相垂直的长线,竖直的一条称竖丝,横的一条称为中丝,是为了瞄准目标和读数用的。在中丝的上下还对称地刻有两条与中丝平行的短横线,是用来测定距离的,称为视距丝。十字丝分划板是由平板玻璃圆片制成的,平板玻璃片装在分划板座上,分划板座固定在望远镜筒上,如图 2-4 所示。

十字丝交点与物镜光心的连线,称为视准轴,即测量时用于瞄准的视线。水准测量是在

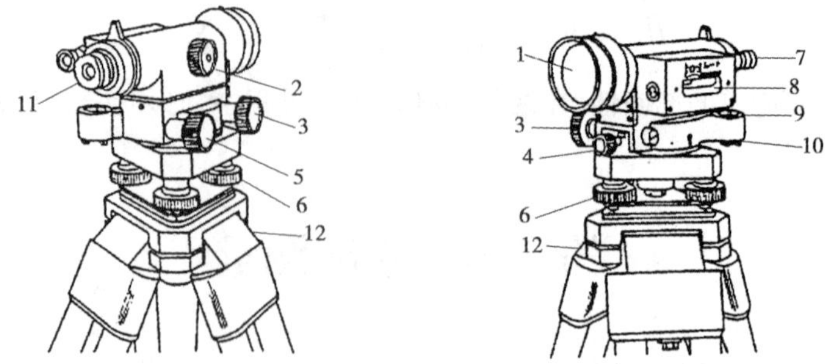

1—物镜;2—物镜对光螺旋;3—水平微动螺旋;4—水平制动螺旋;5—微倾螺旋;
6—脚螺旋;7—水准管观测窗;8—水准管;9—圆水准器;
10—圆水准器校正螺旋;11—目镜及目镜对光螺旋;12—三脚架

图 2-3　DS_3 型水准仪

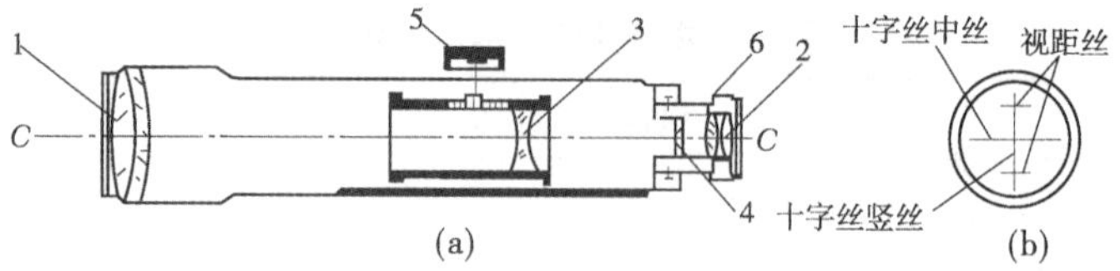

1—物镜;2—目镜;3—调焦透镜;4—十字丝分划板;
5—物镜对光螺旋;6—目镜调焦螺旋

图 2-4　望远镜构造

视准轴水平时,用十字丝的中丝截取水准尺上的读数。

望远镜可以沿水平方向左右转动。为了准确对准目标,水准仪有一套水平制动螺旋和微动螺旋,当大致对准目标即拧紧制动螺旋时,望远镜就不能转动,再旋转微动螺旋,望远镜可沿水平方向作微小的转动,这样就能对准目标。当制动螺旋放松时,转动微动螺旋是不起作用的,只有拧紧制动螺旋后,转动微动螺旋才会微动。

2)望远镜的成像原理和瞄准原理

望远镜的成像原理如图 2-5 所示,远处目标 AB 发出的光线经过物镜 1 及调焦透镜 3 的折射后,在十字丝平面 4 上成一倒立的实像 ab;经过放大目镜 2 的放大,成虚像 $a'b'$,十字丝也同时放大。虚像 $a'b'$对观测者眼睛的视角 β 比原目标 AB 的视角 α 扩大了若干倍,使观测者感到远处的目标移近了,这样就可以提高瞄准精度和读数精度。DS_3 型水准仪望远镜的放大倍率为 28。放大倍率用 v 表示,计算公式为

$$v = \frac{\beta}{\alpha} \tag{2-6}$$

物镜与十字丝分划板之间的距离是固定不变的,而由目标发出的光线通过物镜后,在望远镜内所成实像的位置随着目标的远近而改变。因此,需要转动物镜调焦螺旋移动调焦透镜,使目标像与十字丝平面相重合,此时,若观测者的眼睛上、下(或左、右)移动,不会发觉目标像与十字丝有相对移动,如图 2-6(b)所示。若发现十字丝和物像有相对移动,眼睛分别位于 b、a、c 位置时,看到十字丝交点相应对着物像的 a_1、b_1、c_1 点,如图 2-6(a)所示,出现

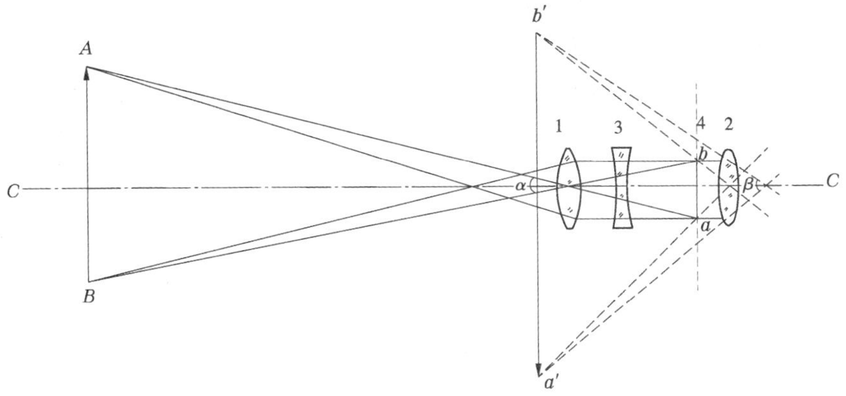

图 2-5　望远镜的成像原理

这样的现象称为“视差”。产生视差的原因是目标像与十字丝平面不重合。

有了视差，就不可能进行精确的瞄准和读数，因此必须消除视差。消除视差的方法如下：先转动目镜调焦螺旋，使十字丝十分清晰；然后转动物镜调焦螺旋，使目标像（水准测量时，为水准尺尺面的分划和注字）十分清晰；上、下（或左、右）移动眼睛，如果目标像与十字丝之间已无相对移动，则视差已消除；否则，重新进行物镜调焦，直至两者无相对移动。

2. 水准器

水准器是用来指示视准轴是否水平或仪器竖轴是否竖直的装置，有圆水准器和管水准器两种。圆水准器用来指示竖轴是否竖直，管水准器用来指示视准轴是否水平。

1）圆水准器

如图 2-7 所示，圆水准器是一封闭的玻璃圆盒，顶面的玻璃内表面研磨成球面，球面的正中刻画有圆圈。圆圈的中心称为零点，通过零点的法线 $L'L'$ 称为圆水准轴。当气泡居中时，圆水准轴就处于铅垂位置，指示仪器的竖轴也处于铅垂位置。圆水准器的气泡每移动 2 mm，圆水准轴相应倾斜的角度，称为圆水准器分划值，一般为 8′～10′。圆水准器的精度低，只适用于仪器粗略整平。

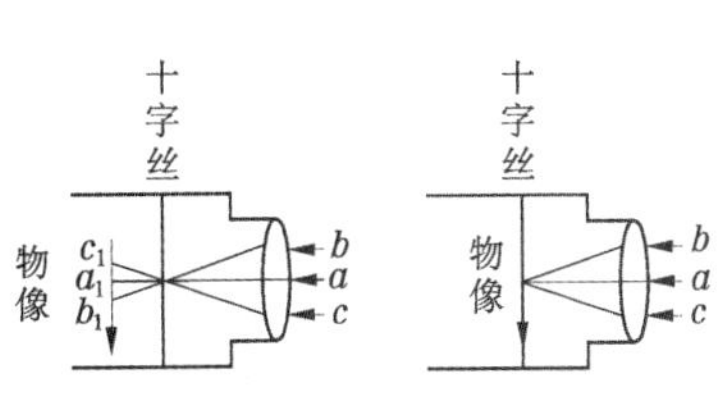

(a)存在视差　　(b)消除视差

图 2-6　视差的产生和消除

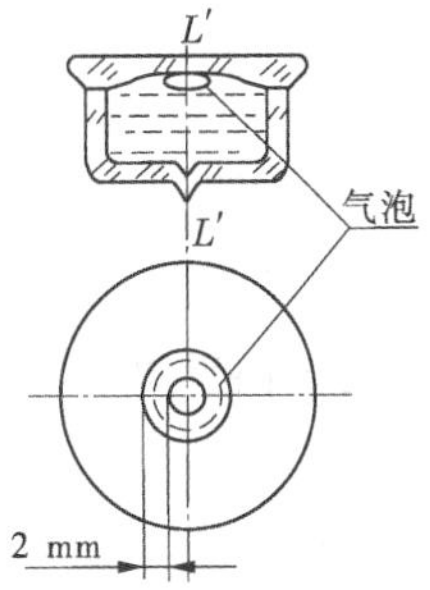

图 2-7　圆水准器

2）管水准器

管水准器又称水准管，是一纵向内壁磨成圆弧形的玻璃管，管内装酒精和乙醚的混合液，当加热、融封冷却后留有一个气泡。由于气泡较轻，故恒处于管内最高位置。

水准管的玻璃管内壁为圆弧（见图 2-8），圆弧中点称为水准管的零点，通过零点与内壁圆弧相切的直线称为水准管轴(图中 LL 轴线)。水准管气泡居中时,水准管轴处于水平位置。水准管内壁弧长 2 mm 所对的圆心角值 τ,称为水准管的分划值。DS_3 型水准仪的水准管分划值为 20″。水准管分划值越小,水准管的灵敏度越高。因此,水准管的精度比圆水准器的精度高,适用于仪器精确整平。

$$\tau = \frac{2}{R}\rho \tag{2-7}$$

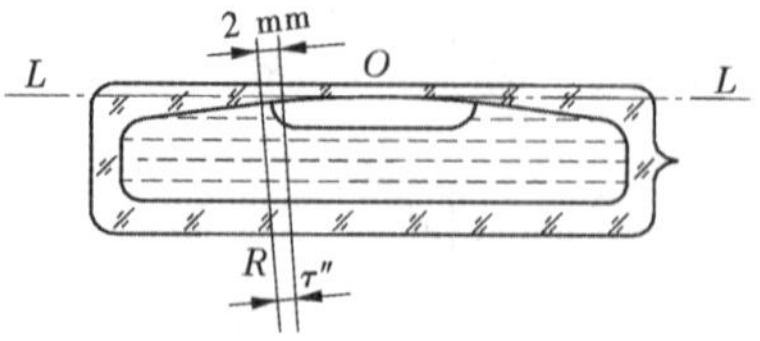

图 2-8　水准管

为准确判断水准管气泡是否居中,在水准管上方安装一组符合棱镜,通过符合棱镜的反射作用,使气泡两端的像反映在望远镜旁的符合气泡观察窗中(见图 2-9)。若气泡两端的半像吻合,就表示气泡居中。若气泡的半像错开,则表示气泡不居中,这时应转动微倾螺旋(右手大拇指旋转微倾螺旋方向与左侧半气泡影像的移动方向一致),使气泡的半像吻合。

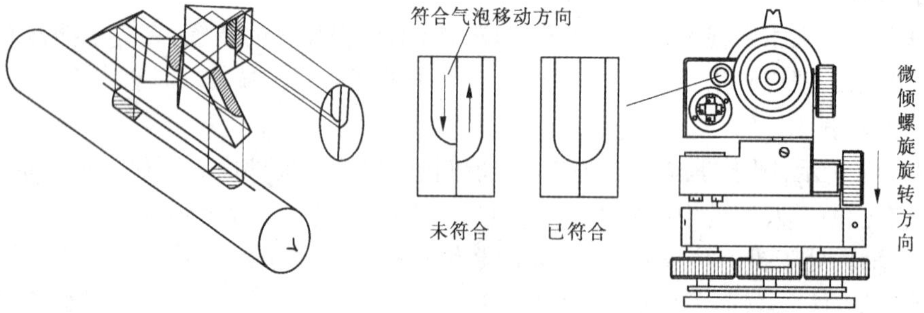

图 2-9　符合棱镜

3. 基座

基座的作用是支承仪器的上部并与三脚架连接。它主要由轴座、脚螺旋、底板和三角压板构成。

(二)水准尺和尺垫

水准尺是水准测量时使用的标尺(见图 2-10)。常用的水准尺有塔尺和双面尺两种。塔尺多用于等外水准测量,其长度有 2 m 和 5 m 两种,用两节或三节套接在一起。尺的底部为零点,尺上黑白格相间,每格宽度为 1 cm,有的为 0.5 cm,每一米和分米处均有注记。双面水准尺多用于三、四等水准测量。其长度有 2 m 和 3 m 两种,且两根尺为一对。尺的两面均有刻划,一面为红白相间称红面尺;另一面为黑白相间,称黑面尺(也称主尺),两面的刻划均为1 cm,并在分米处注字。两根尺的黑面均由零开始;而红面,一根尺由 4.687 m 开始至6.687 m或 7.687 m,另一根由 4.787 m 开始至 6.787 m 或 7.787 m。

尺垫是在转点放置水准尺用的(见图 2-11),它用生铁铸成,一般为三角形,中央有一突起的半球体,下方有三个支脚。用时将支脚牢固地插入土中,以防下沉,上方突起的半球形顶点作为竖立水准尺和标志转点之用。

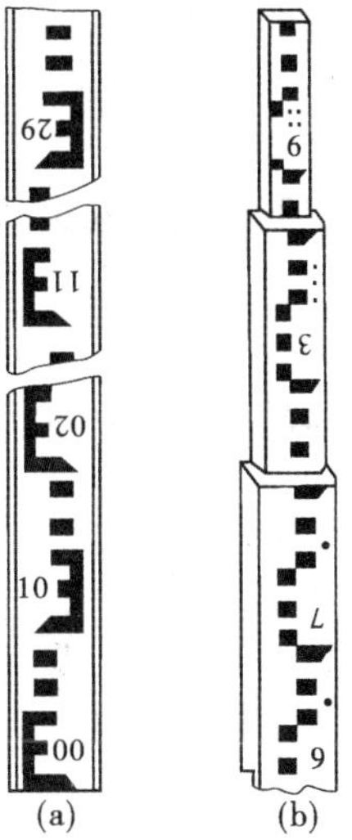

图 2-10 水准尺

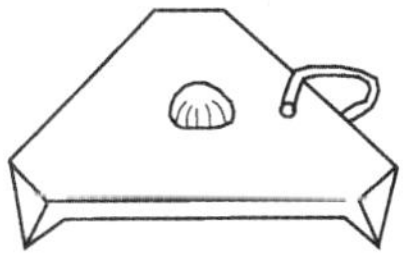

图 2-11 尺垫

二、水准仪的安置及使用

用水准仪进行水准测量的操作程序为:安置仪器—粗平—瞄准—精平—读数。其详细操作方法如下。

(一)水准仪的安置

松开架腿上的3个制动螺旋,伸缩架腿,使三脚架的安置高度约在观测者的胸颈部,旋紧制动螺旋;在设测站的地方,将三脚架的3个脚尖踩入土中,目估使架头大致水平,检查脚架腿是否安置稳固,脚架伸缩螺旋是否拧紧,然后打开仪器箱取出水准仪,置于三脚架头上,用连接螺旋将仪器牢固地固定在三脚架头上。

(二)粗略整平

转动脚螺旋,使圆水准器气泡居中,此时仪器的纵轴大致铅垂。为在各个方向精密整平仪器创造条件,粗平的具体操作方法如下:如图 2-12(a)所示,外围圆圈为三个脚螺旋,中间为圆水准器,虚线圆圈代表气泡所在位置,首先用双手按箭头所指的方向转动脚螺旋1、2,使气泡移到这两个脚螺旋方向的中间,然后按图 2-12(b)中箭头所指的方向,用左手转动脚螺旋3,使气泡居中。气泡移动的方向与左手大拇指转动脚螺旋时的移动方向相同,故称"左手大拇指规则"。

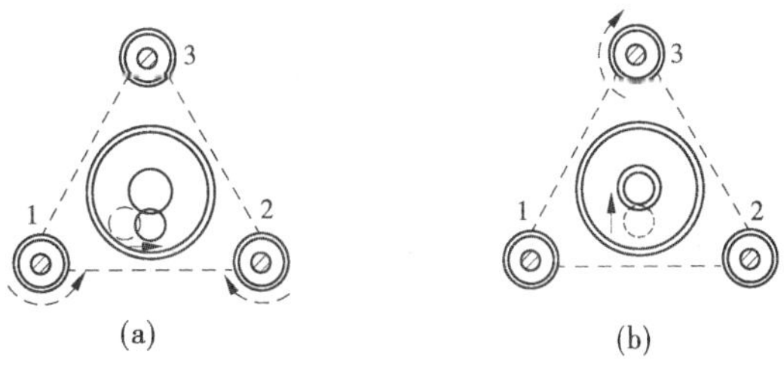

图 2-12 水准仪的粗平

(三)瞄准水准尺

首先进行目镜对光,即把望远镜对着明亮的背景,转动目镜对光螺旋使十字丝清晰。然后松开制动螺旋,转动望远镜,用望远镜镜筒上的照门和准星瞄准水准尺,拧紧制动螺旋。再从望远镜中观察,转动物镜对光螺旋进行对光,使目标清晰,转动微动螺旋,使竖丝对准水准尺。

在读数之前,将眼睛在目镜端上下(或左右)微小移动,若发现十字丝和物像有相对移动,即出现了视差现象,必须要消除视差,即再次进行目镜对光(使十字丝清晰)和物镜对光(使物像清晰),以达到像平面与十字丝分划板平面相重合。

（四）精平

精平工作，就是在读数之前必须转动微倾螺旋，使水准管气泡居中（水准管气泡两边的影像吻合）。眼睛通过位于目镜左方的附合气泡观察窗看水准管气泡，右手转动微倾螺旋，使气泡两端的像吻合，即表示水准仪的视准轴已精确水平。这时，即可用十字丝的中丝在尺上读数。这里有必要指出的是：每对准一个目标，都必须转动微倾螺旋，使水准管气泡居中才能读数。目前，大部分普通水准仪（如 DS_3 型水准仪）都为自动安平，仪器的整平只需圆水准器的气泡居中就可以观测了，无需精平。

（五）读数

符合气泡居中后即可读数。水准仪有正像和倒像之分，因此读数时要注意从小到大的原则。先估读毫米数，然后报出全部读数。读数时应注意尺上注字由小到大的水准尺上读数顺序，读出米、分米、厘米，估读至毫米，如图 2-13 所示。

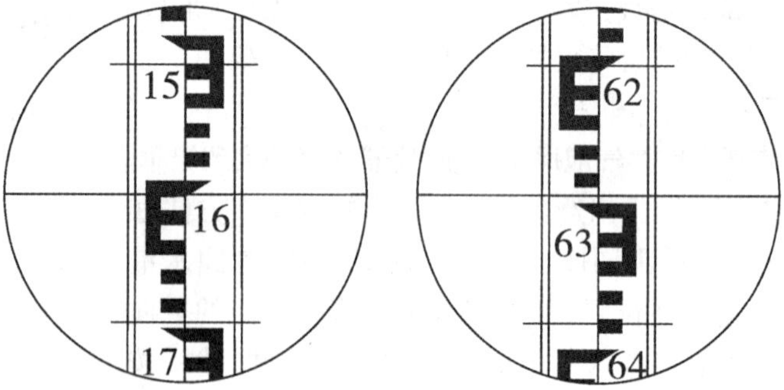

黑面读数1608　　　　红面读数6295

图 2-13　水准尺读数

精平和读数虽是两项不同的操作步骤，但在水准测量的实施过程中，却把两项操作视为一个整体，即精平后再读数，读数后还要检查管水准气泡是否完全符合。只有这样，才能取得准确的读数。

技能训练 1　认识与操作水准仪

一、技能目标

（1）了解水准仪的构造。

（2）熟悉各个部件的功能。

（3）熟练掌握水准仪的安置、整平、瞄准水准尺、精平和读数等操作步骤。

（4）读数及高差的计算 。

二、实训所需要的仪器工具

（1）由测量仪器室借领：每组 DS_3 型水准仪 1 台，尺垫 1 对，水准尺 1 对。

（2）自备：铅笔（两支 2H），记录板 1 块，草稿纸数张。

三、实训步骤

1. 演示

教师现场演示，直观教学，讲解水准仪各部件的名称及作用。

2. 仪器的安置

在选好安置位置后，将三脚架安置在合适的高度。注意三脚等距分开，分开角度合适，并使架头大致水平。

将水准仪安放在三脚架上，并旋紧。

3. 粗略整平仪器

使用脚螺旋使气泡在圆水准器中居中。若气泡偏移较大，无法使用脚螺旋使它居中，可采用伸缩脚架的方法使气泡大致居中，再使用脚螺旋。注意气泡偏向哪边即表示哪边偏高，需降低该方向的脚架。

4. 瞄准

(1)调整十字丝，使之清晰可见。

(2)照准：用望远镜照准水准尺。

(3)消除视差。

(4)利用微动螺旋使十字丝精确照准水准尺并进行物镜调焦，使水准尺清晰，再旋转微动螺旋，使十字丝竖丝靠近水准尺一侧。

5. 精确整平水准仪

转动微倾螺旋使管水准器的符合气泡两端的影像符合。需要注意的是：转动微倾螺旋时要稳重，慢慢地调节，避免气泡上下不停错动。

6. 读数

符合气泡符合后，以十字丝中丝为准读出水准尺上的数值。读数时，米、分米、厘米直接读，毫米估读。需要注意的是：在读数前要搞清楚水准尺的分划情况及最小格值，水准仪望远镜是正像还是倒像，以免读错数。读数后应立即查看气泡是否仍然符合，否则应重新使气泡符合后再读数。

四、实训的基本要求

(1)安置仪器时三脚架的三个脚螺旋应旋紧，三个脚腿不能叉得太开，并将仪器中心连接螺旋拧紧，以防止摔坏仪器。

(2)DS_3 型水准仪为精密光学仪器，在使用过程中要按操作规程作业，并正确使用每个螺旋。

(3)每次用中丝读数前务必将水准器的符合气泡严格符合，读数后复查气泡情况，发现气泡错开，应立即重新将气泡符合后再读数。

(4)转动各螺旋时要稳、轻、慢，不能用力太大。螺旋旋到头时切勿继续旋转，否则将脱扣。

(5)标尺不要随便往树上、墙上、电线杆上靠，以防止滑倒摔断。标尺可平放在地面上，决不允许把标尺当坐垫或用来抬东西，也不允许坐仪器箱。

五、上交资料

实习完成后每人交一份实训报告，按统一格式要求进行编写。

(六) 自动安平水准仪

自动安平水准仪是目前应用较广的一类水准仪,其特点是根据圆水准器将仪器粗平,而没有水准管和微倾螺旋。它借助一种重力补偿装置,补偿视准轴微小倾斜引起的误差,依然能用十字丝横丝读出相当于视准轴水平时的尺上读数。因此,自动安平水准仪是一种操作比较方便、有利于提高观测速度的新型仪器。

1. 自动安平水准仪的原理

自动安平水准仪之所以能够在视线倾斜时得到准确的读数是因为有了补偿装置。其补偿原理大致如下:

如图 2-14(a)所示视准轴水平时在水准尺上的读数为 a,即 a 点的水平视线经望远镜光路到达十字丝中心。当视准轴倾斜了一个小角度 α 时,如图 2-14(b)所示,则视准轴读数为 a'。为了能使十字丝横丝的读数仍为视准轴水平时的读数 a,在望远镜的光路中加一补偿器,使通过物镜光心的水平视线经过补偿器的光学元件后偏转一个角度 β,仍能成像于十字丝中心。当 α、β 都是很小的角度时,有下式成立,即能达到补偿的目的:

$$f\alpha = d\beta$$

式中 f——物镜焦距;

d——补偿器至十字丝的距离。

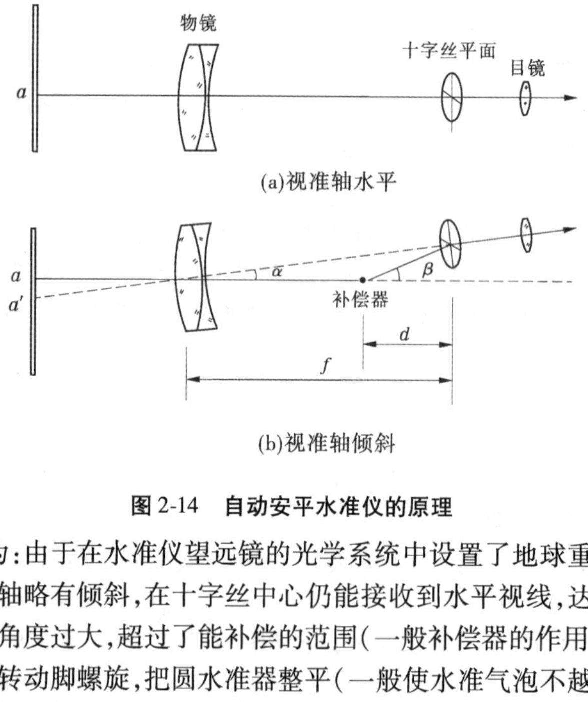

图 2-14　自动安平水准仪的原理

故其基本原理为:由于在水准仪望远镜的光学系统中设置了地球重力作用的补偿器以改变光路,即使视准轴略有倾斜,在十字丝中心仍能接收到水平视线,达到水准测量的基本要求。但是,若倾斜角度过大,超过了能补偿的范围(一般补偿器的作用范围约为 ±15′),需重新整平仪器,只要转动脚螺旋,把圆水准器整平(一般使水准气泡不越出圆水准器玻璃面板上小圆圈的范围),补偿器即能起自动安平的作用。

2. 自动安平补偿器的结构

水平线是与铅垂方向相垂直的线,利用地球上某点的重力方向即铅垂方向的原理,在自动安平水准仪望远镜的光路中,悬吊补偿器棱镜(或平面镜),借助重力作用,使其重心始终保持在铅垂方向,并与固定棱镜组配合,使水平入射光线经折射后始终能指向十字丝中心。

图 2-15 为有代表性的自动安平补偿器装置的结构示意图,补偿器在固定支点下用 4 根

吊丝自由悬挂着，转向棱镜固定在望远镜镜筒中。当视准轴水平时（见图 2-15（a）），水平视线经过转向棱镜和补偿镜的反射，最后不改变原来的方向，射向十字丝中心，即水平视线与视准轴重合。当视准轴有微小的倾斜时（见图 2-15（b）），水平视线原先与视准轴不重合，但是经过转向棱镜和受重力作用而改变原来位置的补偿镜的反射，最后仍能恢复到与视准轴相重合，达到自动整平的目的。

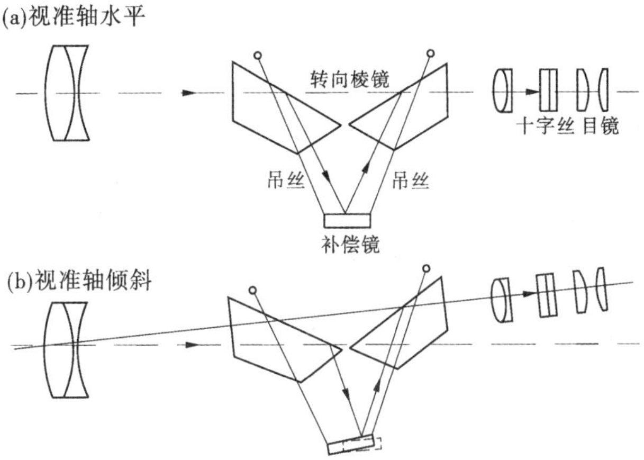

图 2-15　自动安平水准仪补偿器的结构

3. 自动安平水准仪的使用

自动安平水准仪的使用与一般水准仪基本相同，不同之处是不需要“精平”这一项操作。自动安平水准仪仅有圆水准器，其灵敏度一般为 8′/2 mm ~ 10′/2 mm，而补偿器的作用范围约为 ±15′。因此，检查补偿器是否正常工作非常重要。自动安平水准仪一般设有补偿器检查按钮，使能轻触补偿摆，查看目镜视场中水准尺成像相对于十字丝是否有均匀的浮动。由于内部设有对重摆起作用的阻尼器，这种浮动能迅速（≤2 s）静止下来，这种情况证明补偿器是处于自由悬挂状态。按检查钮时，如果发现成像有不规则的跳动或不动，则说明补偿摆已被捆住，应检查原因，使其恢复正常功能。

以图 2-16 所示 DSZ2 型自动安平水准仪为例，根据自动安平水准仪自动补偿的特点，其使用方法如下：

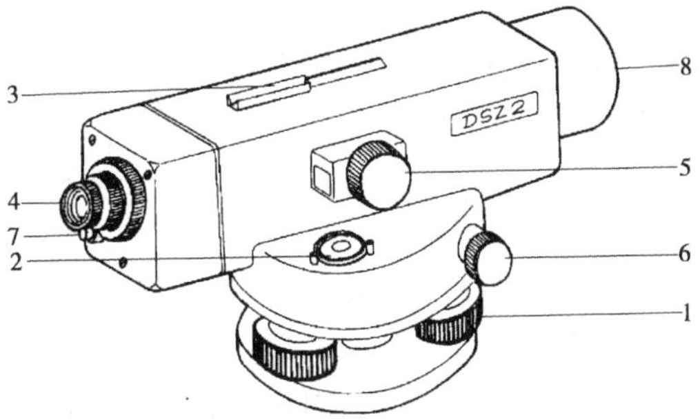

1—脚螺旋；2—圆水准器；3—瞄准器；4—目镜调焦螺旋；
5—物镜调焦螺旋；6—微动螺旋；7—补偿检查按钮；8—物镜

图 2-16　DSZ2 型自动安平水准仪

(1)整平:转动脚螺旋1,使圆水准器2气泡居中。

(2)瞄准并消除视差:用瞄准器3对准水准尺,转动目镜调焦螺旋4,使十字丝清晰,旋转物镜调焦螺旋5,使水准尺像清晰,检查视差。

(3)读数:用微动螺旋6使十字丝纵丝紧靠水准尺边,轻按补偿器检查按钮7,证明其作用正常,然后在水准尺上读数。

三、水准测量的方法及成果整理

(一)水准点

通过水准测量的方法测定其高程的控制点称为水准点。水准测量通常是从水准点引测其他点的高程。水准点有永久性的和临时性的两种。国家等级水准点如图2-17所示,一般用石料或钢筋混凝土制成,深埋到地面冻土线以下。在标石的顶面设有用不锈钢或其他不易锈蚀的材料制成的半球状标志。有些水准点也可设置在稳定的墙脚上,称为墙上水准点,如图2-18所示。

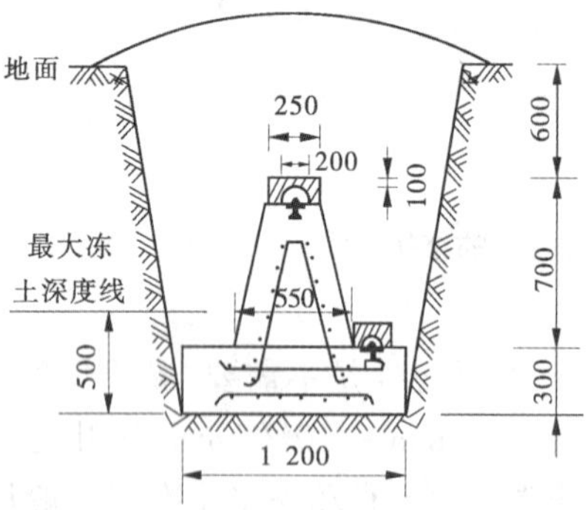

图2-17 国家等级水准点 (单位:mm)

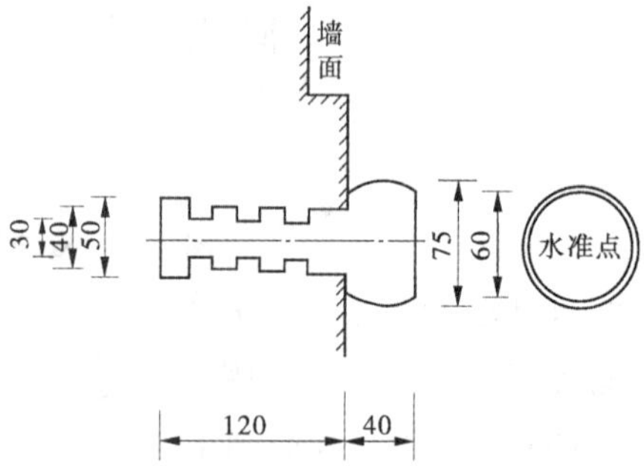

图2-18 墙上水准点 (单位:mm)

施工工地上的永久性水准点一般用混凝土或钢筋混凝土制成,其式样如图2-19(a)所示。临时性的水准点可用地面上突出的坚硬岩石或用大木桩打入地下,桩顶钉以半球形铁钉,如图2-19(b)所示。

埋设水准点后,应绘出水准点与附近固定建筑物或其他地物的关系图,在图上还要写明水准点的编号和高程,称为点之记,以便于日后寻找水准点位置。水准点编号前通常加BM字样,作为水准点的代号。

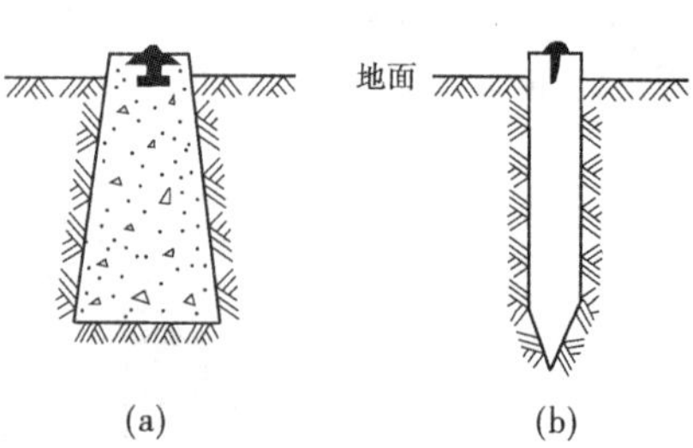

图2-19 普通水准点

(二)水准路线

水准测量设站观测经过的路线称为水准路线。水准路线的布设分单一水准路线和水准网。本章仅讲述水准测量的外业施测和单一水准路线的内业计算。水准网的内业计算方法将在以后介绍。

1. 单一水准路线的种类

单一水准路线的形式有三种,即附合水准路线、支水准路线、闭合水准路线。

从一个已知高程的水准点$Ⅲ_{18}$(例如三等水准点)起,沿一条路线进行水准测量,以测定另外一些水准点的高程,最后联测到另一个已知高程的水准点Ⅲ$_{19}$,如图 2-20 所示,称为附合水准路线。

如果最后没有联测到已知高程的水准点上,则这样的水准路线称为支水准路线。为了对测量成果进行检核,并提高成果的精度,单一水准支线必须进行往返测量。此外,还应限制其路线的总长,一般地形测量中不能超过 4 km。

从已知高程的水准点Ⅲ$_{18}$出发,沿一条环形路线进行水准测量,测定沿线若干水准点的高程,最后又回到水准点Ⅲ$_{18}$,如图 2-21 所示,称为闭合水准路线。

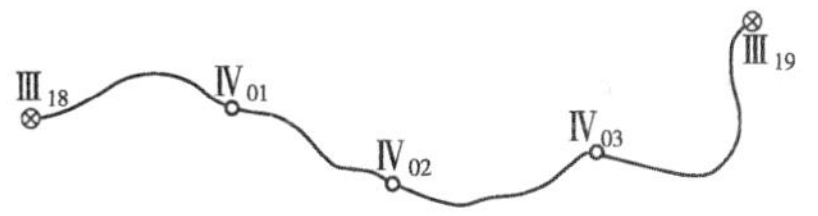

图 2-20　附合水准路线

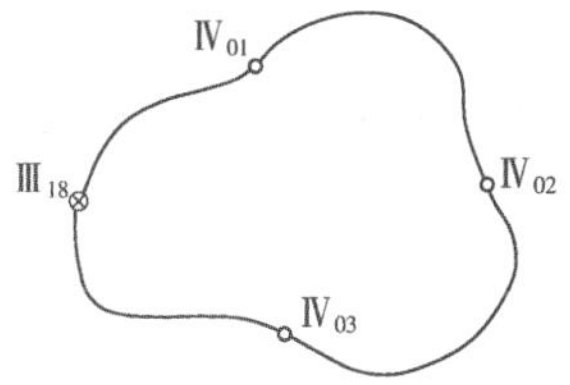

图 2-21　闭合水准路线

2. 水准网的形式

若干条单一水准路线相互连接构成图 2-22 所示的形状,称为水准网。单一路线相互连接的点称为结点,如图 2-22(a)中的Ⅳ$_{06}$、Ⅳ$_{12}$、Ⅳ$_{22}$和图 2-22(b)中的Ⅳ$_{04}$、Ⅳ$_{09}$、Ⅳ$_{15}$、Ⅳ$_{29}$。图 2-22(a)有四个起始点,称附合水准网。图 2-22(b)只有一个起始点,称独立水准网。

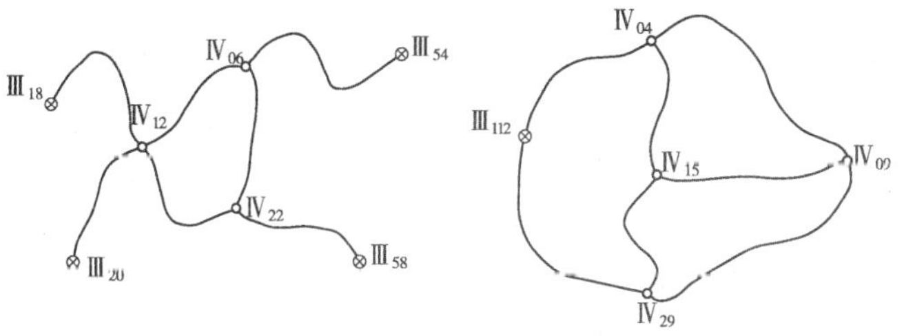

(a)　　　　(b)

图 2-22　水准网

(三)普通水准测量的外业施测的方法

为地形测量而进行的普通水准测量又称为图根水准测量,其技术要求见表 2-2。施测程序如下:将水准尺立于已知高程的水准点上作为后视,水准仪置于施测路线附近合适的位置,在施测路线的前进方向上取仪器至后视大致相等的距离放置尺垫,在尺垫上竖立水准尺作为前视。观测员将仪器用圆水准器粗平之后瞄准后视标尺,用微倾螺旋使水准管气泡居中,用中丝读后视读数至毫米。旋转望远镜瞄准前视标尺,此时水准管气泡一般会偏离少许,用微倾螺旋将气泡居中,用中丝读前视读数。记录员根据观测员的读数在手簿中记下相应的数字,并立即计算高差。以上为第一个测站的全部工作。第一测站结束之后,记录员通知后跑尺员向前移,并将仪器迁至第二测站。此时,第一测站的前视点便成为第二测站的后视点。依第一站相同的工作程序进行第二站的工作。依次沿水准路线方向施测,直至全部路线观测完。

表 2-3 为普通水准测量的手簿记录和有关的高差计算示例。

表 2-3 中第 3 栏视距值由上丝、下丝读数之差乘以 100 而得。第 8 栏为相应点号的观测高程，转点可不计算。

表 2-2 普通（图根）水准测量的主要技术要求

每千米高差全中误差（mm）	附合水准路线长度（km）	水准仪型号	视线长度（m）	观测次数		往返较差、附合或环线闭合线（mm）	
				附合或闭合路线	支水准路线	平地	山地
20	≤5	DS_3	≤100	往一次	往返各一次	$40\sqrt{L}$	$12\sqrt{n}$

注：1. L 为往返测段、附合或环线水准路线长度（以 km 为单位参与计算）；n 为测站数。

2. 当水准路线布设成支线时，其路线长度不应大于 2.5 km。

表 2-3 普通水准测量观测手簿

观测者：________

测自 IV3005 至 102　　____年____月____日　　记录者：________

测站	点号	视距（m）	后视	前视	高差 +	高差 −	高程（m）	说明
1	2	3	4	5	6	7	8	9
1	Ⅳ3005	56	0347			−1284	346.215	
	转点	54		1631				
2	转点	72	0306			−2318		
	101	74		2624			342.613	
3	101	98	0833			−0683		
	转点	96		1516				
4	转点	41	1528		+1027			
	转点	43		0501				
5	转点	79	2368		+1674			
	102	77		0694			344.631	

技能训练 2　普通水准测量实训

一、技能目标

进一步熟悉水准仪的构造及使用，学会普通水准测量的操作步骤，掌握普通水准测量的方法和技术要求。施测一闭合水准线路，并计算其闭合差。

二、所需要的仪器、工具、材料

（1）由测量仪器室借领：DS_3 型水准仪 1 台，水准尺 2 个，记录板 1 块，记录纸 5 张。

（2）自备：HB 铅笔 2 支，小刀 1 把，草稿纸若干张。

三、实训步骤

(1)以小组为单位施测一闭合水准路线,在其长度内至少安置5~6站仪器。

(2)人员分工:4人一组,2人司尺,1人记录,1人观测,每测一站后轮换工作。

(3)在每一站上的操作步骤应为:仪器安置在前后两标尺的中间位置,整平仪器;目镜对光;照准后视标尺;物镜对光;消除视差;慢慢转动微倾螺旋,使管水准气泡符合;读取中丝读数;记录员将读数记入表中。读完后视读数后,打开制动螺旋,瞄准前视标尺,按照同样的方法用中丝读取前视尺读数。记录员应在搬站前计算出本站所测高差值 h_i。

(4)按(3)的方法依次完成本闭合路线的水准测量工作。

(5)记录员在进行记录时,一定要回报观测者的读数,经默认后方可记入记录表中。

(6)观测结束后,应立即算出高差闭合差 $f_h = \sum h_i$, $f_{允} = \pm 40\sqrt{L}$(mm)或 $f_{允} = \pm 12\sqrt{n}$(mm),其中 L 和 n 分别为路线长(以km为单位)和测站数,当 $f_h < f_{允}$ 时观测成果合格,否则应重测。

四、实训的基本要求

(1)由于刚开始测量时,观测者的测量速度较慢,故要求每位同学要有耐心,做到互谅互助,齐心协力完成本次实训任务。

(2)中丝读数一律记四位数,从米至毫米的位上都要有数,并以毫米为单位。如0560、1200,分别表示0.56 m和1.2 m。

(3)扶尺者应面向仪器,双手将尺扶直,前司尺同学应选好立尺点。

(4)记录者用铅笔按规定格式做好记录,不允许用钢笔、圆珠笔作记录,记录要工整;严禁涂改、转抄原始记录,严禁用橡皮擦改原始记录。

(5)仪器应安置在前后尺的中间位置,以此减小测量误差。

(6)标尺由前视尺转为后视尺时,绝对不能碰动尺垫或弄错转点位置。

五、上交资料

(1)每人上交合格记录成果1份。

(2)每人上交实训报告1份。

(四)四等、等外水准测量

四等水准测量的精度要求较普通水准测量的精度高,其技术指标见表2-4。四等、等外水准测量的水准尺,通常采用区格式木质双面水准尺,表2-4中黑红面读数差,即指一根标尺的两面读数去掉常数之后所容许的差数。

表2-4 四等、等外水准观测的主要技术指标

等级	仪器类型	标准视线长度(m)	后前视距差(m)	后前视距差累计(m)	黑红面读数差(mm)	黑红面所测高差之差(mm)	检测间歇点高差之差(mm)
四等	DS_3	80	5	10	3	5	5
等外	DS_3	100	10	50	5	6	6

四等、等外水准测量在一测站上水准仪照准双面水准尺的顺序为：

(1)照准后视标尺黑面，按视距丝和中丝读数；

(2)照准后视标尺红面，按中丝读数；

(3)照准前视标尺黑面，按视距丝和中丝读数；

(4)照准前视标尺红面，按中丝读数。

这样的顺序简称为“后—后—前—前”(黑—红—黑—红)。

无论何种顺序，视距丝和中丝的读数均应在水准管气泡居中时读取。

四等水准测量的观测记录及计算示例见表2-5。表内带括号的号码为观测读数和计算的顺序。表中(1)～(8)为观测数据，其余为计算所得。

表2-5　四等水准测量观测手簿

测自　　　　至　　　　　　　　　　　　2011年6月24日

时刻始8时05分　　　　　　　　　　　　天气：晴

末8时20分　　　　　　　　　　　　　　呈象：清晰

测站编号	后尺 上丝	前尺 上丝	方向及尺号	标尺读数		K+黑-红	高差中数	说明
	后尺 下丝	前尺 上丝		黑面	红面			
	后距	前距						
	视距差 d	$\sum d$						
	(1)	(5)	后	(3)	(8)	(10)		
	(2)	(6)	前	(4)	(7)	(9)		
	(12)	(13)	后-前	(16)	(17)	(11)		
	(14)	(15)						
1	1571	0739	后5	1384	6171	0		
	1197	0363	前6	0551	5239	-1		
	374	376	后-前	+0833	+0932	+1	+0832	
	-0.2	-0.2						
2	2121	2196	后6	1934	6621	0		
	1747	1821	前5	2008	6796	-1		
	374	375	后-前	-0074	-0175	+1	-0074	
	-0.1	-0.3						
3	1914	2055	后5	1726	6513	0		
	1539	1678	前6	1866	6554	-1		
	375	377	后-前	-0140	-0041	+1	-0140	
	-0.2	-0.5						

续表 2-5

测站编号	后尺 上丝 下丝	前尺 上丝 上丝	方向及尺号	标尺读数		K + 黑 - 红	高差中数	说明
	后距	前距		黑面	红面			
	视距差 d	$\sum d$						
4	1965	2141	后 6	1832	6519	0		
	1700	1874	前 5	2007	6793	+1		
	265	267	后 - 前	-0175	-0274	-1	-0174	
	-0.2	-0.7						
5	0089	0124	后 5	0054	4842	-1		
	0020	0050	前 6	0087	4775	-1		
	69	74	后 - 前	-0033	+0067	0	-0033	
	-0.5	-1.2						

1. 测站上的计算与校核

高差部分：

$$(9) = (4) + K - (7)$$
$$(10) = (3) + K - (8)$$
$$(11) = (10) - (9)$$

(10)及(9)分别为后、前标尺的黑红面读数之差，(11)为黑红面所测高差之差。

K 为后、前视标尺红黑面零点的差数；表 2-5 的示例中，5 号尺的 $K=4787$，6 号标尺的 $K=4687$。

$$(16) = (3) - (4)$$
$$(17) = (8) - (7)$$

(16)为黑面所算得的高差，(17)为红面所算得的高差。由于两根尺子红、黑面零点差不同，所以(16)并不等于(17)（表 2-4 中(16)与(17)理论上应相差 100），因此(11)尚可作一次检核计算，即

$$(11) = (16) \pm 100 - (17)$$

视距部分：

$$(12) = (1) - (2)$$
$$(13) = (5) - (6)$$
$$(14) = (12) - (13)$$
$$(15) = \text{本站的}(14) + \text{前站的}(15)$$

(12)为后视距离，(13)为前视距离，(14)为前后视距离差，(15)为前后视距累积差。

2. 观测结束后的计算与校核

高差部分：

$$\sum(3)-\sum(4)=\sum(16)=h_{黑} \qquad \sum\{(3)+K\}-\sum(8)=\sum(10)$$

$$\sum(8)-\sum(7)=\sum(17)=h_{红} \qquad \sum\{(4)+K\}-\sum(7)=\sum(9)$$

$$h_{中}=\frac{1}{2}(h_{黑}+h_{红})$$

$h_{黑}$、$h_{红}$ 分别为一测段黑面、红面所得高差;$h_{中}$ 为高差中数。在计算时应注意由于尺常数的差别,红面高差应在 ±100 后再参与运算。当红面高差比黑面高差小时取"+"号,当红面高差比黑面高差大时取"-"号。

视距部分:

末站(15) = $\sum(12)-\sum(13)$　　　总视距 = $\sum(12)+\sum(13)$

若测站上有关观测结果超限,在本站检查发现后可立即重测。若迁站后才检查发现,则应从水准点或间歇点起,重新观测。

技能训练 3　四等水准测量

一、技能目标

了解四等(等外)水准测量的全过程及其组织工作,掌握用双面尺进行四等(等外)水准测量的观测、记录和计算方法。熟悉四等(等外)水准测量的主要技术指标。掌握测站检核和水准路线检核的方法。

二、所需要的仪器、工具

(1)由测量仪器室借领:DS_3 型水准仪 1 台,双面水准尺 1 对,尺垫 2 个,记录板 1 块,记录纸 3 张。

(2)自备:铅笔(HB,2 支),草稿纸数张。

三、实训步骤

(1)选定一闭合水准路线,其长度以安置 4 个测站为宜,以一固定点为起点,全组共同观测一个闭合环,两人轮流做观测手(司仪)和记录员,另外两人返测时做观测手(司仪)和记录员。

(2)每一站的操作程序:

a. 在结Ⅰ点和 1 点上竖立水准尺,在距结Ⅰ点、1 点约等距离处安置水准仪。

b. 调节脚螺旋,使圆水准器的气泡居中。

c. 照准后视标尺黑面,转动微倾螺旋,使上丝对准标尺黑面某一整分划(如 1.2 m、1.3 m 等),直接根据下丝读取视距 d(视距 d =(下丝读数 - 上丝读数)×100),记入手簿中。

d. 转动微倾螺旋使气泡居中(符合气泡符合),用中丝读取黑面读数,将后视红面转向仪器,精平(符合气泡符合),读取中丝读数,分别将中丝读数记入手簿中。计算 K + 黑 - 红是否在限差范围内(由记录者完成)。

e. 转动仪器，将望远镜转向前视尺，重复 c、d 操作。若前视距与后视距之差大于5 m，须往前或往后移动转点1，使其符合要求。当前、后视观测完毕后，须等待记录员检核计算，符合要求后（要求记录员边记，边算）方可迁至下一站。

这种观测顺序简称为："后—后—前—前"或"黑—红—黑—红"。

f. 仪器迁至下一站，上一站的前视标尺不动，变为下一站的后视标尺，上一站的后视标尺迁至下一点作为前视标尺。每一站的操作方法同上，直至终点（结Ⅰ点）。

四、实训基本要求

（1）分工：观测员1人，记录员1人，司尺员2人，并轮流担任各职。

（2）每站观测结束后，应当即计算检核，各项限差符合技术要求后，方能搬动仪器迁至下一站。迁站时前后司尺员一定要按照规定程序操作，不得移动或不小心碰动尺垫，否则将前功尽弃。

（3）观测的标尺应立于桩上或尺垫上，不观测时应将标尺从尺垫上移下来。交换黑红尺面时应将尺从尺垫上取下换面，不得在尺垫上旋转换面。

（4）记录者听到观测者所报读数后，要回报给观测者，经确认后，方可记录在表中。如果计算检核有超限现象，应立即告诉观测者，进行重测。

（5）严禁转抄、涂改原始记录。记录的字迹应工整、整齐、清洁。

（6）全组人员一定要互助互谅，密切配合，有集体观念，严禁各自为阵。

五、上交资料

（1）每人上交合格记录成果1份。

（2）每人上交实训报告1份。

（五）水准测量的内业计算

观测值与重复观测值之差，或与已知点的已知数据的不符值，通称为闭合差。常用符号 f_h 表示高差闭合差。闭合路线是附合路线的一个特例。

产生闭合差的原因很多，但闭合差的数值必须有一个限度，如表2-6所示。

测量规范规定，超过了这个限度则应检查原因，返工重测。

水准测量中，分配闭合差的原则一般按照距离或测站数或比例反符号分配到各测段的观测高差中。

表2-7为一附合四等水准路线计算示例，该水准路线的闭合差为

$$f_h = -20\ \text{mm}$$

路线总长为4 km。允许闭合差为

$$f_{h允许} = \pm 20\sqrt{4} = \pm 40\ \text{mm}$$

因 $|-20| < |\pm 40|$，故该观测值符合要求。

$$\sum L = 4\ \text{km} \qquad f_h = H_{\text{Ⅲ}18} + \sum h_{测} - H_{\text{Ⅲ}19} = -0.020\ \text{m} = -20\ \text{mm}$$

每千米改正数为 $$-\frac{f_h}{\sum L} \times 1\ \text{km} = -\frac{-20}{4} = +5.0\ \text{mm}$$

表 2-6　水准测量的主要技术参数

等级	每千米高差全中误差（mm）	水准路线长度（km）	观测次数		往返较差、附合或环线高差闭合差(mm)	
			与已知点连接	附合或环线	平地	山地
四等	10	≤16	往返各一次	往一次	$\pm 20\sqrt{L}$	$\pm 6\sqrt{n}$
等外	15	—	往返各一次	往一次	$\pm 30\sqrt{L}$	—

注：(1)结点之间或结点与高级点之间，其路线的长度不应大于表中规定值的 0.7 倍。

(2) L 为往返测段、附合或环线水准路线长度（以 km 为单位参与计算）；n 为测站数。

(3)数字水准仪测量的技术要求和同等级光学水准仪相同。

(4)当每条水准路线分测段施测时，应按下式计算每千米水准测量的高差偶然中误差，其绝对值不应超过表 2-6 中相应等级每千米高差全中误差的 1/2。

$$M_\Delta = \sqrt{\frac{1}{4n}\left(\frac{\Delta\Delta}{L}\right)}$$

式中　M_Δ——高差偶然中误差，mm；

Δ——测段往返高差较差，mm；

L——测段长度，km；

n——测站数。

(5)水准测量结束后，应按下式计算每千米水准测量高差全中误差，其绝对值不应超过表 2-6 中相应等级的规定。

$$M_W = \sqrt{\frac{1}{N}\left(\frac{WW}{L}\right)}$$

式中　M_W——高差全中误差，mm；

W——附合或闭合环闭合差，mm；

L——计算 W 时，相应的路线长度；

N——附合路线和闭合环的总个数。

(6)高程成果的取值，四等、等外水准应精确至 1 mm。

表 2-7　附合四等水准路线计算

点号	距离(km)（或测站数）	高差中数	改正数(mm)	改正后的高差(m)	高程(m)
$Ⅲ_{18}$					310.000(已知点)
	0.82	0.250	+4	+0.254	
$Ⅳ_{01}$					310.254
	0.54	0.302	+3	+0.305	
$Ⅳ_{02}$					310.559
	1.24	−0.472	+6	−0.466	
$Ⅳ_{03}$					310.093
	1.30	−0.357	+7	−0.350	
$Ⅲ_{19}$					309.743(已知点)
$\sum$	4.0	−0.277	+20	−0.257	

通常规定，将 $h_测$ 加上改正数 v 之后，闭合差 f_h 即应被消除，即

$$\sum(h_{测}+v)-\sum h_{理}=0$$

$$\sum v+\sum h_{测}-\sum h_{理}=0$$

$$\sum v+f_h=0$$

$$\sum v=-f_h$$

即观测高差的改正数与闭合差的符号相反。

第 i 测段的改正数 v_i 按下式计算：$v_i=\dfrac{-f_h}{\sum L}L_i$

高差改正之后还应检查改正后高差的总和是否与理论值相等。相等则证明计算无误，然后按顺序推算各点的高程。求得最后一个已知点的高程时，再次检查与已知值是否相等，以保证各点的高程正确无误。

四、数字水准仪

（一）电子水准仪的原理及特点

电子水准仪又叫数字水准仪，它是在自动安平仪的基础上发展起来的，是自动安平水准仪、CCD 相机（探测器）、微处理器和条纹编码标尺组合成的一个几何水准自动测量系统。它采用条纹编码标尺，人工完成照准和调焦之后，通过望远镜的分光镜面，将条纹编码标尺成像转换成数字信息，再利用数字图像处理技术来识别数字条码，进而获得标尺读数和视距。由于照准标尺和调焦仍由观测者目视完成，所以也可使用传统水准尺，但若当成普通自动安平水准仪使用，测量精度会有所降低。

目前，占据数字水准仪市场的主要是瑞士徕卡（Lcica）公司、德国蔡司（Zeiss）公司以及日本拓普康（Topcon）和索佳（Sokkia）公司生产的几种型号的产品。

电子水准仪与传统水准仪相比有以下特点：

（1）自动读数，观测值以数字显示，避免主观读数误差，提高测量精度和效率。

（2）自动记录野外观测数据，并存储在仪器内 PC 卡上，通过电脑输出观测值。

（3）精度高。视线高和视距读数都是采用大量条码分划图像经处理后取平均得出来的，因此削弱了标尺分划误差的影响。多数仪器都有进行多次读数取平均的功能，可以削弱外界条件影响。不熟练的作业人员也能进行高精度测量。

（4）速度快。由于自动记录，电脑输出，省去了报数、听记、现场计算的时间以及人为出错的重测数量，测量时比传统仪器节省时间。

（5）效率高。只需调焦和按键就可以自动读数，减轻了劳动强度。

（6）在光线极暗或极强的环境下仍能正常工作。在隧道内黑暗环境下作业时，借助手电等人工照明工具仍可测量。

电子水准仪一般用于中精度和高精度水准测量，电子水准仪分两个精度等级，中等精度的标准差为 1.0 ~ 1.5 mm/km，可用于三、四等水准测量；高精度的标准差为 0.3 ~ 0.4 mm/km，可用于一、二等水准测量。

（二）数字水准仪测量系统的构成

如图 2-23 所示为一数字水准仪的结构。数字水准仪测量系统主要由编码标尺、光学望远镜、补偿器、CCD 传感器以及微处理控制器和相关的图像处理软件，以及与仪器配套的水准尺组成。标尺为三节套，为 1.36×3 段标尺。不同条码标尺读数方法不同，因此不同的读数方法应使用配套的标尺。

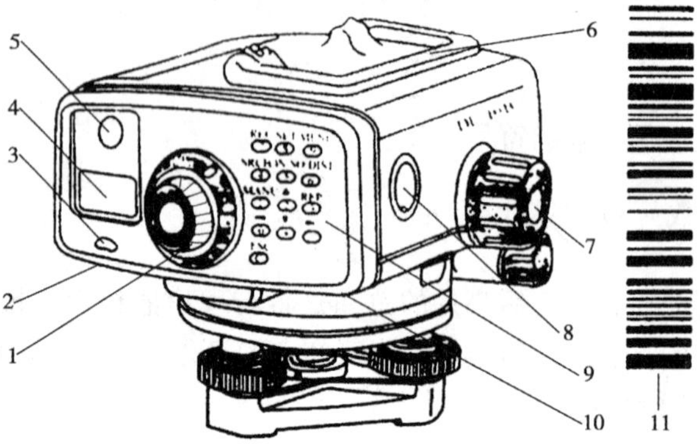

1—望远镜目镜；2—圆水准气泡调整螺旋；3—开关键；4—显示窗；5—圆水准气泡窗；6—提手；7—望远镜调焦按钮(MEAS)；9—操作键盘；10—串行接口；11—条形码水准尺

图 2-23　数字水准仪构成

(三)数字水准仪的使用方法

数字水准仪的使用方法和传统的水准仪相似，只是增加了仪器的界面操作。

1. 电子水准仪的界面菜单功能

以 SDL30 电子水准仪为例，它有高程测量，高差测量和高差、距离、高程放样功能。开机后，按菜单键显示“菜单屏幕”共有 6 个菜单项。

(1)“Job”工作文件设置模式，分 4 个子菜单：

①Select 选择文件，共 20 个工作管理存储空间(Job01～Job20)，可存储 2 000 个数据；

②Edit 文件名编辑；

③Output 数据输出；

④Delete 删除键。

(2)“Rec”记录、存储设置模式，分 4 个子菜单：

①Cond 记录格式，有 3 个选项：Manual 手动记录，Auto 自动记录，Off 不记录；

②Line 路线，有 2 个选项：Go 往测；Return 返测；

③Review 重察最后一个数值；

④Memory 内存。

(3)“Ht－diff”高差测量模式。

(4)“Elev”高程测量模式。

(5)“S－O”放样测量模式，有 3 个选项：

①Ht－diff 高差放样；

②Elev 高程放样；

③Dist 距离放样。

(6)“Config”参数设置模式，分 6 个子菜单：

①Meas 测量模式设置，有 3 个选项：Single 单次测量，每完成一次精测，读数后自动停

止;Repeat 重复测量,连续读取精测读数至按下回车键或测量键,停止读数;Tracking 跟踪测量,连续读取粗测读数至按下回车键或测量键,停止读数。

②“Display”显示小数位设置,单次测量和重复测量模式保留 3 位或 4 位,跟踪测量模式保留 2 位或 3 位。

③“Adjust”十字丝检校。

④“RS－232C”通信参数设置,有 2 个子菜单:Baud rate 波特率,有 2 个选项,1 200 bps 或 2 400 bps;Parity 奇偶校验,有 3 个选项,None 无,Odd 奇,Even 偶。

⑤Auto－off 自动断电设置,有 2 个选项,On 无任何按键操作 30 min 后自动关机;Off 是自动关机功能无效。

⑥Unit 测量单位设置,有 2 个选项,m 国际单位制单位、ft 英制单位。

2. 高差测量操作步骤

将仪器安置在两点之间,安置仪器的方法与自动安平水准仪相同。开机后,选择工作文件—仪器参数设置—测量数据记录方法设置。

(1)按菜单键,用光标选取“高差测量”按回车键进入。

(2)屏幕提示后视(BS),瞄准后视尺,调焦后按测量键,屏幕显示观测值。

(3)选取“Yes”按回车键,屏幕显示已储存数据个数和可存储空间数据个数。

(4)屏幕提示前视(FS),瞄准前视尺,调焦后按测量键,屏幕显示两点高差值。

3. 高程测量操作步骤

(1)按菜单键,用光标键选取“高程测量”按回车键进入。

(2)屏幕提示输入后视点高程(用光标向下移动键改变光标处的＋、－号或增大数值,用光标水平移动键将光标移至下一位)。按回车键,将已知高程输入仪器。

(3)屏幕提示后视(BS),瞄准后视尺,调焦后按测量键,屏幕显示观测值。

(4)选取“Yes”按回车键,屏幕显示已储存数据个数和可存储空间数据个数。

(5)屏幕提示前视(FS),瞄准前视尺,调焦后按测量键,屏幕显示前视点高程。

(6)按回车键,屏幕提示 Turing Point(是否迁站)选取“Yes”按回车键。

(7)仪器搬至下一站,方法同上 1～6。

第三节　水准仪的检验、校正

水准仪是水准测量的主要仪器,测量结果的好坏,很大程度上依赖于水准仪是否满足水准测量的要求。根据水准测量的基本原理,要求水准仪能给出一条水平视线,这个要求是水准仪构造上的一个极为重要的问题。在使用之前必须对仪器进行详细的检查,为了保证水准仪的几何条件满足要求,必须对仪器进行校正,以保证测量结果的准确。

一、水准仪应满足的条件

水准仪的主要轴线见图 2-24。

水准仪的轴线有视准轴 CC、管水准器轴 LL、圆水准器轴 ll、仪器竖轴 VV。各轴线应满足的条件是:

(1)圆水准器轴 ll 平行于仪器竖轴 VV;

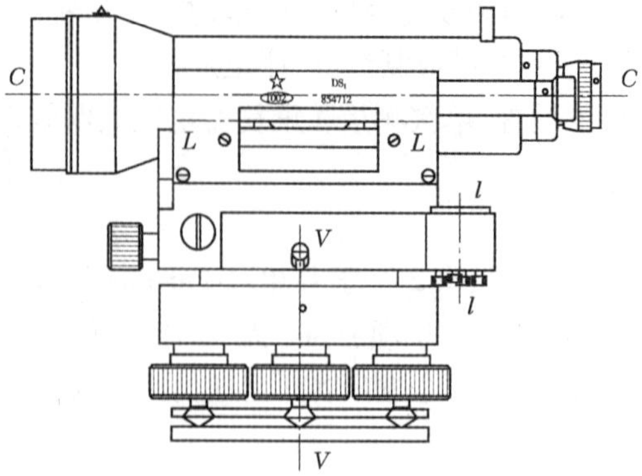

图 2-24　水准仪的几何轴线

(2)十字丝横丝垂直于仪器竖轴 VV;

(3)管水准器轴 LL 平行于视准轴 CC;

(4)十字丝的横丝垂直于仪器的旋转轴。

二、微倾时水准仪的检验与校正

(一)圆水准器轴平行于仪器竖轴的检验与校正

1. 检验原理

图 2-25 中 V 为仪器旋转轴,l 为圆水准器的水准轴,假设它们互不平行而有一交角 α,那么当气泡居中时,圆水准器轴 l 是竖直的,仪器旋转轴 V 则与竖直位置偏差 α 角,见图 2-25(a)。将仪器旋转 180°(见图 2-25(b)),由于仪器旋转时是以 V 为旋转轴,即 V 的空间位置是不动的。仪器旋转之后,水准器中的液体受重力作用,气泡仍将处于高处,而水准器的水准轴将在 l 处。由图 2-25(b)中可以看出水准轴 l 与竖直线 l' 之间的角度为 2α,这时,水准器的气泡已不再居中而偏歪到了另外一边,气泡偏移的弧长所对的中心角即等于 2α。

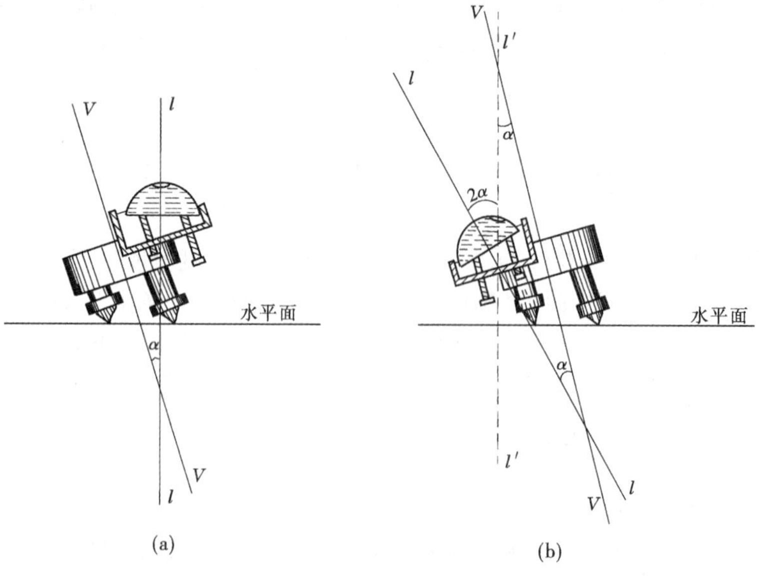

图 2-25　圆水准器的水准轴应与仪器的竖轴平行的检验

2. 检验

安置水准仪，转动脚螺旋使圆水准气泡居中（见图 2-26（a）），然后将仪器绕竖轴转 180°，此时若气泡居中，说明圆水准轴平行竖轴；如果气泡偏离一边（见图 2-26（b）），则圆水准轴不平行于竖轴，需校正。

3. 校正

根据上述检验原理可知，气泡偏移的弧长所对角度等于仪器旋转轴和圆水准器轴的交角的 2 倍。校正工作可用装在圆水准器下面的校正螺钉来实现。故转动脚螺旋，使气泡退回偏离中点的一半（见图 2-26（c）），然后旋转圆水准器底部的校正螺旋，使气泡完全居中（见图 2-26（a））。圆水准器的校正螺旋在水准器的底部，如图 2-27 所示。

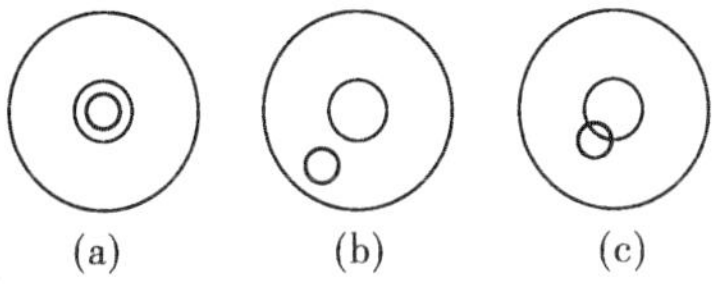

图 2-26　圆水准器的校正

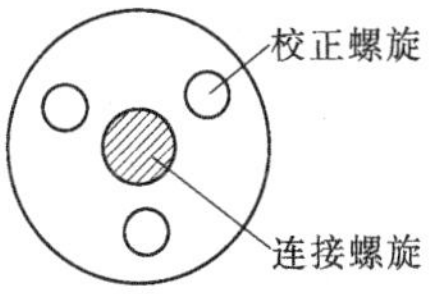

图 2-27　圆水准器的校正螺旋

（二）十字丝横丝应垂直于竖轴的检验、校正

1. 检验原理

设十字丝横丝已与仪器旋转轴垂直，那么通过十字丝横丝的平面应与仪器旋转轴垂直；当仪器旋转轴竖直时，这个平面将在水平位置且不会发生变化。因此，如果十字丝横丝与视准轴组成的平面垂直于仪器旋转轴，则条件得到满足；反之，条件就不满足。

由此可见，假定有一个点，它与垂直于仪器旋转轴且通过十字丝横丝的平面重合，则当仪器旋转时这个点将始终在一个平面上。

具有微倾螺旋的水准仪，其视准轴虽并不一定垂直于仪器旋转轴，但与垂直于仪器旋转轴平面的偏差角却不会太大，因此可以认为视准轴是垂直于仪器旋转轴的。

2. 检验

将横丝一端对准远处一明显标志，旋紧制动螺旋，转动微动螺旋，如果标志始终在横丝上移动（见图 2-28（a）、（b）），则说明横丝水平，否则应进行校正（见图 2-28（c）、（d））。

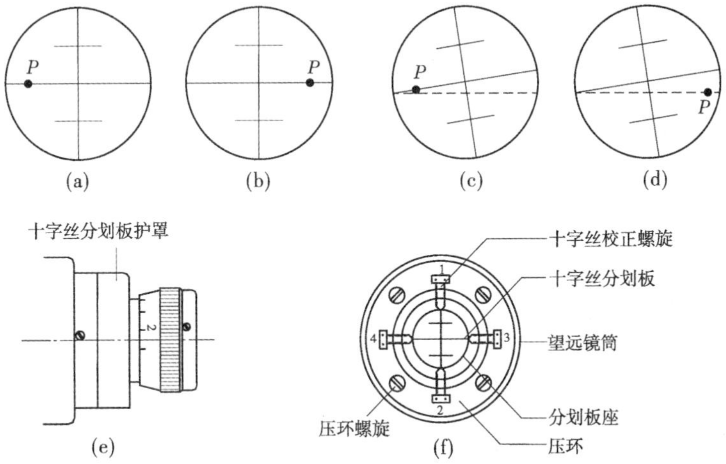

图 2-28　十字丝横丝检验校正

3. 校正

卸下目镜十字丝分划板间的外罩（见图 2-28（e）），松开压环固定螺旋（见图 2-28（f）），转动十字丝环至正确位置，最后旋紧压环固定螺旋，并旋上外罩。

（三）水准管轴平行于视准轴的检验校正

1. 原理

当水准管轴与视准轴平行，水准管气泡居中时，视准轴水平。当水准管轴与视准轴不平行时，二者在竖直面上的投影的夹角称为 i 角，故该项检验称为 i 角检验。i 角检验是水准仪检验的一项重要内容。

望远镜视准轴和水准管水准轴都是空间直线，如果它们互相平行，那么无论是在包含视准轴的竖直面上的投影还是在水平面上的投影，都应该是平行的。对竖直面上投影是否平行的检验称为 i 角检验，对水平面上投影是否平行的检验称为交叉误差检验。

对于水准测量，重要的是 i 角检验。如果 $i=0$，则水准管轴水平后，视准轴也是水平的，满足水准测量基本原理的要求。

2. 检验

在较平坦地面上相距 60 ~ 80 m 的 A、B 两点，打下木桩，在桩上立水准尺。将水准仪安置在 AB 的中点（见图 2-29（a）），水准管气泡居中时读数为 a_1 和 b_1。若水准管轴不平行于视准轴，则读数 a_1 和 b_1 都包含同样的误差 x。A、B 两点间的正确高差为

$$h_1 = (a_1 - x) - (b_1 - x) = a_1 - b_1$$

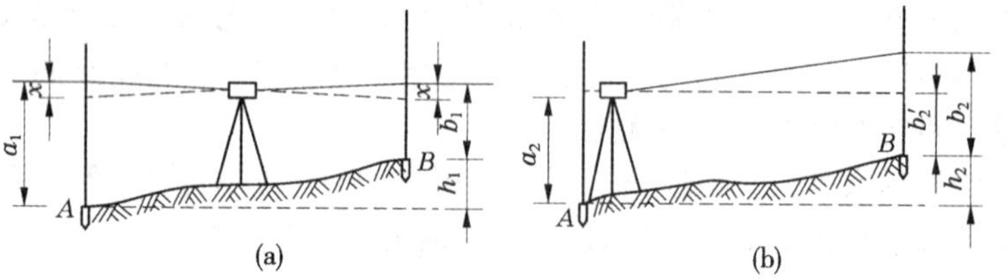

图 2-29　水准管轴的检验

可以看出，水准仪安置于中点，可以抵消水准管轴不平行于视准轴的误差。此时所测 A、B 两点间高差始终是正确的高差。

然后在离 A 点约 3 m 的地方安置仪器（见图 2-29（b）），读数为 a_2、b_2，两点间的高差为

$$h_2 = a_2 - b_2$$

若 $h_1 = h_2$，则水准管轴与视准轴平行，i 角为 0；否则，需要校正（若 h_1 与 h_2 之差小于或等于 5 mm，一般不校正），$i = \dfrac{b_2 - b_2'}{D_{AB}}\rho$。

3. 校正

在较平坦地面上相距 60 ~ 80 m 的 A、B 两点，打下木桩，在桩上立水准尺，在 A、B 中点 C 处安置水准仪，计算出正确的高差 h_1；然后在离 A 点约 3 m 的地方安置仪器，其 A 点尺上读数为 a_2，水平视线在 B 点尺上的正确读数 $b_2' = a_2 - h_1$。

校正方法有两种：一种是校正水准管，另一种是校正十字丝横丝。

校正水准管：转动微倾螺旋，使横丝对准 B 点尺上正确读数 b_2'，此时视准轴水平，但水准管气泡不居中。用校正针先拨松水准管左（或右）边的校正螺旋，使水准管能够活动，再

一松一紧拨动上下两个校正螺旋（见图2-30），使气泡重新居中，最后再旋紧左（或右）边的校正螺旋。

校正十字丝：卸下十字丝分划板的外罩，用校正针拨动上、下两个校正螺旋（见图2-30），移动横丝，使其对准 B 点尺上正确读数 b_2'，校正时要保持水准管气泡居中，最后旋上十字丝分划板的外罩。i 角的检验校正通常都规定了一个允许范围。对 S_3 级水准仪，当后、前视距差给以较严的限制时，一般规定 i 角的角值不得大于 20″；当后、前视距差未作具体限制时，一般规定在 100 m 的水准尺上读数误差不得大于 4 mm 。如果仪器经检验已能满足规定的要求，即可不再进行校正。

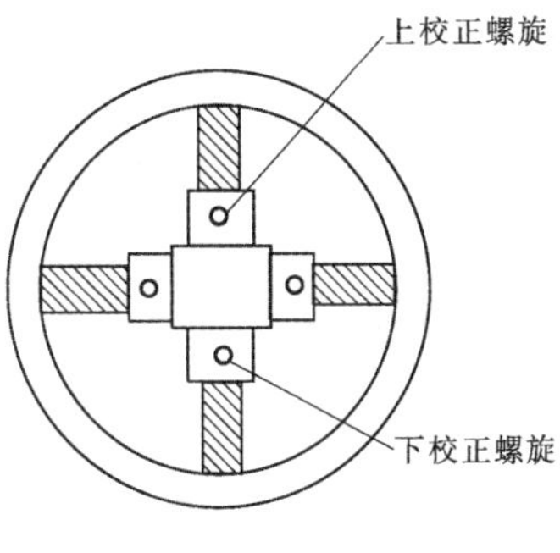

图2-30　十字丝横丝校正

对于自动安平水准仪，因其无水准管，做此项检校时只能采用校正十字丝的方法。

三、自动安平水准仪补偿器性能的检验

（一）检验原理

自动安平水准仪的特点是：虽然视准轴倾斜（在补偿器的允许范围内），但由于补偿器的作用，仍能在十字丝上读得与视线水平时同样的读数。据此，将仪器安置在 A、B 两点连线的中点，设后视读数时视准轴向上倾斜，那么将望远镜转向前视时，由于仪器旋转轴是倾斜的，视准轴将向下倾斜。如果补偿器的补偿性能正常，无论视线在后视方向上上倾或在前视方向上向下倾都可读得视线水平的读数，测得的高差也是 A、B 点间的正确高差；如果补偿器性能不正常，由于前、后视的倾斜方向不一致，视线倾斜产生的读数误差直接反映在高差上，因此测得的高差将与正确的高差有明显的差异。

（二）检验方法

检验补偿器性能的一般原则是有意将仪器的旋转轴安置得不竖直，并测定两点间的高差，使之与正确高差相比较。

在较平坦的地方选择 A、B 两点，AB 长约 100 m，在 A、B 点各钉入一木桩（或用尺垫代替），将水准仪置于 AB 连线的中点，并使两个脚螺旋（为讲述方便称为第1、2脚螺旋）中心的连线与 AB 连线方向垂直。

（1）用圆水准器将仪器整平，测量出 A、B 两点间的高差 h_{AB}，此值作为正确高差。

（2）升高第3个脚螺旋，使仪器向上（或向下）倾斜，测出 A、B 两点间的高差 $h_{AB上}$。

（3）降低第3个脚螺旋，使仪器向下（或向上）倾斜，测出 A、B 两点间的高差 $h_{AB下}$。

（4）升高第3个脚螺旋，使圆水准器气泡居中。

（5）升高第1个脚螺旋，使后视时望远镜向左（或向右）倾斜，测出 A、B 两点间的高差 $h_{AB左}$。

（6）降低第1个脚螺旋，使后视时望远镜向右（或向左）倾斜，测出 A、B 两点间的高差 $h_{AB右}$。

无论上、下、左、右倾斜，仪器的倾斜角度均由圆水准器气泡位置确定；4次倾斜的角度应相同，一般取补偿器所能补偿的最大角度。

将 $h_{AB上}$、$h_{AB下}$、$h_{AB左}$、$h_{AB右}$ 与 h_{AB} 相比较，视其总差数确定补偿器的性能；对于普通水准测

量,此差数一般应小于5 mm。若经反复检验发现补偿器失灵,则应送检并进行修理。

技能训练4　微倾式水准仪的检验与校正

一、技能目标

掌握微倾式水准仪十字丝横丝的检验与校正、管水准器的检验与校正、圆水准器的检验与校正。

二、仪器和工具

每组借领微倾式水准仪1台、水准尺1对、校正针、螺丝刀、尺垫2个;自备纸笔及计算器。

三、实训内容

微倾式水准仪十字丝横丝的检验与校正、管水准器的检验与校正、圆水准器的检验与校正,并计算 i 角。

四、操作要点

1. 圆水准器平行于仪器竖轴的检验和校正

(1)检验:安置水准仪,使圆水准器气泡居中,打开水平制动螺旋,将仪器旋转180°,若气泡居中,则说明圆水准器轴平行于仪器竖轴。若气泡偏离出小圆圈,则需要校正。

(2)校正:用校正针拨动圆水准器下的校正螺旋(位于偏离方向的那个),使气泡向居中的方向移动偏离值的一半,再转动脚螺旋使气泡居中。

(3)重复(1)、(2)操作,直到圆水准器在任何位置时,气泡都在小圆圈内。

2. 十字丝横丝垂直于竖轴的检验与校正

(1)检验:整平仪器,使十字丝横丝一端瞄准远处(约20 m)一明亮细小目标,转动水平微动螺旋,若目标点始终在横丝上移动,则表示条件满足,否则需校正。

(2)校正:旋下十字丝分划板护罩,用小螺丝刀松开十字丝分划板的固定螺旋,轻微转动十字丝分划板,使转动水平微动螺旋时目标点不离开横丝。此项校正需反复进行,直至满足要求。最后将固定螺旋旋紧,并旋上护罩。

注:此项校正不作要求。

3. 水准管轴平行于视准轴的检校(i 角的检校)

(1)检验:

①在平坦的地方选择相距80 m左右的 A、B 两点,打入木桩或放置尺垫,置仪器于 A、B 的中点(前后视距差应小于1 m)。

②整平仪器,后视标尺 A,读数 a_1,前视标尺 B,读数 b_1,高差 $h_1 = a_1 - b_1$,为了检核,改变仪器高,再观测一次,得 $h_2 = a_2 - b_2$,当 h_1 和 h_2 之差小于3 mm时,取其中数 $h = (h_1 + h_2)/2$ 作为正确的高差。

③再把水准仪安置于离 A 点3 ~ 5 m的地方,按步骤②得 h',若 h 和 h' 之差不大于3 mm,则条例满足,否则需校正。

(2)校正：

①仪器不动，转动微倾螺旋，将十字丝中丝对准 B 尺上的正确读数 $b=a-h$（a 为 A 尺上中丝读数），此时符合气泡影像错开，即水准管气泡不居中。

②用校正针先松开水准管左右校正螺丝，再拨动上下两个校正螺丝（先松上边或下边的螺旋，再紧下边或上边的螺旋），直到使符合气泡影像符合。此项工作要重复进行几次，直到符合要求。

五、注意事项

(1)三个检验项目应按规定按圆水准器的检验与校正、十字丝横丝的检验与校正、管水准器的检验与校正依次进行，不得颠倒顺序。

(2)拨动校正螺旋时，不能用力过猛，应先松后紧，校正完后，校正螺丝应处于稍紧状态。

(3)每项检验与校正应反复进行，直至符合要求。

第四节　水准测量误差的主要来源及注意事项

一、水准测量误差的主要来源

(一)光学水准仪测量误差的主要来源

水准测量误差的来源通常可从三方面讨论，即仪器构造上不完善，操作中因作业人员感官灵敏度的限制，以及受作业环境的影响。前面讨论的水准仪轴线条件及水准尺各条件不满足的误差属于仪器误差，地球曲率的影响属环境影响。下面就观测误差及其他外界影响的主要来源进行简要的讨论。

1.水准管气泡居中的误差

水准测量的主要条件是视线必须水平，它是利用水准管气泡位置居中来实现的。气泡居中与否是用眼睛观察的，由于生理条件的限制，不可能做到严格辨别气泡的居中位置。同时，水准管中的液体与管内壁的曲面有摩擦和黏滞作用，这种误差叫水准管气泡的居中误差，它的大小与水准管内壁的弯曲程度有关。比较两种原因，以后者为主。通常以水准管内壁 2 mm 弧长所对圆心角来表示水准管的分划值 τ。水准管气泡居中的误差可取 0.1τ，此时它在读数上引起的误差为

$$m_{居中}=\frac{0.1}{\rho}\tau S \tag{2-8}$$

式中　τ——水准管的分划值，(″)；

ρ——一弧度的秒值，$\rho=206\ 265$；

S——视线长，m。

采用符合水准器时，由于精度约可提高 1 倍，式(2-8)可写成

$$m_{居中}=\frac{0.1}{2\rho}\tau S \tag{2-9}$$

设水准管的分划值 $\tau=20''$，距离 $S=75$ m，则

$$m_{居中}=\frac{0.1}{2\rho}\times 20\times 75\times 1\ 000\approx 0.4(\text{mm})$$

2. 在水准尺上的估计误差

观测员读数时用十字丝在厘米间隔内估读毫米数，而厘米分划又是经过望远镜将视角放大后的像，可见毫米数的准确程度与厘米间隔的像的宽度及十字丝的粗细有关。

目前望远镜的十字丝宽度，经目镜放大后在人眼明视距离上约为 0.1 mm。如果厘米间隔的像大于 1 mm，则估读间隔的 1/10，即水准尺读数的毫米值基本上可以得到保证，否则读数精度将受影响。用放大率为 20 倍的望远镜在距离小于 50 m 的地方，厘米间隔的像即可大于 1 mm。

由此可见，此项误差与望远镜的放大率和视距长度有关，因此对各级水准测量规定仪器望远镜的放大率和限制视线的最大长度是有必要的。

3. 水准尺竖立不直的误差

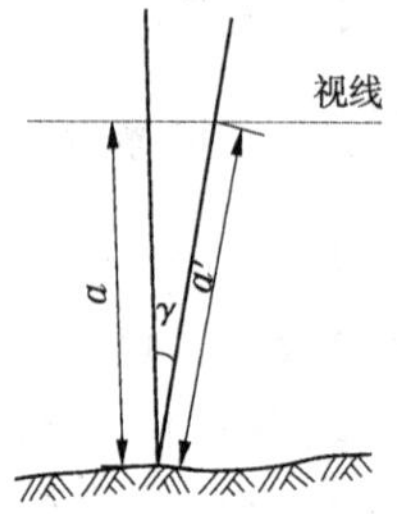

图 2-31 水准尺倾斜误差

水准尺是否竖直，会影响水准测量的读数精度。由图 2-31 可见，如果尺子没有竖直，则总是使尺上的读数增大（即 $a' > a$）。因为 $a = a'\cos\gamma$，所以

$$\Delta a = a' - a = a'(1 - \cos\gamma) \tag{2-10}$$

可见 Δa 的大小既与尺子倾斜角 γ 的大小有关，也与在尺上的读数 a' 的大小有关。设 a' 为 2 m，当尺子倾斜大约 2°（$\gamma \approx 2°$）时，就会造成约 1 mm 的读数误差，因此作业时努力使水准尺保持在竖直位置是很重要的。这项误差的影响是系统性的，无论前视还是后视都使读数增大，在高差中抵消一部分，但与高差总和的大小成正比；所以应认真扶尺，才能使最后成果中的误差不占主要地位。

【例 2-1】 若水准测量中水准尺偏离竖直位置的倾斜角为 3°，标尺读数为 2.9 m，计算对高差有多大的影响。

解：由式（2-19）知

$$\Delta h = a'(1 - \cos\gamma) = 2.9 \times (1 - \cos 3°) = 0.003\,97(\text{m}) = 3.97 \text{ mm}$$

4. 仪器和尺子升沉的误差

对一条水准路线来讲，还会出现尺子与仪器的上升和下沉的问题。仪器、尺子本身的重量会使其下沉，土壤的弹性又会使仪器、尺子上升。

假设仪器下沉（上升）的变动量是和时间成比例的。如图 2-32 所示，第一次后视读数为 a_1，当仪器转向前视时仪器下沉了一个 Δ，前视读数为 b_1，那么高差 $h = a_1 - b_1$ 中必然包含误差 Δ。为了减小这种影响，读取红面读数时采用先读前视的办法。当最后读取后视读数时，仪器视线又变动了一个 Δ。由图 2-41 可以看出，黑面读数的高差为

$$h_{黑} = a_1 - (b_1 + \Delta) = a_1 - b_1 - \Delta$$

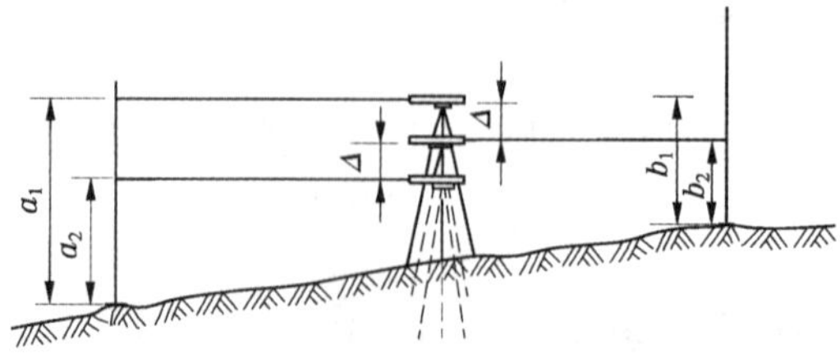

图 2-32 仪器和尺子升沉误差

红面读数的高差为

$$h_{红} = (a_2 + \Delta) - b_2 = a_2 + \Delta - b_2$$

取两次平均值得

$$h = \frac{(a_1 - b_1) + (a_2 - b_2)}{2}$$

这样,正好将Δ消除。由于实际上仪器的变动量和时间并不完全成比例,因此这种措施只能减弱而不能完全消除影响。同时,熟练操作以减少观测时间,也可使这项误差减小。

关于尺子下沉(上升)的影响,当仪器在第一站观测完毕之后转向第二站时,前视尺变动了一个Δ值(见图2-33),于是第二站观测完毕之后转向第一站的前视读数的尺子零点不在同一个位置。对于同类土壤的水准路线,它们造成的影响是系统性的,如果属于尺子下沉,则是使高差增大,反之则是使高差减小。如果作业时对一条水准路线采用往、返方向进行观测,那么在往、返测的平均值中这种误差将会得到减弱。

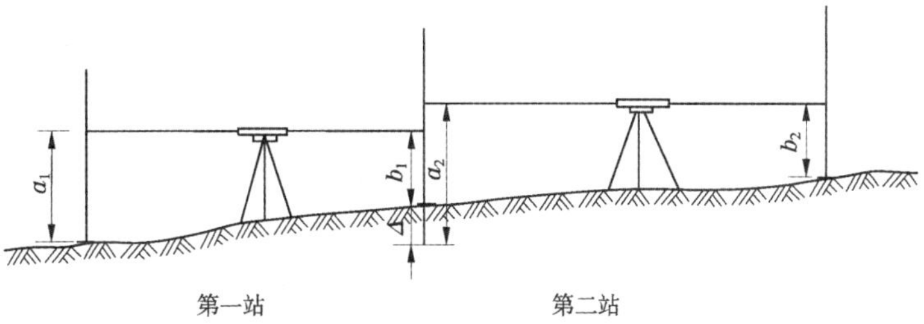

图2-33　连续观测仪器和尺子升沉的误差

5. 后、前视调平水准管气泡的误差

为了保持视线水平,望远镜每照准后、前视水准尺进行读数之前必须用微倾螺旋将水准管气泡居中,此时望远镜连同水准管必作上下倾斜运动。从水准仪的结构分析可知,这个上下倾斜运动的旋转轴是在物镜一端靠近水平微动螺旋之处。如果仪器的旋转轴并非严格竖直,则由后视转向前视并重新调平水准管气泡之后,仪器旋转轴处的望远镜高度将会产生微小的变化,即视准轴的高度发了变化,也就是说后视的视准轴与前视的视准轴不构成一条直线,而是两条互相平行的直线。

设仪器旋转轴至望远镜上下倾斜的旋转轴之间的距离为50 mm,后视转向前视后气泡需调动5格(分划值$\tau = 20''$的水准管为100″),则后、前视准轴平行线间的高差为

$$\Delta h = 50 \times 100''/\rho = 0.024(\mathrm{mm})$$

这个误差对于一个测站的观测高差来讲是完全可以忽略不计的,对一条水准路线的影响如何则要视具体情况而定。

在圆水准器校正完善的条件下,上述误差呈偶然性的机会多,否则将易于呈系统性影响,对测站较多的水准路线的观测成果是不利的。

6. 大气折光影响

由于空气的温度不均匀,使光线发生折射,即视线不成为一条直线。特别在晴天,靠近地面的温度较高,使空气密度较上面稀薄。因此,视线离地面愈近折射率就愈大(见图2-34),它使尺子上的读数增大。因此,一般规定视线必须高出地面一定的高度(例如0.3 m),就是为

了减小此项影响。

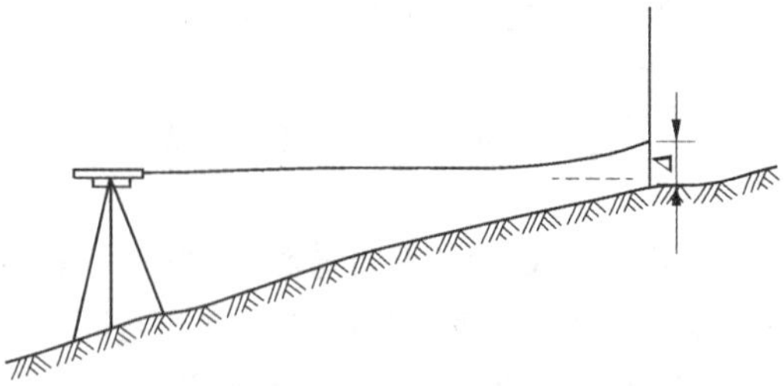

图 2-34 大气折光影响

以上所述各项误差来源，都是采用单独影响的原则进行分析的，而实际情况则是综合性的影响。只要作业中注意上述措施，特别是在操作熟练后观测速度提高的情况下，各项外界影响的误差都将大为减小，完全能够达到施测精度的要求。用自动安平水准仪作业时因不需要用微倾螺旋调整水准管气泡居中，使观测速度提高很多，而且仪器与尺子升沉的误差影响也同时减小。此外，当某种外界因素使视线产生微小的倾斜时，补偿器能够迅速调整而仍读得水平线的读数，因而在整个水准路线总高差中精度也将得到提高。

(二)数字水准仪测量的误差主要来源

由数字水准仪的构造及其测量原理可知，数字水准仪的误差来源主要包含三方面，即光学部分、机械部分和电子部分。

1. 由光学、机械部件引起的误差

光学、机械部件引起的误差与电子部件结合而表现出特有误差，如圆水准器误差、调焦透镜运行误差和竖轴倾斜引起的视轴误差等。

2. 自动补偿装置引起的误差

数字水准仪的补偿装置由重力摆和阻尼器构成，这和自动安平水准仪类似。因此，数字水准仪自动补偿器误差包括补偿器安平误差、剩余补偿误差、迟滞影响和地磁影响等。

3. 电子设备引起的误差

数字水准仪是根据探测器(CCD)获取的条码影像进行测量的，CCD 在光线变化、外界气流抖动等情况下，可能会降低标尺成像的对比度而引起误差。还包括线阵探测器(CCD)的物理特性引起的误差、信号分析和处理的误差和电子视轴的 i 角误差等。

4. 外界条件改变而引起的误差

外界因素的影响产生的误差主要有温度变化对电子 i 角的影响、大气垂直折光的影响、仪器和标尺垂直位移的影响、地面振动的影响和地面电磁场的影响等。

二、水准测量注意事项

造成水准测量中的事故或精度达不到要求而返工的原因往往是对工作不熟悉和不够细心。为此，要求测量人员除对工作应极端负责以外，还应注意水准测量的要点。今将观测、记录和立尺工作中的注意事项分述如下。

(一)观测时的注意事项

(1)观测之前，仪器必须经过认真的检验和校正。

(2)仪器放到三脚架头上后，应立即把连接螺旋拧紧，以免仪器从三脚架上摔下来，并且做到人员不离开仪器。

(3)仪器应安置在土质坚实之处，并将三脚架踩紧，防止仪器下沉。

(4)水准仪至前、后视水准尺的距离应尽量相等。

(5)在观测前对准亮处认真进行目镜调焦，使十字丝成像清晰，瞄准目标后认真进行物镜调焦，并严格消除视差；观测过程中放松眼睛，避免由于眼睛紧张而导致视力变化引起视差；水准管气泡要严格居中，读数时要仔细、果断、迅速，大数（米、分米、厘米）不要读错，毫米数要估读正确。

(6)在晴天阳光下，应撑伞保护仪器。

(7)搬站时，将三脚架收拢，用一只手握住三脚架，另一只手托住仪器，稳步前进；远距离搬运时，仪器应装箱，扣上箱盖，防止仪器受损伤。

(二)记录时的注意事项

(1)填注作业日期、开始及结束时间、天气及观测情况、使用仪器型号等。

(2)听到观测员读数后，要正确记入相应的后视栏或前视栏，并要边记边回报数字，记录数据应记在规定的表格中，不得转抄。

(3)字体要清晰、端正，如果有错，不准用橡皮擦，应在错误数据上画斜线后再重写正确数据，并在备注栏内注明原因（读错、记错、听错、算错）。

(4)有正、负意义的量，在记录计算时都应带上“+”、“-”号，正号不能省略。

(5)每站高差必须当场计算，检核合格后，才能通知观测员搬站。

(三)立尺时的注意事项

(1)转点应选在土质坚实的地方，立尺前必须将尺垫踏实。

(2)水准尺必须竖直，水准尺上如无水准管，当尺上读数在 1.5 m 以上时，应采用摇尺法，使观测员读取尺上最小读数。

(3)水准仪搬站时，作为前视点的立尺员，应保护好作为转点的尺垫，使不受碰动，保持稳定。

三、测量仪器的维护

测量仪器构造精密，比较贵重，而野外工作条件较差，为了延长仪器的使用寿命，充分发挥仪器的最大功用，防止意外事故的发生，必须掌握仪器的维护知识，现将有关注意事项介绍如下。

(一)仪器的运输

(1)测量仪器在运输途中必须防振，不能直接放在汽车或火车车厢的底板上，而应放在软的座垫上或装在有防振垫的专用木箱中。

(2)步行运送时，将仪器箱拎在手中或背在背上，并应在事前检查带子是否牢固，箱盖扣子是否扣好或上锁。

(二)仪器的使用

(1)到达测站后，先将脚架放稳，然后开箱取仪器，取仪器时应双手握支架或基座，不要拿望远镜。

(2)将仪器放上三脚架头后，随即用连接螺旋将仪器连接在三角架上，以免仪器从三角架上摔下来。

(3)制动螺旋不可旋得过紧,以免损坏仪器,制动螺旋未松开,不能用力转动仪器或望远镜。

(4)搬移测站时,原则上仪器应装箱上锁。在平坦地区近距离搬站时,可以收拢三脚架抱在肋下,一手托住仪器,稳步前进。

(5)仪器安置在测站上,当暂停操作进行等候时,必须有人守护;在行人车辆众多的道路上测量,必须有专人保护仪器,并手持红白旗以引人注意,避免不留意碰撞,确保作业人员和仪器安全。

(6)仪器不能在阳光下曝晒,要撑伞保护,切不可使仪器被雨淋或受潮。

(三)仪器的装箱

(1)开箱取出仪器时,应看清仪器在箱中的安置,以便工作结束后将仪器按原来位置放入箱内。

(2)仪器装箱前,应先松开制动螺旋,待仪器在箱中正确就位后,再旋紧制动螺旋。

(3)关箱时不可强压,若关不上,应查明原因,关好箱子后,应上扣、上锁。

(4)仪器箱上不允许坐人。

思考与练习题

1. 什么叫视准轴?如何使视准轴水平?

2. DS_3 水准仪的技术操作分为哪几步?

3. 试述精平的具体做法,其目的是什么?

4. 附合水准路线、闭合水准路线、支水准路线的高差闭合差的计算公式各是什么?

5. 微倾式水准仪主要做哪几项检验?其目的是什么?

6. 将仪器架设在两水准尺间等距离处可消除哪些误差?

7. 三、四等水准测量一测站的观测程序是怎样的?有哪些限差要求?

8. 如图 2-35 所示,在水准点 BM_1、BM_2 之间进行水准测量,试将各站读数填入等外水准测量记录表中,见表 2-8,并计算出 BM_2 的高程。

9. 图 2-36 为附合水准路线的观测成果,在表 2-9 上按测段路线长度调整高差闭合差,并进行高程计算。

10. 图 2-37 所示为闭合水准路线的观测成果,在表 2-10 上按测站数调整高差闭合差并进行高程计算。

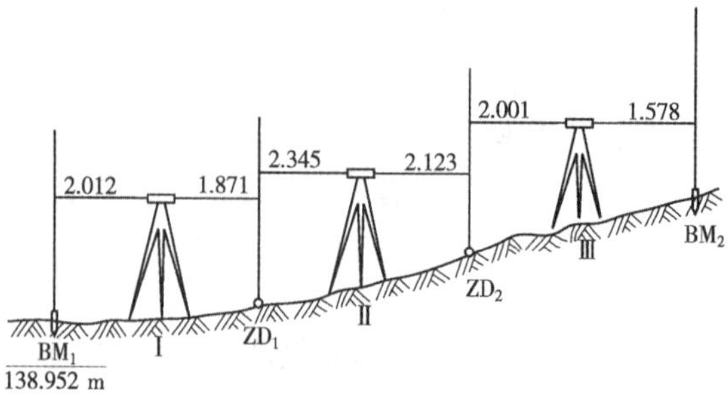

图 2-35　水准测量已知数据

表 2-8　等外水准测量记录表

点号	水准尺读数(m)		高差(m)		高程(m)	说明
			+	−		

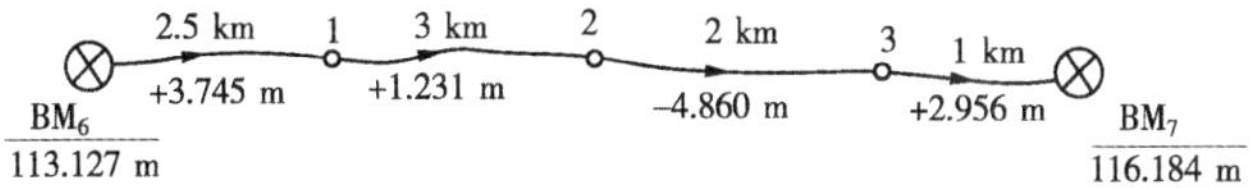

图 2-36　附合水准路线观测成果

表 2-9　按路线长度调整高差闭合差及高程计算表

测段编号	测点	距离(m)	实测高差(m)	改正数(m)	改正后高差(m)	高程(m)	说明

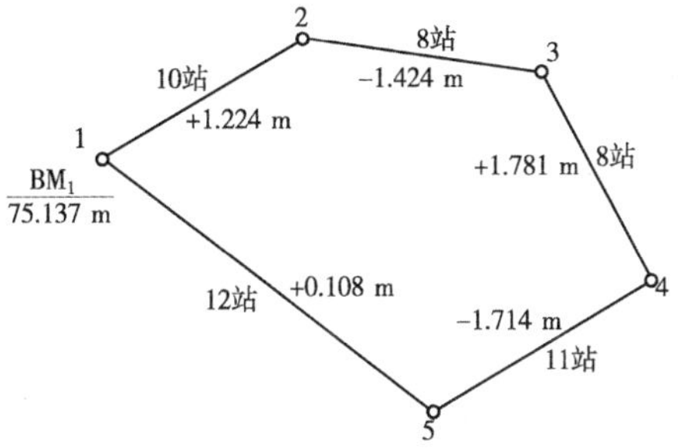

图 2-37　闭合水准路线观测成果

表 2-10　按测站数调整高差闭合差及高程计算表

测段编号	测点	测站数	实测高差(m)	改正数(m)	改正后高差(m)	高程(m)	说明

11. 在检验校正水管管轴与视准轴是否平行时，将仪器安置在距 A、B 两点等距离处，得 A 尺读数 $a_1 = 1.573$ m，B 尺读数 $b_1 = 1.215$ m。将仪器搬至 A 尺附近，得 A 尺读数 $a_2 = 1.432$ m，B 尺读数 $b_2 = 1.066$ m，问：

(1) 视准轴是否平行于水准管轴？

(2) 如何校正？

12. 根据表 2-11 中的观测数据完成四等水准测量各测站的计算。

表 2-11　四等水准测量观测记录表

测站编号	点号	后尺 上丝 / 下丝 后距 视距差 d	前尺 上丝 / 上丝 前距 $\sum d$	方向及尺号	标尺读数 黑面	标尺读数 红面	K + 黑 − 红	平均高差(m)	说明
	(1)	(5)	后	(3)	(8)	(10)			
	(2)	(6)	前	(4)	(7)	(9)			
	(12)	(13)	后 − 前	(16)	(17)	(11)			
	(14)	(15)							
1	BM_1—ZD_1	2.606	1.025	后 5	2.184	6.973			
		1.761	0.169	前 6	0.596	5.282			
				后 − 前					
2	ZD_1—ZD_2	2.627	1.781	后 6	2.236	6.922			
		1.844	1.031	前 6	1.407	6.195			
				后 − 前					
3	ZD_2—ZD_3	1.868	1.993	后 5	1.385	6.172			
		0.901	1.057	前 6	1.524	6.213			
				后 − 前					
4	ZD_3—ZD_4	1.821	2.107	后 6	1.487	6.172			
		1.161	1.480	前 5	1.793	6.578			
				后 − 前					

第三章 角度测量

教学内容:

本章主要介绍水平角、竖直角的概念及其测量原理;DJ_6 型经纬仪读数及各部件的使用方法;水平角观测的两种常用方法——测回法、方向观测法;竖直角观测、计算的方法;全站仪的测角原理与方法;经纬仪及全站仪的几项基本检校;角度观测的误差及注意事项。

知识目标:

了解经纬仪的精度分级和仪器精度的概念、经纬仪和全站仪的基本构造;理解水平角、竖直角测量的基本原理;掌握光学经纬仪的操作与读数方法;掌握水平角测量的测回法和方向观测法;掌握竖盘的基本构造及竖直角的观测、计算方法;了解全站仪的测角原理及操作方法;掌握光学经纬仪和全站仪的检验与校正方法;了解水平角测量误差来源及减弱措施。

技能目标:

能熟练地操作 DJ_6 型经纬仪;正确进行水平角、竖直角观测、记录和计算;掌握全站仪的角度观测;基本掌握光学经纬仪和全站仪的检验与校正过程。

第一节 水平角和竖直角

一、水平角的概念及其测量原理

地面上任一点到两目标的方向线垂直投影在水平面上所组成的角即为水平角,它也是过两条方向线的铅垂面所夹的二面角,用 β 表示。如图 3-1 所示,A、B、C 为地面上任意三个点,沿铅垂线方向投影到水平面上,得到相应 A_1、B_1、C_1 点,则水平投影线 B_1A_1 与 B_1C_1 构成的夹角 β 即为方向线 BA 与 BC 所夹的水平角,水平角的取值范围为 0°~360°。为了测定水平角的大小,假想能在过 B 点的铅垂线上安置一个按顺时针注记的全圆量角器(称为水平度盘),并置成水平状态(代替水平面),水平度盘的圆心要过 B 点的铅垂线。此外,仪器上应有一个照准设备,即望远镜,通过望远镜分别瞄准远方高低不同的目标 A 和 C,其在度盘上截取相应的读数为 a 和 c,则水平角 β 为两个读数之差,即

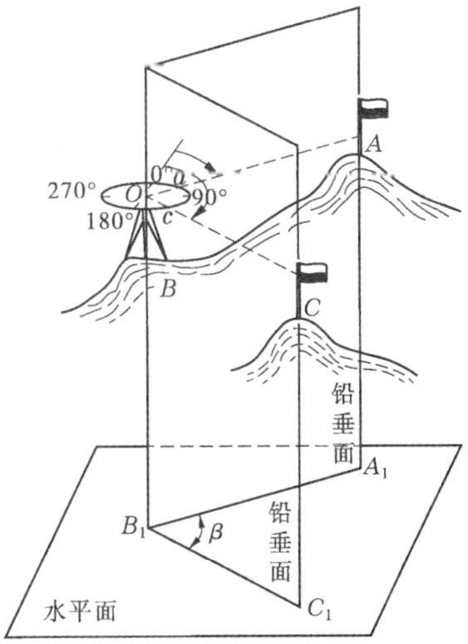

图 3-1 水平角观测原理

$$\beta = c - a \tag{3-1}$$

二、竖直角的概念及其测量原理

同一竖直面内,地面某点至目标的方向线与水平视线间的夹角称为竖直角,用 δ 表示。

如图 3-2 所示，目标 A 的方向线在水平视线的上方，此时竖直角为正（$+\delta$），称为仰角，取值范围为 0°～+90°；当目标的方向线在水平视线的下方时，竖直角为负（$-\delta$），称为俯角，取值范围是 0°～−90°。同一竖直面内由天顶方向（即铅垂线的反方向）转向目标方向的夹角则称为天顶距，其取值范围为 0°～+180°（无负值）。同一个目标的竖直角和天顶距之和为 90°。全站仪的角度测量中常测量天顶距。

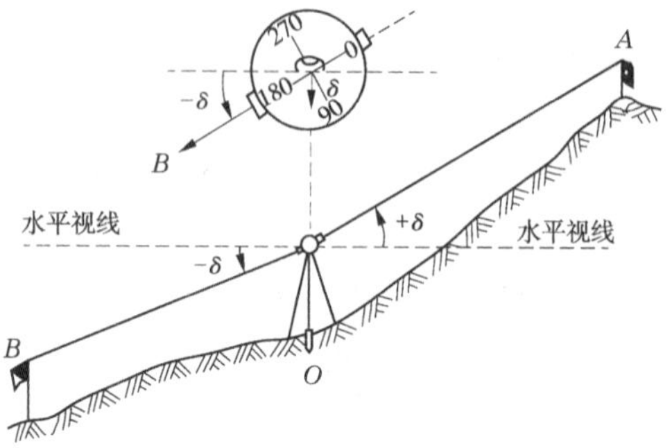

图 3-2　竖直角观测原理

竖直角与水平角一样，其角度值也是度盘上两个方向读数之差。不同的是，竖直角的两个方向中必有一个是水平方向。水平方向的读数可以通过竖盘指标管水准器或竖盘指标自动装置来确定，对经纬仪而言，水平视线方向的竖直度盘读数通常设置为 90°或 90°的整倍数。因此，在测量竖直角时，只要瞄准目标读取竖直度盘读数就可以计算出视线方向的竖直角。

第二节　光学经纬仪的构造及操作

目前，我国把经纬仪按精度不同分为 DJ_{07}、DJ_1、DJ_2、DJ_6 等几种类型。D、J 分别是“大地测量”和“经纬仪”汉语拼音的第一个字母，数字 1、2、6 等表示该类仪器的精度，即一测回水平方向观测中误差的秒数。DJ_{07}、DJ_1 及 DJ_2 型光学经纬仪属于精密光学经纬仪，DJ_6 型光学经纬仪属于普通光学经纬仪。国外的某些光学经纬仪（如瑞士徕卡公司）的型号有 T_3、T_2 和 T_1，其中字母 T 为 Theodolite（经纬仪）的第一个字母，仪器一测回水平方向观测中误差的秒数分别为 ±1″、±2″、±6″。尽管仪器的精度等级或生产厂家不同，但它们的基本结构是大致相同的。本节介绍最常用的 DJ_6 型光学经纬仪的基本构造及其使用方法。

一、DJ_6 型光学经纬仪的构造

图 3-3 为 DJ_6 型光学经纬仪的外观，它在样式上具有代表性；DJ_6 型光学经纬仪由照准部、水平度盘和基座三个主要部分组成，如图 3-4 所示。

（一）照准部

照准部是光学经纬仪的重要组成部分，主要由望远镜、照准部水准管、竖直度盘（或简称竖盘）、光学对中器、读数显微镜及竖轴等各部分组成。照准部可绕竖轴在水平面内转动，由水平制动螺旋和水平微动螺旋控制。

（1）望远镜：它固定在仪器横轴（又称水平轴）上，可绕横轴俯仰转动而照准高低不同的目标，并由望远镜制动螺旋和微动螺旋控制。

（2）照准部水准管：用来精确整平仪器。

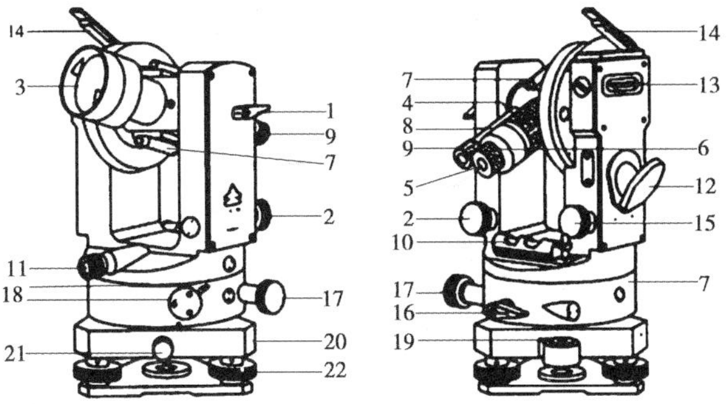

1—望远镜制动螺旋;2—望远镜微动螺旋;3—物镜;4—物镜调焦螺旋;5—目镜;6—目镜调焦螺旋;
7—粗瞄准器;8—度盘读数显微镜;9—度盘读数显微镜调焦螺旋;10—照准部管水准器;11—光学对中器;
12—度盘照明反光镜;13—竖盘指标管水准器;14—竖盘指标管水准器观察反射镜;
15—竖盘指标管水准器微动螺旋;16—水平方向制动螺旋;17—水平方向微动螺旋;
18—水平度盘变换手轮与保护盖;19—圆水准器;20—基座;21—轴套固定螺旋;22—脚螺旋

图 3-3 DJ_6 型光学经纬仪

(3)光学对中器:用来进行仪器对中,即使仪器中心位于过测站点的铅垂线上。

(4)读数显微镜:用来精确读取水平度盘读数和竖直度盘读数。

(5)竖直度盘:用光学玻璃制成,可随望远镜一起转动,用来测量竖直角。

(6)竖盘指标水准管:在竖直角测量中,利用竖盘指标水准管微动螺旋使气泡居中,保证竖盘读数指标线位于正确位置。

(7)仪器横轴:安装在 U 形支架上,望远镜可绕仪器横轴俯仰转动。

(8)仪器竖轴:又称为照准部的旋转轴,竖轴插入基座内的竖轴轴套中旋转。

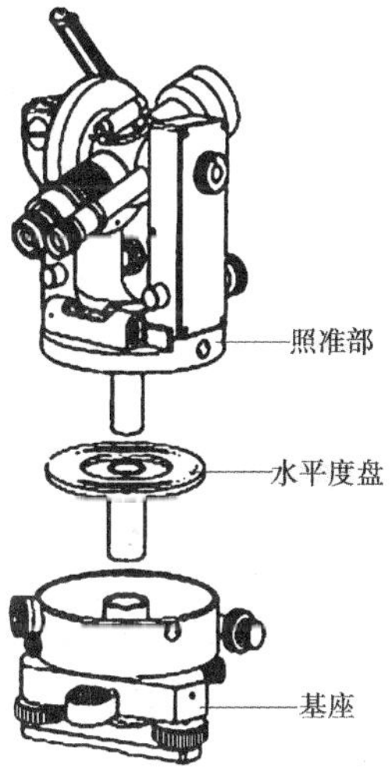

图 3-4 DJ_6 型光学经纬仪分解图

(二)度盘读数装置

水平度盘是由光学玻璃制成的带有刻划和注记的圆盘,顺时针方向在 0°~360°间每隔 1°刻划并注记度数。测角过程中,水平度盘和照准部是分离的,不随照准部一起转动,当转动照准部照准不同方向的目标时,移动的读数指标线便可在固定不动的度盘上读得不同的度盘读数,即方向值。如需要变换度盘位置,可利用仪器上的度盘变换手轮,把度盘变换到需要的读数上。

图 3-5 所示是 DJ_6 型光学经纬仪的光路图,外来的光线经反光镜 1 进入毛玻璃后分为两条路,一路经棱镜 3 转折 90°通过聚光镜 4 及棱镜 5 照亮水平度盘 6。水平度盘分划线经复合物镜 7、8 和棱镜 9 成像于平凸透镜 10 的平面上。另一条光路经棱镜 14 折射后照亮竖直度盘 15,经棱镜 16 折射后,竖直度盘分划线通过复合物镜组 17、18 和棱镜 20、21 也成像于平凸镜 10 的平面上。在这个平面上,有两条测微尺,每条有 60 格,放大后,两个度盘分划线的 1°间隔正好等于相应测微尺 60 格的总长。因此,测微尺上的一小格代表 1′。两个度盘分划线的像连同测微尺上的刻划线一起经棱镜 11 折射后传到读数显微镜(12 是读数显

微镜的物镜,13 是目镜)。经过这样的光学系统,度盘的像大约放大 65 倍,便于精确读数。

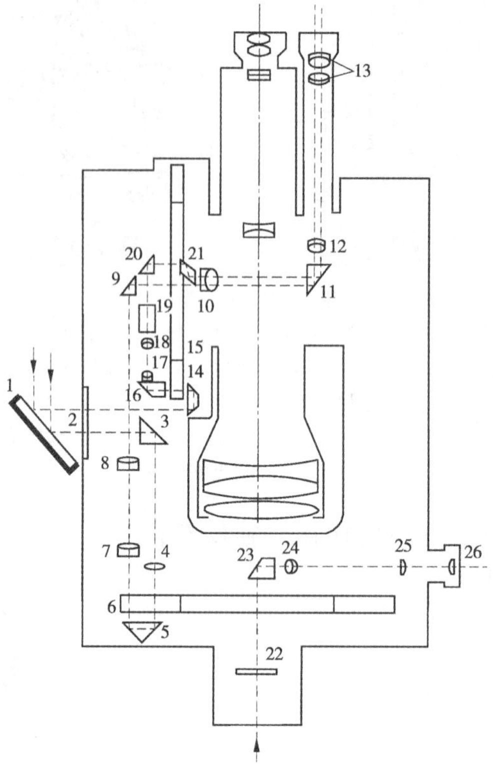

图 3-5　DJ_6 型光学经纬仪光路图

(三)基座

基座即仪器的底座,由轴座、轴座固定螺旋、脚螺旋、底板和三角压板等组成。其中三个脚螺旋用于仪器整平;基座借助中心连接螺旋将经纬仪与三脚架相连接。仪器的旋转轴即为仪器的竖轴,竖轴插入竖轴轴套中,该轴套下端与轴座固连,置于基座内,并用轴座固定螺旋固紧,使用仪器时切勿松动该螺旋,以防仪器分离坠落。

二、DJ_6 型光学经纬仪的基本操作

经纬仪的基本操作包括仪器安置、瞄准目标和读数。

(一)仪器安置

经纬仪安置包括对中和整平。对中的目的是使仪器的水平度盘中心与测站点标志中心处于同一铅垂线上;对中的方法有垂球对中和光学对中两种。目前较多采用光学对中,光学对中器是装在照准部的一个小望远镜,光路中装有直角棱镜,使通过仪器纵轴中心的光轴由铅垂方向折成水平方向,便于观察对中情况,如图 3-6 所示。整平的目的是使仪器的竖轴铅垂,使水平度盘处于水平位置。整平分粗平和精平两部分。经纬仪的安置具体操作有如下两种方法。

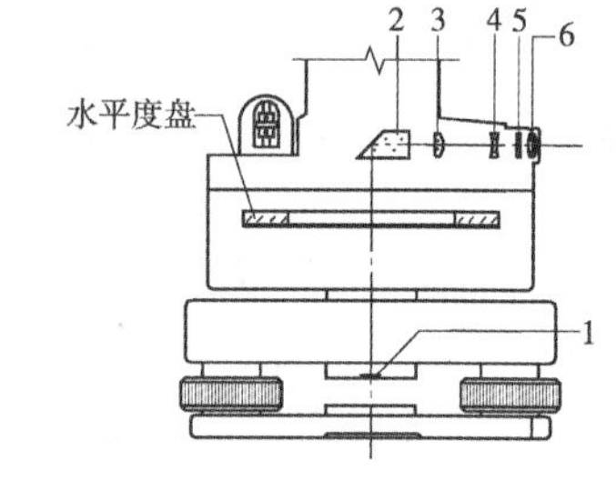

1—保护玻璃;2—直角棱镜;3—物镜;
4—调焦镜;5—十字丝分划板;6—目镜

图 3-6　光学对中

1. 固定脚架法

1) 对中

光学对中是利用基座上的三个脚螺旋和三角架的架腿来完成的。光学对中的步骤如下：

(1) 打开三脚架使三脚架头大致水平，目估初步对中。

(2) 转动光学对中器目镜调焦螺旋，使标志（小圆圈或十字丝）清晰，转动物镜调焦螺旋（对某些仪器为伸缩目镜），使地面点清晰。

(3) 旋转脚螺旋，使地面点的像位于对中标志中心（小圆圈内），此时，基座上的圆水准器气泡已不居中。

(4) 伸缩三脚架的相应架腿（此时脚架尖不得移动），使圆水准器气泡居中。

2) 整平

整平是利用基座上的三个脚螺旋，使照准部水准管在相互垂直的两个方向上都居中，整平的具体做法如下：

(1) 先松开水平制动螺旋。转动照准部，使水准管大致平行于任意两个脚螺旋，如图 3-7(a) 所示，两手同时向内（或向外）转动脚螺旋使气泡居中，气泡移动方向与左手大拇指旋转方向一致。

(2) 将照准部旋转 90°，如图 3-7(b) 所示，旋转另一个脚螺旋，使气泡居中。

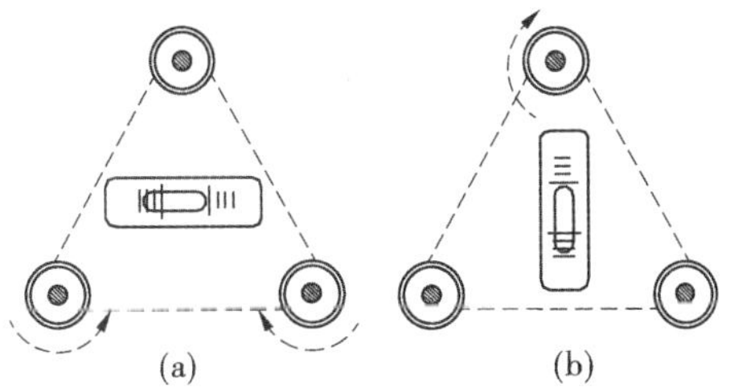

图 3-7　整平

上述步骤反复 1 ~ 2 次后，当照准部转动到任意位置时，水准管气泡总是居中的（容许偏差 1 格），这时，仪器的纵轴铅垂，水平度盘水平。

由于对中和整平相互牵制，这时需要从光学对中器中检查对中标志与地面点的对中情况，若有偏差，可略松连接螺旋作微小的平移，使对中误差小于 1 mm。

2. 移动脚架法

1) 粗略对中

三脚架一腿支在地面上，双手握紧另外两腿，一边移动一边通过光学对中器的目镜观察，当对中标志的分划板和测站点标志中心基本对准时，将脚架的脚尖踩紧。

2) 精确对中

转动脚螺旋，使标志中心影像位于对中器分划线中心，对中误差应该小于 1 mm。

3) 粗略整平

伸缩脚架使圆水准器气泡居中，但要注意脚架尖位置不得移动。

4) 精确整平

先转动照准部，使照准部水准管大致平行于基座上任意两个脚螺旋的连线，转动这两个脚螺旋使水准管气泡精确居中。然后使照准部转动 90°，转动第三个脚螺旋使水准管气泡精确居中。

5) 再次精确对中，精确整平

精平的操作可能会破坏前面的精确对中成果，因此最后还要检查一下标志中心是否仍位于小圆圈中心，若有很小的偏差可稍松中心连接螺旋，在架头上移动仪器，使其精确对中，再重复精平的操作，如此重复进行直到完全精确对中和精确整平，最后旋紧连接螺旋。

对中还可以采用传统的对中方法——垂球对中。如图 3-8 所示，把垂球挂在连接螺旋中心的挂钩上，调整垂球线长度，使垂球尖离地面点的距离为 1 ~2 mm。如果偏差较大，可平移三脚架，使垂球尖大约对准地面点，将三脚架的脚尖踩入土中（在硬性地面，则用力踩一下），使三脚架稳定。当垂球与地面点偏差不大时，可稍旋松连接螺旋，在三脚架头上移动仪器，使垂球尖准确对准测站点，再将连接螺旋转紧。用垂球对中的误差一般应小于 2 mm。

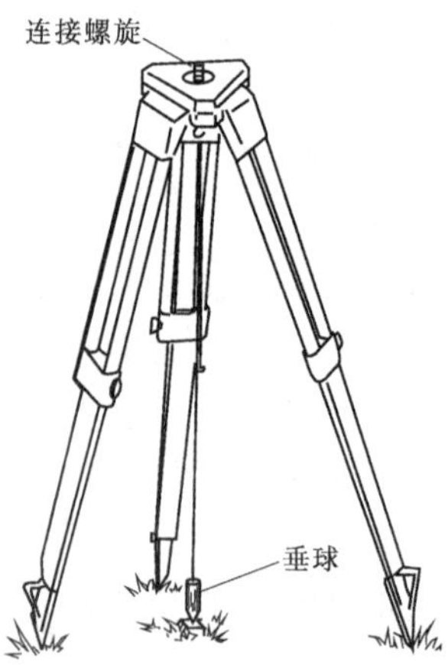

图 3-8 垂球对中

（二）瞄准目标

角度测量时瞄准的目标一般是竖立在地面点上的测钎、标杆、觇牌或吊垂球等，如图 3-9 所示。测水平角时，要用望远镜十字丝分划板的竖丝对准标志，并尽量瞄准标志底部；而测量竖直角时一般以望远镜的十字丝横丝横切标志的顶部。望远镜瞄准目标的操作步骤如下。

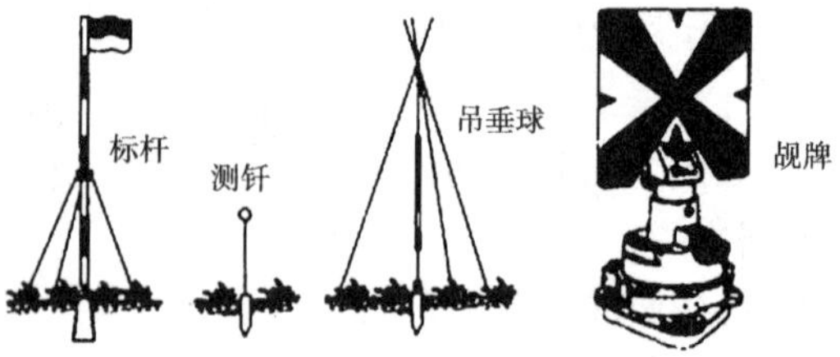

图 3-9 照准标志

（1）目镜调焦：松开望远镜和照准部的制动螺旋，将望远镜对向明亮背景（如天空、白墙等），调节目镜调焦螺旋使十字丝清晰。

（2）粗瞄目标：通过望远镜镜筒上的瞄准器（缺口和准星或光学瞄准器）粗略瞄准目标，旋紧制动螺旋。

（3）物镜调焦：转动物镜调焦环，再旋转望远镜微动螺旋和水平微动螺旋，使目标像靠近十字丝，如图 3-10（a）所示。

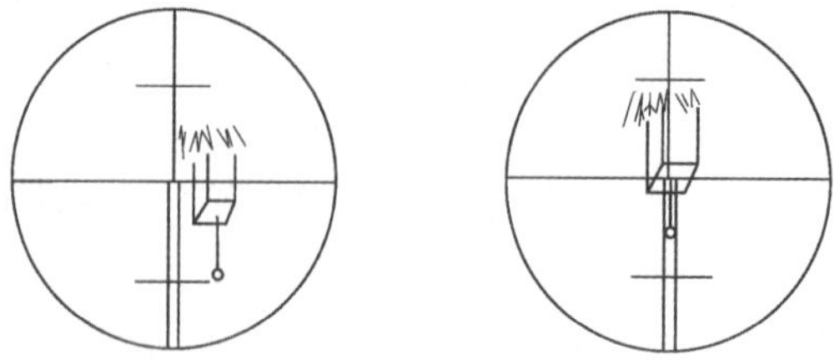

图 3-10 目标照准

(4)消除视差：左、右或上、下微移眼睛，观察目标像与十字丝之间是否有相对移动，如果存在视差，则需要重新进行物镜和目镜调焦，直至消除视差。

(5)精确瞄准：用水平微动螺旋，使十字丝纵丝对准目标，如图 3-10(b)所示。

(三)读数

读数前，应先打开并调整反光镜的位置，使读数窗亮度适中，然后转动读数显微镜的目镜，使读数窗内的分微尺分划和度盘分划影像同时清晰，然后进行读数。

DJ_6 型光学经纬仪的读数装置可分为测微尺读数和单平板玻璃读数两种。

1. 测微尺读数装置

测微尺读数装置是在显微镜读数窗与物镜上设置一个带有测微尺的分划板，度盘上的分划线经读数显微镜物镜放大后成像于测微尺上。测微尺 1°的分划间隔长度正好等于度盘的一格，即 1°的宽度。如图 3-11 所示是读数显微镜内看到的度盘和测微尺的影像，上面注有“水平”(或 H)的窗口为水平度盘读数窗，下面注有“竖直”(或 V)的窗口为竖直度盘读数窗，其中长线和大号数字为度盘上分划线及其注记，短线和小号数字为测微尺分划及其注记，每个读数窗内的测微尺分成 60 格，每小格代表 1′(每 10′作一注记)，可以估读至 0. 1′(即 6″)。读数时以测微尺上的“0”分划线为读数指标线，“度”由度盘分划线在测微尺上的影像注记直接读出，不足整度数可以在分微尺上读出。图 3-11 中水平度盘整个读数为 180°06. 3′，在记录和计算时写为 180°06′18″。同理，竖直度盘整个读数为 75°57. 0′，记录和计算时写为 75°57′00″。实际读数时，只要看哪根度盘分划线位于分微尺刻划线内，则读数中的度数就是此度盘分划线的注记数(如图 3-11 中，度数应读 180°，而不是 179°)，读数中的分数就是这根分划线所指的分微尺上的数值。可见分微尺读数装置的作用就是读出小于度盘最小分划值的尾数值，它的读数精度受显微镜放大率与分微尺长度的限制。

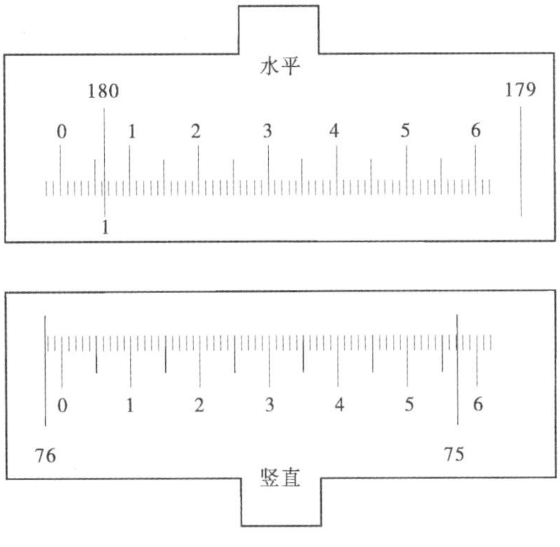

图 3-11　测微尺读数装置

2. 单平板玻璃测微尺读数装置

该装置主要由平板玻璃、测微尺、测微轮及传动装置组成。单平板玻璃与测微尺用金属机构连在一起，当转动测微轮时，单平板玻璃与测微尺一起绕同一轴转动。从读数显微镜中看到，当单平板玻璃转动时，度盘分划线的影像也随之移动，当读数窗上的双指标线精确地夹准度盘某分划线像时，其分划线移动的角值可在测微尺上根据单指标线读出，如图 3-12 所示的读数窗，上部为测微尺像，中部为竖直度盘分划像，下部为水平度盘分划像。读数窗中单指标线为测微器指标线，双指标线为度盘指标线。度盘最小分划值为 30′，测微尺共有 30 大格，一大格分划值为 1′，一大格又分为 3 小分格，则一小格分划值为 20″。

读数时先转动测微轮，使度盘双指标线夹准（平分）某一度盘分划线，读出度数和整 30′的分数。如在图 3-12（a）中，双指标线夹准水平度盘 312.5°的分划线像，读出 312°30′，再读出测微尺窗中单指标线所指出的测微尺上的读数为 16′48″，两者合起来就是整个水平度盘读数为 312°30′ + 16′48″ = 312°46′48″。同理，在图 3-12（b）中，竖直度盘读数为 85°00′ + 12′50″ = 85°12′50″。

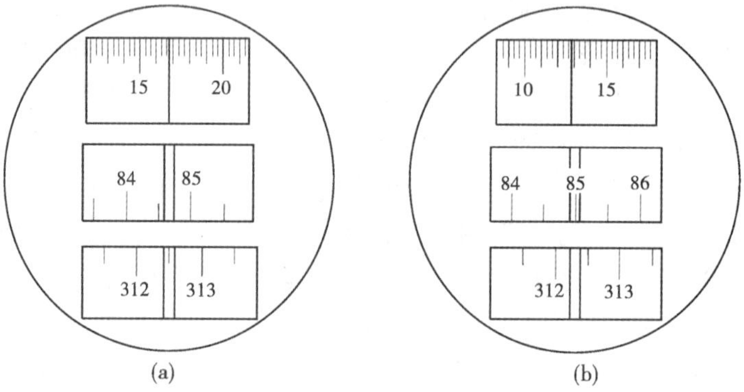

图 3-12　单平板玻璃测微器读数装置

技能训练 5　DJ_6 型光学经纬仪的操作实训

一、技能目标

（1）了解 DJ_6 型光学经纬仪的基本构造及主要部件的名称与作用。

（2）掌握经纬仪的操作方法。

二、仪器设备

（1）DJ_6 型光学经纬仪 1 台，标杆 2 根，记录板 1 块（含记录表格）。

（2）自备：铅笔、小刀等。

三、实训步骤

（1）在指定的测站点上安置经纬仪，并熟悉仪器各部件的名称和作用。

（2）经纬仪基本操作练习，其具体内容如下：

①对中练习。对中的目的是使仪器的水平度盘中心与测站点标志中心处于同一铅垂线上。将三角架安置于测点上（可选一临时标志作为测点），目估使架头对中和水平，连接经纬仪；调节光学对中器的目镜和物镜对光螺旋，使光学对中器的分划板小圆圈和测站点标志

的影像清晰。固定一只三脚架腿,目视对中器目镜并移动其他两只架腿,使镜中小圆圈对准地面点,踩紧脚架,若光学对中器的中心与地面点略有偏离,可转动脚螺旋,使光学对中器对准测站标志中心,中误差在1 mm以内,此时圆水准器气泡偏离,伸缩三脚架腿,使圆水准器气泡居中,注意脚架尖位置不能移动。

②整平:整平是使水平度盘处于水平位置,仪器竖轴铅垂。

a. 松开照准部制动螺旋,转动照准部,使水准管与任意两个脚螺旋的连线平行,两手同时按彼此相反的方向转动这一对脚螺旋,使水准管气泡居中。

b. 将照准部旋转90°,旋转另一个脚螺旋,使水准管气泡居中(气泡移动的方向始终与左手拇指旋转的方向一致)。

上述a、b操作重复数次,直至气泡在任何方向都居中。

③瞄准。

a. 将望远镜指向一明亮目标(或蓝天白云),旋紧制动螺旋,旋转目镜使十字丝清晰。

b. 打开制动螺旋,转动望远镜瞄准目标,旋紧制动螺旋,旋转物镜调焦螺旋,使望远镜内的目标清晰。

c. 旋转水平微动和竖直微动螺旋,用十字丝中心精确照准目标,并消除视差。

④水平度盘读数

照准目标后,读取水平度盘和竖直度盘的读数。重复几次,由指导教师检查读数是否正确,并做好记录。

a. 用望远镜瞄准一固定目标,旋紧水平制动螺旋,转动微动螺旋准确瞄准目标。

b. 打开水平度盘变换手轮的护盖(或按下水平度盘变换手轮),转动水平度盘变换手轮,使水平度盘的读数设置到预定值(如0°05′00″)。关闭水平度盘变换手轮的护盖(或弹起水平度盘变换手轮)。

c. 松开制动螺旋,稍微旋转后,重新照准原目标,检查水平度盘读数是否仍为原读数,若读数不变,设置完成。否则要重新设置。

四、实训的基本要求

(1)经纬仪是精密仪器,使用时要十分谨慎小心,各制动螺旋不要旋得太紧,不准大幅度快速地转动照准部及望远镜。

(2)观测者的手和身体的其他部位不能碰触脚架。

(3)当一个人观测时,其他同学只能给予语言上的帮助,不能多人同时操作一台仪器。

(4)对每项练习均要认真仔细去完成,首先学会操作方法,然后尽可能熟练。

五、上交资料

每人交一份实训报告。

第三节　水平角观测

水平角的测量方法,根据测角的精度要求、观测目标的多少以及所使用的仪器而定,常用的水平角观测方法有测回法和方向观测法。

一、测回法测量水平角

测回法适用于观测两个照准目标之间的单角。这种方法要用盘左和盘右两个位置进行观测。观测时目镜朝向观测者，若竖盘位于望远镜的左侧，称为盘左；若竖盘位于望远镜的右侧，则称为盘右。通常先以盘左位置测角，称为上半测回；然后用盘右位置测角，称为下半测回。上下两个半测回合在一起称为一测回。有时水平角需观测多个测回。

如图 3-13 所示，测量 BA、BC 两方向之间的水平角 β，先将经纬仪安置在测站点 B 上，并在 A、C 两点上分别设置照准标志（竖立标杆、测钎或觇牌），因为水平度盘是顺时针注记，故选取起始方向（零方向）时，应将度盘起始读数配置在 0°00′或稍大的读数处（如 0°05′）。其观测方法和步骤如下：

图 3-13　测回法观测示意图

（1）使仪器竖盘位于望远镜左边（称盘左或正镜），照准起始目标 A，按置数方法配置起始读数，读取水平度盘读数为 $a_{左}$，记入观测手簿。

（2）松开水平制动螺旋，顺时针方向转动照准部照准目标 C，读取水平度盘读数 $c_{左}$，记入观测手簿。

以上两步骤称为上半测回（或盘左半测回），测得水平角值为

$$\beta_{左} = c_{左} - a_{左} \tag{3-2}$$

（3）纵转望远镜，使竖盘处于望远镜右边（称盘右或倒镜），照准目标 C，读取水平度盘读数为 $c_{右}$，记入观测手簿。

（4）逆时针转动照准部，照准目标 A，读取水平度盘读数为 $a_{右}$，记入观测手簿。

以上（3）、（4）两步骤称为下半测回（或称盘右半测回），测得角值为

$$\beta_{右} = c_{右} - a_{右} \tag{3-3}$$

上、下两个半测回合称为一个测回。计算角值时，均用右边目标读数 c 减去左边目标读数 a，若为负值，则应加上 360°。当用 DJ_6 型光学经纬仪测量水平角时，若上、下两个半测回所测角值之差不超过 ±40″，则取其平均值作为一测回观测成果，即

$$\beta = \frac{1}{2}(\beta_{左} + \beta_{右}) \tag{3-4}$$

为了提高观测精度，常需要观测多个测回；为了减弱度盘分划误差的影响，各测回应均匀分配在度盘的不同位置进行观测。若要观测多个测回，则每测回起始方向读数应递增 180°/n（n 为测回数）。例如，当需要观测 3 个测回时，每测回应递增 180°/3 = 60°，即每测回起始方向读数应依次配置在 00°00′、60°00′、120°00′或稍大的读数处（如 00°05′、60°05′、

120°05′)。各测回角值之差称为“测回差”,用 DJ_6 型光学经纬仪测量水平角时,各测回角值之差不应超过 ±24″。当测回差满足限差要求时,取各测回平均值作为本测站水平角观测成果。表 3-1 为测回法两个测回的记录、计算格式。

表 3-1　水平角(测回法)观测手簿

测站	测回	竖盘位置	目标	水平度盘读数 (°　′　″)	半测回角值 (°　′　″)	一测回角值 (°　′　″)	各测回平均角值 (°　′　″)	说明
O	1	左	*A*	0　01　30	98　05　36	98　05　39	98　05　38	
			B	98　07　06				
		右	*A*	180　01　42	98　05　42			
			B	278　07　24				
O	2	左	*A*	90　02　36	98　05　30	98　05　36		
			B	188　08　06				
		右	*A*	270　02　48	98　05　42			
			B	8　08　30				

注:表中两个半测回角值之差及各测回角值之差均不超过限差。

技能训练 6　水平角(测回法)观测实训

一、技能目标

掌握用 DJ_6 型光学经纬仪进行测回法水平角观测的操作、记录和计算方法。

二、仪器设备

(1) DJ_6 型光学经纬仪 1 台,标杆 2 根,记录板 1 块(含记录表格)。

(2)自备:铅笔、小刀、草稿纸等。

三、实训步骤

(1)安置经纬仪。在指定位置上选一点(如在水泥地上刻一“十”字),作为测站点,在该点上安置仪器。

(2)度盘配置。要求测两个测回,第一测回起始读数稍大于 0°,第二测回起始读数稍大于 90°。

(3)一测回观测。盘左:瞄准左边目标 A,进行读数记为 a_1,顺时针方向转动照准部,瞄准右边目标 B,进行读数记为 b_1,计算上半测回角值 $\beta_{左} = b_1 - a_1$。

盘右:瞄准右目标 B,进行读数记为 b_2,逆时针方向转动照准部,瞄准目标 A,进行读数记为 a_2,计算下半测回角值 $\beta_{右} = b_2 - a_2$。检查上、下半测回角值互差不超过 ±40″,计算一测回角值

$$\beta = \frac{1}{2}(\beta_{左} + \beta_{右})$$

(4)计算水平角。测站观测完毕后,检查各测回角值互差不超过 ±24″,计算各测回的平均角值

$$\beta = \frac{1}{2}(\beta_1 + \beta_2)$$

四、实训的基本要求

(1)每位同学在实习之前,应弄清观测程序以及记录表格的填写次序、填写方法和水平角的记录方法。

(2)安置经纬仪时,与地面点的对中误差不超过 ±2 mm。

(3)瞄准目标时,应尽量瞄准目标底部,以减少由于目标倾斜引起水平角观测的误差。

(4)观测过程中,若发现水准管气泡偏移超过 2 格,应重新整平仪器,并重测该测回。

(5)在照准目标时,要用十字丝竖丝照准目标的明显地方,最好看目标下部。上、下半测回应照准同一部位。

(6)记录者要向观测者复读后(又称为“回读”或“回报”)再记录。

(7)记录者应训练用“心算”,尽量不用计算器进行计算。

五、上交资料

每小组交合格的观测记录 1 份,每人交实训报告 1 份。

二、全圆方向法测量水平角

(一)全圆方向观测法及其观测步骤

当一个测站上有三个或三个以上方向,需要观测多个角度时,通常采用方向观测法。方向观测法是以任一目标为起始方向(又称零方向),依次观测出其余各个方向相对于起始方向的方向值,则任意两个方向的方向值之差即为该两方向线之间的水平角。当方向数超过 3 个时,须在每个半测回末尾再观测一次零方向(称归零),两次观测零方向的读数应相等或差值不超过规定要求,其差值称“归零差”。由于重新照准零方向时,照准部已旋转了 360°,故又称这种方向观测法为全圆方向法或全圆测回法。

如图 3-14 所示,OA 为起始方向,也称零方向。观测步骤如下:

(1)将经纬仪安置于测站点 O 上,对中、整平后,选择一通视良好、成像清晰的目标 A 作为起始方向(又称零方向),用盘左位置瞄准 A,将水平度盘读数调至大于 0°读数的 a_1 处,如 0°03′06″位置。

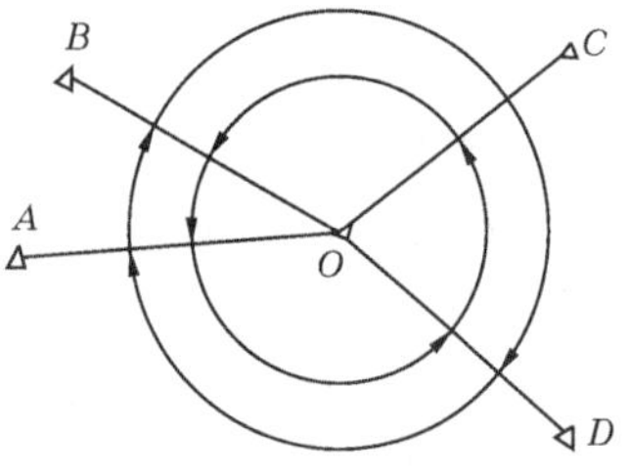

图 3-14　方向观测法测水平角

(2)松开水平制动螺旋,顺时针方向转动仪器,依次照准目标 B、C、D 各点,分别读取水平盘读数,如分别为 b_1、c_1、d_1;继续顺时针旋转仪器,再次瞄准方向 A 并读数,如读数为 a_1',这步观测称为“归零”。归零的目的是检查在观测过程中水平读盘是否发生变动。两次瞄准零方向的读数之

差，称为“半测回归零差”，DJ_6 型光学经纬仪半测回归零差限差为 ±18″。如果归零差超限，则说明在观测过程中，仪器度盘位置有变动，此半测回应该重测。

(3)纵转望远镜成盘右位置，瞄准起始方向目标 A，读取水平读盘读数 a_2；然后逆时针方向旋转仪器，依次观测 D、C、B 各方向，最后回到 A 点方向并依次读数为 d_2、c_2、b_2、a_2'，记入观测手簿。

(1)、(2)为全圆方向法的上半个测回，(3)为下半个测回，上、下两个半测回合起来称为一测回。当精度要求较高时，可观测 n 个测回，每测回也要按 $180°/n$（n 为测回数）的差值变换度盘的起始位置。

(二)全圆方向观测法的计算与限差

1. 计算上、下半测回归零差（两次瞄准零方向 A 的读数之差）

表 3-2 中第 1 测回上、下半测回归零差均为 +6″，符合表 3-3 中规定的限差要求。

2. 计算两倍照准误差 $2C$ 值

理论上同一目标盘左读数和盘右读数应该相差 180°，如果不是，其偏差值称为 $2C$ 值。

$$2C = 盘左读数 - (盘右读数 \pm 180°) \tag{3-5}$$

式中，当盘右读数大于 180°时取“ - ”号，反之取“ + ”号。

3. 计算各方向的平均读数

$$平均读数 = \frac{1}{2}[盘左读数 + (盘右读数 \pm 180°)] \tag{3-6}$$

由于零方向 A 有两个平均读数，故应再取平均值，填入表 3-2 第 7 栏上方小括号内。

4. 计算各方向归零后的方向值

将各方向的平均读数减去零方向，最后取平均值（括号内数值），即得各方向归零后的方向值，填入表 3-2 第 8 栏。

5. 计算各测回归零方向值的平均值

取各个测回归零后方向值的平均值作为各方向的最后成果，填入表 3-2 第 9 栏。

表 3-2 水平角（全圆方向法）观测手簿

测站	测回	目标	水平度盘读数 盘左(L) (° ′ ″)	水平度盘读数 盘右(R) (° ′ ″)	2C (″)	平均读数 (° ′ ″)	一测回归零方向值 (° ′ ″)	各测回平均方向值 (° ′ ″)	说明
1	2	3	4	5	6	7	8	9	
O	1	A	0 01 00	180 01 12	−12	(0 01 09) 0 01 06	0 00 00	0 00 00	
		B	77 22 36	252 22 48	−12	72 22 42	72 21 33	72 21 22	
		C	184 35 48	4 35 54	−6	184 35 51	184 34 42	184 34 38	
		D	246 46 24	66 46 24	0	246 46 24	246 45 15	246 45 26	
		A	0 01 06	180 01 18	−12	0 01 12			
			$\Delta_左$ = +6″	$\Delta_右$ = +6″					

续表 3-2

测站	测回	目标	水平度盘读数 盘左(L) (° ′ ″)	水平度盘读数 盘右(R) (° ′ ″)	2C (″)	平均读数 (° ′ ″)	一测回归零方向值 (° ′ ″)	各测回平均方向值 (° ′ ″)	说明
O	2	A	90 01 00	270 01 06	−6	(90 01 09) 90 01 03	0 00 00		
		B	162 22 24	342 22 18	+6	162 22 21	72 21 12		
		C	274 35 48	94 35 36	+12	274 35 42	184 34 33		
		D	336 46 42	156 46 48	−6	336 46 45	246 45 36		
		A	90 01 12	270 01 18	−6	90 01 15			
			$\Delta_{左}$ = +12	$\Delta_{右}$ = +12					

6. 方向观测法的限差要求

按照《城市测量规范》(CJJ 8—99)的规定,方向观测法的限差见表 3-3。

表 3-3 方向观测法的限差要求

经纬仪型号	半测回归零差	一测回内 2C 互差	同一方向值各测回较差
DJ_2	12″	18″	9″
DJ_6	18″		24″

技能训练 7 水平角(方向观测法)观测实训

一、技能目标

掌握用 DJ_6 型经纬仪进行方向观测法水平角观测的操作、记录和计算方法。

二、仪器设备

(1)由测量仪器室借领:DJ_6 型光学经纬仪 1 台,标杆 2 根、记录板 1 块(含记录表格)。

(2)自备:铅笔、小刀、草稿纸等。

三、实训步骤

(1)安置经纬仪。在指定位置上选一点(如在水泥地上刻一"十"字)作为测站点,在该点上安置仪器。

(2)度盘配置。要求测两个测回,第一测回起始读数稍大于0°,第二测回起始读数稍大于90°。

(3)一测回观测。

盘左:选与 O 点相对较远的 A 点作为零方向,瞄准 A 点,进行读数记 a_1,顺时针方向转动照准部，分别瞄准右边目标 B、C、D 点进行读数，记为 b_1、c_1、d_1；顺时针瞄回零方向 A，归零，读数记为 a_1'；

盘右：倒转望远镜成盘右，逆时针转动照准部，照准零方向 A，读数记为 a_2。逆时针转动照准部，依次照准 D、C、B 点，读数，并记为 d_2、c_2、b_2；逆时针方向瞄回零目标点 A，读数，并记为 a_2'。

(4) 计算水平角。

①计算 $2C$ 值：$2C = L - (R + 180°)$。

②计算各方向读数的平均值：平均读数 $= \frac{1}{2}[L + (R \pm 180°)]$。

③由于归零起始方向有两个平均读数，应再取其平均值作为起始方向的平均读数。

④计算各测回同一方向归零方向值：

$$归零方向值 = 平均读数 - 零方向平均读数$$

⑤各测回平均归零方向值的计算：将各测回同一方向的归零方向值相加并除以测回数，即得该方向各测回平均归零方向值。

⑥水平角的计算：将该角的两方向的方向值相减即可求得该水平角。

四、实训的基本要求

(1) 每位同学在实训之前，应弄清观测程序以及记录表格的填写次序、填写方法和水平角的记录方法。

(2) 安置经纬仪时，与地面点的对中误差不超过 ±2 mm。

(3) 瞄准目标时，应尽量瞄准目标底部，以减小由于目标倾斜引起的水平角观测误差。

(4) 半测回归零差不应超过 ±18″。

(5) 观测过程中，若发现评判水准管气泡偏移超过 2 格，应重新整平仪器，并重测该测回。

(6) 在照准目标时，要用十字丝竖丝照准目标的明显地方，最好看目标下部。上、下半测回应照准同一部位。

(7) 记录者要向观测者复读后再记录。

(8) 记录者应训练用“心算”，尽量不用计算器进行计算。

五、上交资料

每小组交合格的观测记录 1 份，每人交实训报告 1 份。

第四节　竖直角观测

竖直角多用于将倾斜距离（简称斜距）化成水平距离及测算两点间的高差（即三角高程测量方法）。

一、竖直度盘的构造

经纬仪的竖盘装置包括竖直度盘、竖盘指标水准管和竖盘指标水准管微动螺旋。竖直度盘固定在横轴一端，随望远镜一起在竖直面内转动。分微尺的零刻划线是竖盘读数的指标线，可看成与竖盘指标水准管固连在一起，指标水准管气泡居中时，指标就处于正确位置。此时，如望远镜视准轴水平，竖盘读数则应为 90°或 90°的整倍数。当望远镜上下转动以瞄准不同高度目标时，竖盘随之转动而指标线不动，因而可读得不同位置的竖盘读数，用以计算不同高度目标的竖直角。

竖盘同样由光学玻璃制成，其刻划注记一般为 0°～360°全圆式注记。竖盘刻划注记方向有顺时针和逆时针两种形式（如图 3-15 所示），逆时针注记方式已不多见。

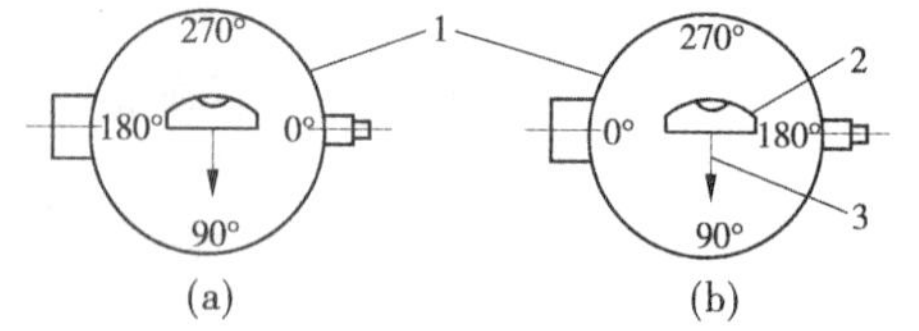

1—竖盘；2—竖盘指标水准管；3—竖盘读数指标线

图 3-15　竖盘装置构造图

现在经纬仪取消了竖盘指标水准管和竖盘指标水准管微动螺旋，而增加了一个补偿器，设计制成竖盘指标自动归零，简化了竖直角观测的操作，使用极为方便。

二、竖直角的计算

因竖盘的注记形式不同，由竖盘读数计算竖直角的公式也不一样，但其计算的规律是相同的，竖直角都是倾斜方向的竖盘读数与水平方向的竖盘读数之差。

当望远镜上倾竖盘读数减小时（顺时针刻划）：

竖直角 = 视线水平时的读数 − 瞄准目标时的读数

当望远镜上倾竖盘读数增加时（逆时针刻划）：

竖直角 = 瞄准目标时的读数 − 视线水平时的读数

图 3-16 所示为 DJ_6 型光学经纬仪最常见的竖盘注记形式，由图 3-16 可知，在盘左位置视线水平时的读数为 90°，当望远镜上倾时读数减小；在盘右位置视线水平时的读数为 270°，当望远镜上倾时读数增加。若以“L”表示盘左位置瞄准目标时的读数，“R”表示盘右位置瞄准目标时的读数，则竖直角的计算公式为

$$\delta_L = 90° - L \tag{3-7}$$

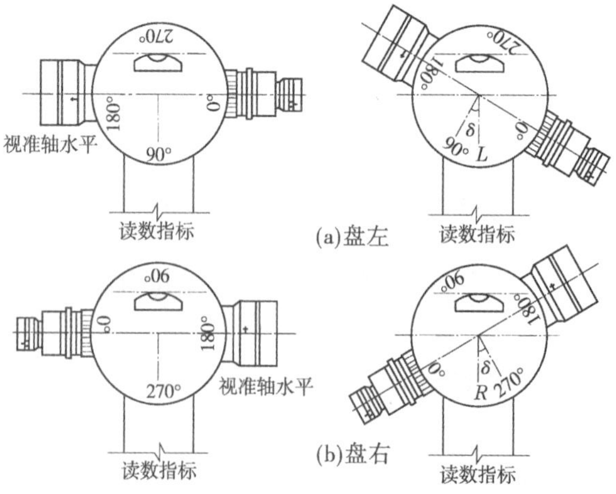

图 3-16　竖直角计算

$$\delta_R = R - 270° \tag{3-8}$$

对于同一目标，由于观测中存在误差，盘左、盘右所测得的竖直角 δ_L 和 δ_R 不完全相等，此时，取盘左、盘右的竖直角平均值作为观测结果，即

$$\delta = \frac{1}{2}(\delta_L + \delta_R) = \frac{1}{2}[(R - L) - 180°] \tag{3-9}$$

计算结果为"+"时，δ 为仰角；为"-"时，δ 为俯角。

三、竖盘指标差

上述竖直角计算公式，是在假定视线水平、竖盘指标水准管气泡居中，读数指标线位置正确的情况下得出的。实际工作中，读数指标线往往偏离正确位置，与正确位置相差一小角值，该角值称为指标差，如图 3-17 所示。也就是说，竖盘指标偏离正确位置而产生的读数误差称为指标差，以 x 表示。竖盘指标差有正、负之分，当指标线沿度盘注记增大的方向偏移时，使读数增大，则 x 为正；反之 x 为负。从图 3-17 可以看出：

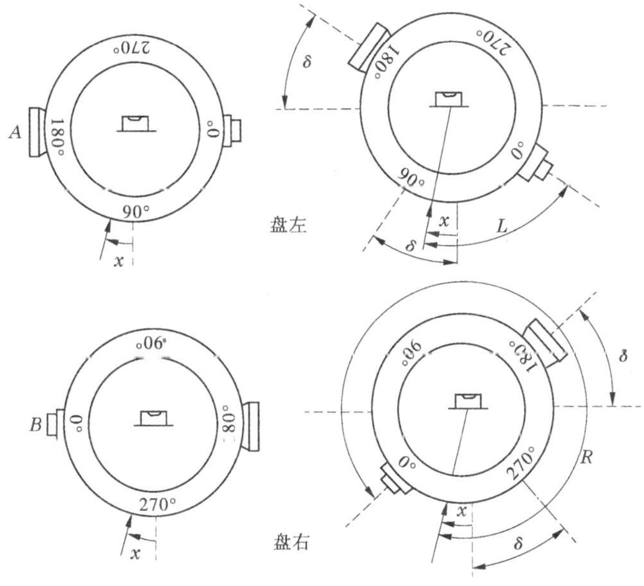

图 3-17　竖盘指标差

盘左时，竖盘角为

$$\delta = 90° - (L - x) = 90° - L + x \tag{3-10}$$

盘右时，竖盘角为

$$\delta = (R - x) - 270° = R - 270° - x \tag{3-11}$$

盘左、盘右测得的竖直角相减，则

$$x = \frac{1}{2}(R + L - 360°) \tag{3-12}$$

盘左、盘右测得的竖直角相加，则

$$\delta = \frac{1}{2}(R - L - 180°) \tag{3-13}$$

从式(3-13)可以看出,利用盘左、盘右两次读数求算竖直角,可以消除竖盘指标差对竖直角测量的影响。

在测量竖直角时,虽然利用盘左、盘右两次观测能消除竖盘指标差的影响,但求出指标差的大小可以检查观测成果的质量。一般同一仪器在同一测站上观测不同的目标时,在某段时间内其指标差应为固定值,但观测误差、仪器误差和外界条件的影响使实际测定的指标差数值总是在不断的变化,对于 DJ_6 型光学经纬仪来讲,该变化不应超出 ±25″。

四、竖直角的观测方法

观测竖直角必须严格用十字丝横丝切准所瞄目标的某固定点(如图 3-18 中横丝切准目标的顶端)。

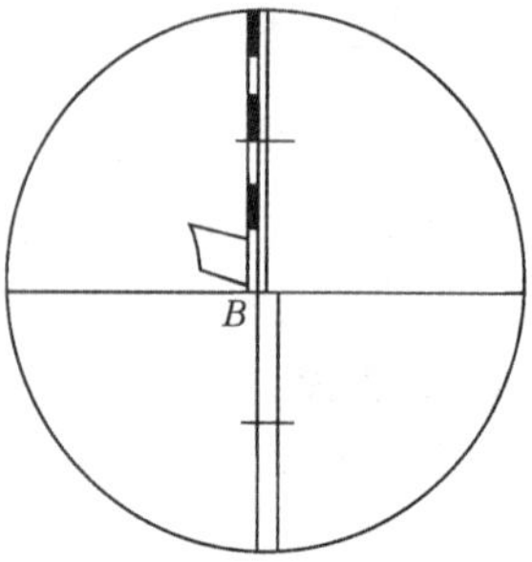

图 3-18　竖直角观测瞄准

观测竖角的操作步骤如下:

(1)将仪器安置在测站上对中、整平,以盘左位置瞄准目标,固定望远镜,再转动望远镜微动螺旋,使十字丝横丝精确地切准目标顶端。

(2)转动竖盘指标水准管微动螺旋,使指标水准管气泡居中(所用经纬仪如为自动补偿装置,则把启动补偿旋钮置于“ON”的位置),再查看中丝是否仍切准目标,确认切准后即读取竖盘读数,并记入手簿。

(3)倒转望远镜,以盘右位置,切准目标的同一点,与盘左时一样读数和记录。

这样就完成了一测回的竖直角观测。若需进行多个测回,则只需按上述步骤,重复观测。竖直角观测记录计算示例见表 3-4。

表 3-4　竖直角观测手簿

测站	目标	竖盘位置	竖盘读数			竖直角			指标差	平均竖直角			说明
			(°	′	″)	(°	′	″)	(″)	(°	′	″)	
O	*A*	左	86	25	18	3	34	42	−6	3	34	36	竖盘为全圆顺时针注记
		右	273	34	30	3	34	30					
O	*B*	左	95	04	12	−5	04	12	+12	−5	04	00	
		右	264	56	12	−5	03	48					

技能训练 8　竖直角观测实训

一、技能目标

(1)掌握竖直角观测、记录及计算的方法。

(2)掌握竖盘指标差的计算和消除方法。

二、仪器设备

(1)由测量仪器室借领:DJ_6 型光学经纬仪 1 台,标杆 2 根,记录板 1 块(含记录表格)。

(2)自备:铅笔、小刀、草稿纸等。

三、实训步骤

(1)安置经纬仪。将仪器安置于测站点 O 上,进行对中、整平,量仪器高;每人选一个目标,转动望远镜,观察竖盘读数的变化规律。

(2)观测。

盘左:调节竖盘指标水准器居中,精确瞄准目标,固定望远镜,再转动望远镜微动螺旋,使十字丝横丝精确地切准目标顶端,读取竖盘读数 L,计算竖直角 $\delta_{左}$。

盘右:同法观测读取竖盘读数 R,计算竖直角值 $\delta_{右}$。

(3)计算竖直角平均值及一测回竖盘指标差。

竖直角:$\begin{cases}\delta = 90° - L + x \\ \sigma = R - 270° - x\end{cases}$

指标差:$x = \frac{1}{2}(R + L - 360°)$

四、实训的基本要求

(1)每次读数前应使指标水准管气泡居中。

(2)计算竖直角和指标差时,应注意正、负号。

(3)要求同一目标各测回垂直角互差在 ±24″之内。

(4)要求指标差的变化范围在 ±25″之内。

五、上交资料

每小组交合格的观测记录 1 份,每人交实训报告 1 份。

第五节　全站仪的电子测角原理和测量方法

一、全站仪简介

全站仪是在电子经纬仪和电子测距技术基础上发展起来的一种智能化测量仪器,是由电子测角、电子测距、电子计算机和数据存储单元等组成的三维坐标测量系统,测量结果能自动显示,并能与外围设备交换信息的多功能仪器。由于该仪器能较完善地实现测量和处理过程的一体化,所以人们称它为全站型电子速测仪,简称全站仪。全站仪有组合式和整体式两种。组合式全站仪是将电子经纬仪和光电测距仪及电子手簿组合成一体,并通过电子经纬仪两个数据输入、输出接口与测距仪相连接组成的仪器。它也可以将测距部分和测角部分分开使用。整体式全站仪是测距部分和测角部分设计成一体的仪器。它可同时进行水平角、竖直角测量和距离测量;望远镜的视准轴和光波测距部分的光轴是同轴的,并可通过电子处理器进行记录和传输测量数据。整体式全站仪系列型号很多,国内外生产的高、中、低各等级精度的仪器达几十种。普遍使用的较典型的全站仪有瑞士徕卡的 TC 系列、日本拓普康 GTS 系列、蔡司 Elta 系列、日本索佳的 SET 系列、苏州一光 OTS 系列和南方测绘公司的 NTS 系列。因整体式全站仪有使用方便、功能强大、自动化程度高、兼容性强等诸多优点，已作为常用测量仪器被普遍使用。

全站仪是一种多功能仪器，除能自动测距、测角和测高差三个基本功能外，还能直接测定坐标以及放样等，具有高速度、高精度和多功能的特点。因此，它既能完成一般的控制测量，又能进行建筑施工放样和地形图的测绘。

二、全站仪的结构原理

全站仪的种类很多，由于生产的厂家不同、型号不同，其操作方法也有所区别，但是，各类全站仪的基本结构还是大致相同的，酷似光学经纬仪，也有照准部、基座和度盘三大部件。照准部上有望远镜，水平、竖直制、微动螺旋，管水准器，圆水准器，光学对中器等。另外，仪器正反两侧大都有液晶显示器和操作键盘。图 3-19 所示为拓普康 GTS 系列全站仪各部件名称。

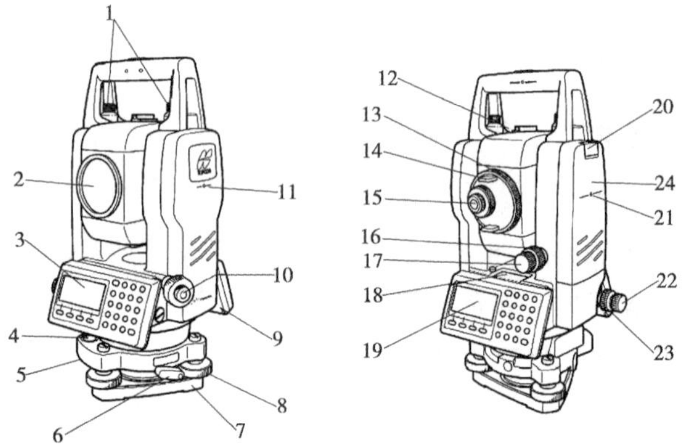

1—提手固定螺旋；2—物镜；3—显示屏；4—圆水准器；5—圆水准器校正螺旋；6—基座固定钮；7—底板；8—整平脚螺旋；9—数据输出插口；10—光学对中器；11—仪器中心标志；12—粗瞄准器；13—望远镜调焦环；14—望远镜操作把手；15—望远镜目镜；16—望远镜制动螺旋；17—望远镜微动螺旋；18—照准部水准管；19—显示屏；20—电池锁紧杆；21—仪器中心标志；22—水平微动螺旋；23—水平制动螺旋；24—电池

图 3-19　全站仪构造

全站仪的基本结构如图 3-20 所示。其基本装备包括光电测角系统、光电测距系统、水平补偿装置和微处理器（测量计算机系统）。有些自动化程度高的全站仪还有自动瞄准和自动跟踪系统。全站仪通过测量计算机有序地实现各专用设备的功能。

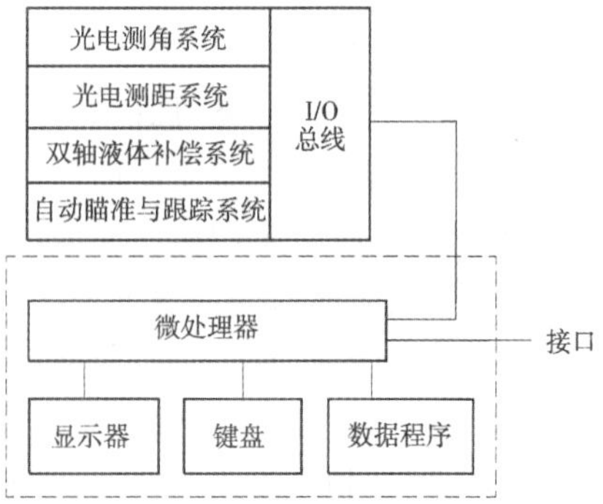

图 3-20　全站仪基本结构

（一）光电测量系统

全站仪有两大光电测量系统，即光电测角系统和光电测距系统，它是全站仪的技术核心。电子测角系统的机械转动部分及光学照准部分与一般光学经纬仪基本相同，其主要的不同点在于电子测角采用电子度盘而非光学度盘。光电测距机构与普通电磁波测距仪相同，与望远镜集成在一起。光电测角系统与光电测距系统使用共同的光学望远镜，使得角度和距离测量只需照准一次。光电测量系统通过 I/O 接口与测量计算机联系起来，由测量计算机控制光电测角、测距，并实时处理数据。

在现代全站仪的光电测距系统中，有的还具有无棱镜激光测距技术（如拓普康 GTS 系列），它是在测距时将激光（可见或不可见）射向目标，经目标表面漫反射，测距仪接收到漫反射光而实现距离测量。目前，由于漫反射信号衰减，无棱镜测距范围一般在 200 m 以内。

（二）双轴液体补偿系统

由于竖轴不严格在铅垂线方向上，对角度的影响无法通过一测回取平均来消除，一些较高精度的全站仪都装有双轴液体补偿器，以补偿竖轴倾斜对观测角度的影响。双轴液体补偿器补偿范围一般在 3′ 以内。除双轴光电液体补偿外，有的全站仪还有视准差、横轴误差、指标差等修正，以提高单盘位观测精度。

（三）自动瞄准与跟踪

全站仪正向着测量机器人的方向发展，自动瞄准与跟踪是重要的技术标志。全站仪自动瞄准的原理是用 CCD 摄像机获取棱镜反射器影像与内存的反射器标准图像比较，获取目标影像中心与内存图像中心的差异量，同时启动全站仪内部的伺服电机转动全站仪照准部、望远镜，减少差异量，实现正确瞄准目标。比较与调整是反复的自动过程，同时伴随有自动对光等动作。全站仪自动跟踪是以 CCD 摄像技术和自动寻找瞄准技术为基础，自动进行图像判断，指挥自身照准部和望远镜的转动、寻找、瞄准、测量的全自动的跟踪测量过程。

（四）测量计算机系统

全站仪是测量光电化技术与计算机技术的有机结合，图 3-20 下半部（虚线框内）实际是全站仪配有的测量专用计算机。微处理器是全站仪的核心部件，它如同计算机的 CPU，由它来控制和处理电子测角、测距的信号，控制各项固定参数，如温度、气压等信息的输入、输出，还由它进行安置，观测误差的改正，有关数据的实时处理及自动记录数据或控制电子手簿等。微处理器通过键盘和显示器指挥全站仪有条不紊地进行光电测量工作。

三、电子测角原理

电子测角仍然采用度盘来进行。与光学测角的根本区别在于：电子测角是利用光电转换原理和微处理器自动测量度盘的读数并将测量结果显示在仪器的显示窗上，并记入存储器。电子测角度盘根据取得信号的方式不同，可分为编码度盘测角、光栅度盘测角和动态测角等。

（一）编码度盘测角系统

光学编码度盘是在度盘上刻数道同心圆，等间隔地设置透光区和不透光区，用透光和不透光分别代表二进制中的“0”和“1”。如图 3-21 所示为四位编码度盘，在度盘下方设置数个接收元件。测角时度盘随照准部旋转到某目标不动后，由该处的导电与不导电得到其电信号状态，如图 3-22 所示为 1001，然后通过译码器将其转换为角度值，并在显示屏上显示。编码度盘可以在任意位置上直接读取度、分、秒值。编码测角又称为绝对式测角。

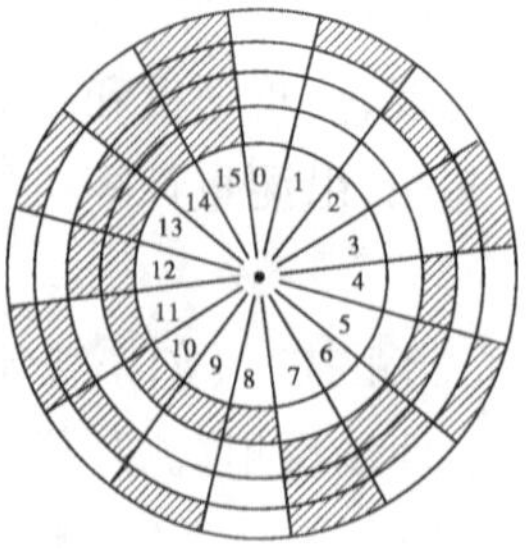

图 3-21　四位编码度盘

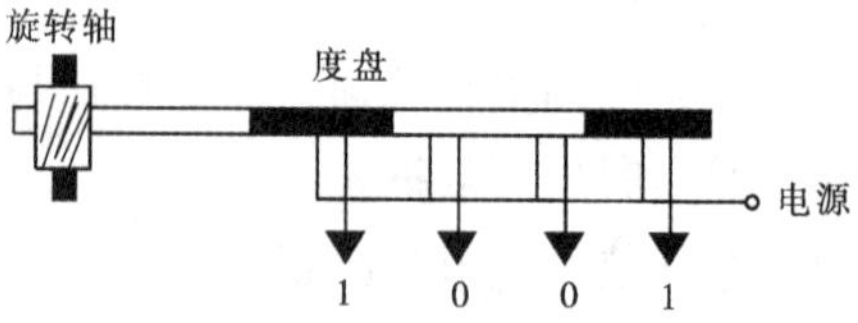

图 3-22　机电读数系统

(二)光栅度盘测角系统

如图 3-23 所示,在玻璃圆盘的径向,均匀地刻有许多等间隔狭缝的圆盘称为光栅度盘。光栅的基本参数是刻线密度(每毫米的刻线条数)与栅距(相邻两栅之间的距离)。光栅的线条处为不透光区,缝隙处为透光区。

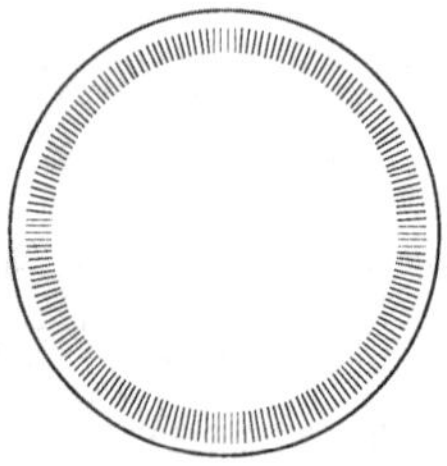

图 3-23　光栅度盘

将两个栅距相同的光栅圆盘重叠起来,并使它们的刻线相互斜交成一小角 θ。光线通过时,将形成明暗相间的莫尔条文,图 3-24 中,两个暗条纹的宽度叫做纹距,用 ω 表示。莫尔条纹的纹距与 θ 角有关。

$$\omega = \frac{d}{\theta} \tag{3-14}$$

式中　d——栅距。

在光栅上下对应位置分别安置一发光二极管和一光电接收传感器,如图 3-25 所示。其指示光栅、发光二极管、光电转换器和接收二极管固定,而光栅度盘随照准部一起旋转。发光二极管发出的光信号通过莫尔条纹就落在光电接收管上,度盘每转动一栅距(d),莫尔条纹移动一个周期(ω)。所以,望远镜从一个方向转到另一个方向时,流过光电管的光信号,就是两方向间的光栅数。由于仪器两方向间的夹角已知,所以通过自动数据处理即可求得两方向间的夹角。

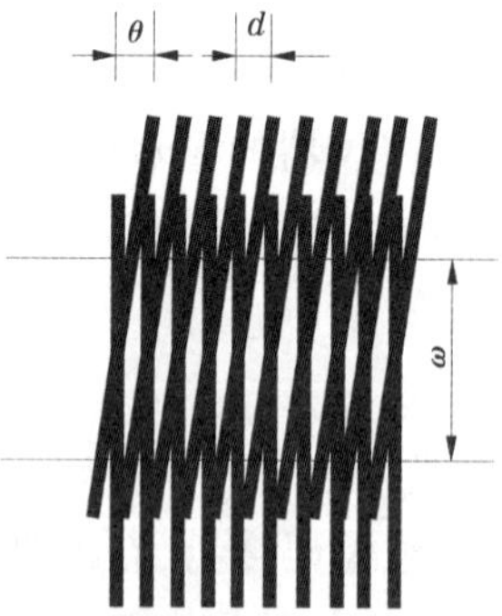

图 3-24　莫尔条纹

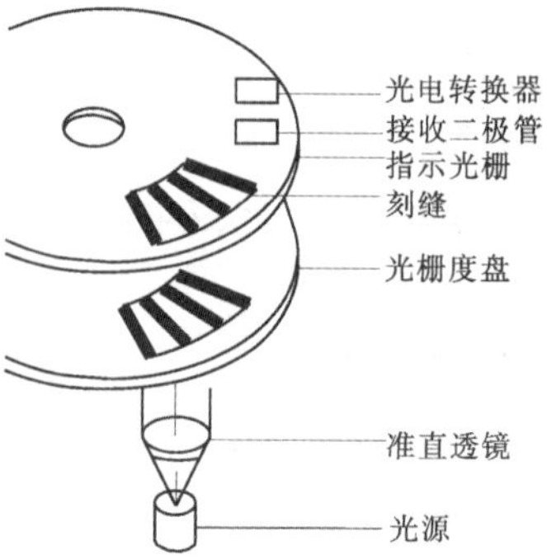

图 3-25　光栅度盘测角原理

（三）动态测角原理

如图 3-26 所示，度盘由等间隔的明暗分划线构成，明的透光，暗的不透光，相当于栅线和缝隙，其间隔角为 φ_0。在度盘的内外边缘各设一个光栏，设在外边缘的固定，称为固定光栏 L_S，相当于光学度盘 0°刻划线。设在内边缘的随照准部一起转动，称为活动光栏 L_R，相当于光学度盘的读数指标线，它们之间的夹角即为要测的角度值。在光栏上装有发光二极管和光电接收传感器，且分别位于度盘的上、下侧。

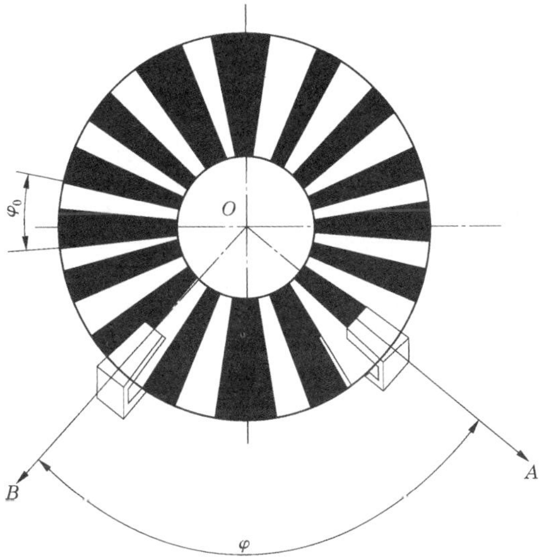

图 3-26 动态测角原理

测角时，微型马达带动度盘旋转。发光二极管发射红外光线，因度盘上的明暗条纹而形成透光亮度的不断变化，被设在另一侧的光电接收传感器接收。则由计取的两光栏之间的分划数，可求得所测的角度值 φ。

$$\varphi = n\varphi_0 + \Delta\varphi \tag{3-15}$$

式中 $\Delta\varphi$——不足整周期的值。

动态测角包括精测和粗测两部分，粗测求得 φ_0 的个数 n，精测求得 $\Delta\varphi$ 值。粗测和精测的信号送角度处理器处理并送中央处理器，然后由液晶显示器显示或记录于数据终端。

四、全站仪的操作方法

全站仪的功能很多，它是通过显示屏和操作键盘来实现的。不同型号的全站仪操作键盘不同，大致可区分为两大类：一类是操作按键比较多（20 个左右），每个键都有 2～3 个功能，通过按某个键执行某个功能；另一类是操作按键比较少，只有几个作业模式按键和几个软键（功能键），通过选择菜单来执行某项功能。下面以拓普康 GTS－102N 系列全站仪为例，介绍全站仪的使用。图 3-27 是该系列仪器的操作面板及显示屏，各操作键的名称、功能及屏幕显示符号内容见表 3-5 及表 3-6。

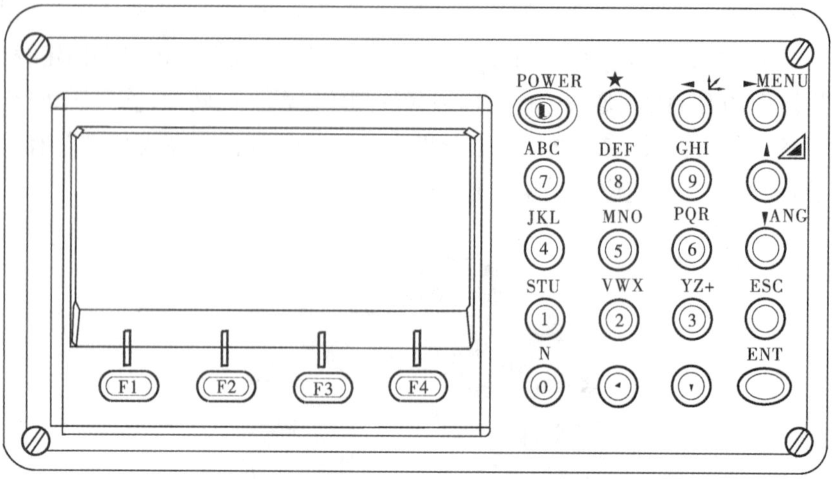

图 3-27　全站仪的操作面板

表 3-5　操作面板上各键盘符号及功能

按键	名称	功能
POWER	电源开关键	电源开关
ESC	退出键	用于中断正在进行的操作，退回到上一级菜单
F1、F2、F3、F4	软功能键	对应显示屏上相应位置显示的命令
ANG	角度测量键	进入角度测量模式键（▲上移键）
◢	距离测量键	进入距离测量模式键（▼下移键）
⬚	坐标测量键	进入坐标测量模式键（◀左移键）
MENU	菜单键	进入主菜单测量模式键（▶右移键）
0～9	数字键	输入数字和字母、小数点、负号
ENT	确认输入键	在输入值末尾按此键
★	星键	进入星键模式

表 3-6　屏幕显示符号及表示内容

显示符号	内容	显示符号	内容
V%	垂直角（坡度显示）	N	北坐标，相当于 x
HR	水平度盘读数（右向计数）	E	东坐标，相当于 y
HL	水平度盘读数（左向计数）	Z	天顶方向坐标，相当于高程 H
HD	水平距离	m	以米为单位
VD	仪器望远镜至棱镜间高差	f	以英尺为单位
SD	斜距	i	以英尺为单位
*	EDM（电子测距）正在测距	S / A	设置音响模式

(一)全站仪的主要功能

1. 预置功能

按下 POWER 电源开关键开机，按下操作板下部的功能键 ANG 、◢、⊾、MENU 分别进入角度测量、距离测量、坐标测量和菜单测量模式，根据提示可选择相应的功能，通过输入可预置当前的温度、气压、棱镜常数、目标高等，仪器便可自行对观测结果进行相应的改正和实施有关的测量计算。按 ESC 键可退出预置状态。

2. 测距功能

仪器照准反射棱镜的中心，开机后按下 ◢ 键仪器将自动进入测距状态，按 F4 键进入第二页。在仪器开机时，测量模式可设置为 *N* 次测量模式或者连续测量模式，在光电测距正在工作时，按 F1 键，可进行 *N* 次测量模式和连续测量模式之间的转换。在测量模式显示如图 3-28(a)所示时，按 F2 键(模式)，所设置模式的首字(F/T/C)显示如图 3-28(b)所示，按 F1 (精测)键精测，F2 (跟踪)键跟踪测量或 F3 (粗测)键粗测，按 ESC 键，可终止测距。

HR:123° 23′ 34″
HD:432.232 m
VD:87.234 m
测量 模式 S/A P1↓

(a)

HR:123° 23′ 34″
HD:432.232 m
VD:87.234 m
精测 跟踪 粗测 F

(b)

图 3-28　测距功能

3. 测角功能

开机后，屏幕自动显示目标方向的水平角、天顶距。或在其他测量模式下按下 ANG 键，进入角度测量模式，屏幕显示如图 3-29 所示，照准起始目标后，可根据屏幕提示进行水平角置零和置盘，屏幕会自动显示观测结果，按 ESC 键，可退出角度测量。

V:90° 23′ 34″
HR:120° 26′ 40″
置零 锁定 置盘 P1↓

图 3-29　测角功能

4. 坐标测量

进行站点设置后，照准目标按下 ⊾ 键，照准棱镜，屏幕显示如图 3-30(a)所示；按 F1 (测量)键，开始测量，屏幕自动显示被测量点坐标值，如图 3-30(b)所示。

N:	<<m
E:	m
Z:	m
测量模式 S/A P1	

(a)

N:234.234 m
E:45.342 m
Z:213.123 m
测量模式 S/A P1↓

(b)

图 3-30　坐标测量

5. 特殊模式

开机后,按下操作面板下部的菜单键[MENU],仪器进入菜单模式。在此模式下,根据提示可选择悬高测量、偏心测量、对边测量、距离放样、坐标放样、面积计算等专项测量功能,进行相应测量工作。

(二)全站仪使用

1. 测前的准备工作

1)安装内部电池

测前应检查内部电池的充电情况。如电力不足要及时充电,充电 1.8 h 或指示灯为绿色即充电完毕,不要超出规定时间。观测时装上电池,测量结束后应卸下。注意每次取下电池盒前,必须先关掉仪器电源,否则容易损坏仪器或造成数据丢失。

2)仪器基本设置

按住[POWER]键开机,可对仪器作如下基本设置。仪器基本设置项目键见表 3-7。

表 3-7　仪器基本设置项

菜单	项目	选择项	出厂设置
单位设置	角度	360°、4 000 G、6 400 M	360°
	距离	m/f/i	m
	温度	温度(单位):°C/°F	温度(单位):°C
	气压	气压(单位):hPa/mmHg/inHg	气压(单位):hPa
模式设置	开机模式	测角、测距	开机后进入测角模式
	精测/跟踪/粗测	精测/跟踪/粗测	精测
	HD&VD/SD	平距和高差/斜距	平距和高差
	垂直零/水平零	垂直零/水平零	垂直角读数从天顶方向为零
	N 次测量/复测	*N* 次测量/复测	*N* 次测量
	测量次数	0 ~ 99	设置为 1 次,即为单次测量
	DEM 关闭时间	1 ~ 99	关
	格网因子	使用/不使用	使用
	NEZ/ENZ	NEZ/ENZ	坐标显示顺序为 N/E/Z
其他设置	水平角蜂鸣声	开/关	关
	测距蜂鸣	开/关	开
	两差改正	0.14/0.20/关	0.14

以上具体设置详见仪器使用说明书。

3)仪器的安置与目标照准

仪器的安置与目标的照准同普通的光学经纬仪(此处略)。当光照度不足,难以看清十字丝时,按[★]键后,通过按[F1]键选择“照明”,或按键[MEUN]键后再按[F4](P↓)键,显示主菜单 2/3，按 F3 键，显示原有设置状态见图 3-31，按 F1（开）键，将十字丝照明设置为【开】，按 ESC 键可返回到先前模式。

照明　　[关：6]
F1:开
F2:关
F3:亮度

图 3-31　原有设置状态

4）电源的打开和关闭

确认仪器整平后，按 POWER 键打开电源开关，确认显示窗显示电池电量是否充足，若显示“电池电量不足”（电池用完），应及时更换电池。仪器接通电源后，按 MENU 键进入选择菜单，通过 F4 键翻页，找到“对比度调节”按 F2 键确认。通过 F1（↓）或 F2（↑）键可调节对比度。为了在关机后保存设置值，可按 F4（回车）键，确认后，按 ESC 退出。

5）指示垂直零点与模式转换

进行水平角以外的测角时应先指示垂直零点。开启电源后，将望远镜上下转动，当望远镜通过水平线时，将指示出垂直零点，同时显示竖直角（90°00′00″或 0°00′00″）。开机后，望远镜上下转动即可进入测角模式，然后按 ◢ 键，仪器进入测距模式。要从距离测量模式返回到正常的角度测量模式，可按 ANG 键。

2. 角度测量

为了有效地消除仪器系统误差，应尽量进行盘左、盘右观测。

1）水平角置零

在角度测量模式下，将望远镜瞄准目标 *A* 后，显示窗显示如图 3-32（a）所示，设目标 *A* 的水平方向值为 0°00′00″，按 F1（置零）键，显示窗显示如图 3-32（b）所示，按 F3（是）键，则目标 *A* 的水平方向读数为 0°00′00″。显示窗显示如图 3-32（c）所示。

(a)	(b)	(c)
V:84° 09′ 35″ HR:12° 13′ 30″ 置零 锁定 置盘 P1↓	水平角置零 >>ok? ……[是][否]	V:82° 09′ 30″ HR:0° 00′ 00″ 置零 锁定 置盘 P1↓

图 3-32　水平角置零

2）水平角与竖直角测量（HR、V 或 HL、V）

（1）欲测 *A*、*B* 两目标的水平角与竖直角，在测角模式下，先瞄准第一个目标 *A*，设置目标 *A* 的水平方向值为 0°00′00″，如显示图 3-33（a）所示界面，然后顺时针瞄准目标 *B*，显示目标 *B* 的 V/H，如显示图 3-33（b）所示界面，即 *A*、*B* 间的水平角为 17°10′25″，而 *A*、*B* 的竖直角

(a)	(b)	(c)	(d)
V:82° 19′ 31″ HR:0° 00′ 00″ 置零 锁定 置盘 P1↓	V:81° 05′ 12″ HR:17° 10′ 25″ 置零 锁定 置盘 P1↓	V:82° 09′ 30″ HR:90° 09′ 30″ H-蜂鸣 R/L 竖角 P2↓	V:82° 09′ 30″ HR:269° 50′ 30″ H-蜂鸣 R/L 竖角 P2↓

图 3-33　水平角与竖直角测量

分别为 82°19′31″、81°05′12″。

(2)要将水平角 HR(右旋角)和 HL(左旋角)进行切换,可在测角模式下连续按 F4 (↓)键两次转到第 3 页功能,显示窗显示如图 3-33(c)所示,按 F2 (R/L)键,则右旋角模式(HR)切换旋角模式(HL),显示窗显示如图 3-33(d)所示,则变为以左旋角 HL 模式进行测量,以左旋角模式测量同一个水平角时,应按上述相反方向瞄准目标观测(若观测目标方向不变,HR 测前进方向的左角,HL 测前进方向的右角)。注意每次按 F2 (R/L)键,HR/HL 两种模式交替切换。

3)水平方向读数保持

测角过程中,若需要保持所测得水平方向读数,按 F2 (锁定)键,显示窗显示对话框如图 3-34 所示,此时再转动仪器,水平角不发生变化。如解除保持功能,则按 F3 (是)键,显示窗变为正常的角度测量模式。

水平角锁定
HR:90° 09′ 30″
>设置?
……[是][否]

图 3-34 水平方向读数保持

4)水平角 90°间隔蜂鸣

当设置水平读数经过 0°、90°、180°、270°时蜂鸣后,可进行水平角为 0°、90°、180°、270°方位点的测设。瞄准第一个目标后,按 F4 键 2 次,进入第 3 页(见图 3-35(a)),按 F1 (H-蜂鸣)键,显示上次设置状态(见图 3-35(b)),按 F1 (开)键,选择蜂鸣器开(见图 3-35(c)),按 F4 (回车)键,回到第 1 页功能。按前面方法将水平角置零,然后缓缓转动照准部,有鸣响时停止转动,此时显示如 89°59′29″,随后锁紧照准部,用水平微动手轮使水平角读数为 90°00′00″,然后用望远镜确定新的目标点。用同法可测设 180°、270°方位点。

V:82° 09′ 30″
HR:90° 09′ 30″
H-蜂鸣 R/L 竖角 P3↓

(a)

水平角蜂鸣声【关】
【开】【关】…回车

(b)

水平角蜂鸣声【开】
【开】【关】…回车

(c)

图 3-35 水平角 90°间隔蜂鸣

5)水平读数的设置

水平读数的设置有两种方法,可以通过锁定角度值进行设置,也可通过键盘输入进行设置。

(1)通过锁定角度值进行设置。

在角度测量模式下,用水平微动螺旋旋转到所需要的水平角,显示窗口显示角度如图 3-36所示,按 F2 (锁定)键,显示窗显示如图 3-36(b)所示,照准目标,按 F3 (是)键完成水平方向读数设置,显示窗变为正常的角度测量模式(见图 3-36(c)),照准目标就精确地安置到所需数字上。

(2)通过键盘输入进行设置。

在角度测量模式下,照准目标,显示窗显示如图 3-37(a)所示,按 F3 (置盘)键,显示窗如图 3-37(b)所示,通过键盘输入所要求的水平角,如 70°40′30″,则需输入 70.4030,然后按 F4 (ENT)键,此时显示窗显示如图 3-37(c)所示。随后即可从所要求的水平角进行正常的测量。

(a)	(b)	(c)
V:82° 09′ 30″ HR:90° 09′ 30″ 置零 锁定 置盘 P1↓	水平角设定 HR:90° 09′ 30″ >设置? ……[是][否]	V:82° 09′ 30″ HR:90° 09′ 30″ 置零 锁定 置盘 P1↓

图 3-36 通过锁定角度值进行设置

(a)	(b)	(c)
V:82° 09′ 30″ HR:90° 09′ 30″ 置零 锁定 置盘 P1↓	水平角设置 HR: …… [CLR][ENT]	V:82° 09′ 30″ HR:70° 40′ 30″ 置零 锁定 置盘 P1↓

图 3-37 通过键盘输入进行设置

6)天顶距、竖直角和斜率百分比测量

仪器指示零点(即望远镜已通过水平线)后,照准目标就可显示竖直角。如竖直角选择天顶为零,则测得的数据为天顶距。

在角度测量模式下,竖直角可以转换成斜率百分比(斜率百分比值=高差 h/平距 $D\times100\%$)。按[F4](↓)键转到第2页(见图3-38(a)),按[F3](V%)键,显示器显示斜率百分比(见图3-38(b))。每次按[F3](V%)键,竖直角和斜率百分比交替交换。斜率百分比范围从水平方向至±45°,若超过此值则显示窗将出现“超限”或“超出测量范围”的提示。

(a)	(b)
V:90° 10′ 20″ HR:170° 40′ 30″ 倾斜 复测 V% P2↓	V:-0.30% HR:170° 40′ 30″ 倾斜 复测 V% P2↓

图 3-38 天顶距、竖直角和斜率百分比测量

技能训练 9 全站仪的认识及角度测量的操作实训

一、技能目标

(1)了解全站仪的构造和性能。
(2)掌握全站仪测角的方法。

二、仪器设备

(1)由测量仪器室借领:全站仪1台,棱镜2块,对中杆2根,记录板1块(含记录表格)。
(2)自备:铅笔、小刀等。

三、实训步骤

(1)安置仪器及棱镜杆(或棱镜架)。在测站上安置全站仪,方法与安置经纬仪相同(即对中、整平);在目标点上安置棱镜架。

(2)认识仪器。由指导教师现场介绍全站仪各部件的名称和作用。

(3)仪器操作及角度测量。

①开机自检——打开电源,进入仪器自检,纵转望远镜和转动照准部各一周,进行竖直度盘和水平度盘初始化,即自动设置竖直度盘和水平度盘的指标。

②输入参数——棱镜常数,气象参数(温度、气压、湿度)等。

③选定模式——角度测量模式、距离测量模式、坐标测量模式,特殊模式(即菜单模式),本次训练只练习角度测量模式。

④角度测量。

a. 首先从显示屏上确定是否处于角度测量模式,如果不是,则按操作转换为距离模式。

b. 盘左瞄准左目标 A,按置零键,使水平度盘读数显示为 0°00′00″,顺时针旋转照准部,瞄准右目标 B,读取显示读数。

c. 同样方法可以进行盘右观测。

d. 如果测竖直角,可在读取水平度盘的同时读取竖盘的显示读数。

四、实训的基本要求

(1)使用各螺旋时,用力应轻而均匀。

(2)全站仪从箱中取出后,应立即用中心连接螺旋连接在脚架上,并做到连接牢固。

(3)各项练习均要认真仔细完成,并能熟练操作。

(4)认真观看仪器外形,了解操作板面上各按键在测距和测角中的作用。

(5)不得随意操作仪器或改变仪器参数,以免因误操作而发生错误。

(6)严禁将照准头对向太阳或其他强光物体,不能用手摸仪器或反光镜镜面。

(7)不得带电搬移仪器,远距离或困难地区应装箱搬移,并及时带走其他工具。

五、上交资料

每人交 1 份实训报告。

五、全站仪操作注意事项

全站仪集光、电于一身,为保证全站仪的正常工作,延长其使用寿命,在操作使用全站仪时应注意以下几点:

(1)仪器应由专人使用、保管。迁站、装箱时只能握住仪器的支架,而不能握住镜筒,以免对仪器造成损伤,影响观测精度。

(2)日光下测量应避免将物镜直接瞄准太阳。若在太阳下作业,应安装滤光器。

(3)避免在高温和低温下存放仪器,亦应避免温度骤变(使用时气温变化除外)。在高温天气作业时,必须撑伞,否则仪器内部温度容易升到 60 ~70 ℃,从而缩短仪器的使用寿命。

(4)仪器不使用时,应将其装入箱内,置于干燥处,注意防振、防尘和防潮。

(5)若仪器工作处的温度与存放处的温度差异太大,应先将仪器留在箱内,直至它适应环境温度后再使用。

(6)仪器长期不使用时,应将仪器上的电池卸下分开存放。电池应每月充电一次。

(7)仪器运输应装于箱内进行，运输时应小心避免挤压、碰撞和剧烈振动，长途运输最好在箱子周围使用软垫。

(8)仪器安装至三脚架或拆卸时，要一只手先握住仪器，以防仪器跌落。

(9)外露光学元件需要清洁时，应用脱脂棉或镜头纸轻轻擦净，切不可用其他物品擦拭。

(10)仪器使用完毕后，用绒布或毛刷清除仪器表面灰尘。仪器被雨水淋湿后，切勿通电开机，应用干净软布擦干并在通风处放一段时间。

(11)作业前应全面仔细检查仪器，确信仪器各项指标、功能、电源、设置和改正参数均符合要求时再进行作业。

(12)即使发现仪器功能异常，非专业维修人员不可擅自拆开仪器，以免发生不必要的损坏。

(13)其他使用要点与光学经纬仪相同。

第六节　经纬仪和全站仪的检验与校正

不论仪器的设计和制造如何精细，各主要部件之间的关系也不可能完全满足理论要求。在仪器使用过程中，由于振动、磨损和温度变化的影响，也会改变各部件之间的正确关系。为此，应在使用仪器之前对仪器进行检验和校正。

一、经纬仪轴线间应满足的几何关系

如图 3-39 所示，经纬仪的主要轴线有竖轴（*VV*）、横轴（*HH*）、望远镜视准轴（*CC*）、圆水准器轴（*L'L'*）和照准部水准管轴（*LL*）。由测角原理可知，观测角度时，经纬仪的水平度盘必须水平，竖盘必须铅直，望远镜上下转动的视准面（视准轴绕横轴的旋转面）必须为铅垂面。观测竖直角时，竖盘指标还应处于正确位置。为此，经纬仪应满足下列条件：

(1)照准部水准管轴垂直于竖轴（$LL \perp VV$）；

(2)圆水准器轴应平行于竖轴（$L'L' /\!/ VV$）；

(3)视准轴垂直于横轴（$CC \perp HH$）；

(4)横轴垂直于竖轴（$HH \perp VV$）；

(5)十字丝竖丝垂直于横轴；

(6)竖盘指标处于正确位置（$x=0$）；

(7)光学对中器的视准轴经棱镜折射后，应与仪器的竖轴重合。

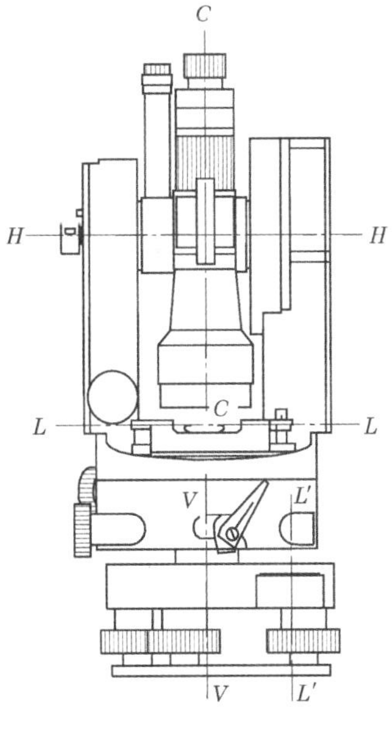

图 3-39　经纬仪的主要轴线

在经纬仪使用前，必须对以上各项条件按下列顺序进行检验，如不满足，应进行校正。对校正后的残余误差，还应采用正确观测方法消除影响。

二、DJ_6 型光学经纬仪的检验与校正

进行经纬仪的检验与校正工作时，应先作一般性的检查，即安置仪器后检查仪器与三角

架头的连接是否牢靠，架头有无晃动现象；脚螺旋的转动是否平稳，松紧度是否适中；照准部的旋转是否灵活，制动螺旋、微动螺旋是否有效；望远镜调焦是否正常，成像是否清晰；度盘刻划是否清晰；仪器附件是否齐全等。发现问题，及时报告老师，请专业人员解决。然后对主要轴线之间应满足的几何条件逐项进行检验与校正。检验和校正应按一定的顺序进行，确定这些顺序的原则是：

(1)如果某一项不校正好，会影响其他项目的检验时，则这一项先做。

(2)如果不同项目要校正同一部位，则会互相影响，在这种情况下，应将重要项目在后边检验，以保证其条件不被破坏。

(3)有的项目与其他条件无关，则先后均可。

现分别说明各项检验与校正的具体方法。

(一)照准部水准管轴垂直于仪器竖轴的检验与校正

1. 检验

将仪器大致整平，转动照准部，使其水准管平行于一对脚螺旋的连线。转动脚螺旋使水准管气泡居中，然后将照准部旋转 180°，此时如果气泡仍居中，则条件满足，否则应进行校正。

2. 校正

当气泡不居中时，相对转动脚螺旋，使气泡退回偏离中心的一半，然后用校正针拨动位于水准管一端的校正螺丝，使气泡居中。这项检验校正需反复进行，直至水准管气泡偏离零点不超过半格。

3. 校正原理

水准管轴不垂直于竖轴，是水准管两端支架不等高引起的。当两端不等高而气泡居中时，如图 3-40(a)所示，水准管轴虽然水平，但度盘并不水平，水准管轴与度盘相交成 α 角，当照准部旋转 180°，水准管气泡发生偏移时，如图 3-40 (b)所示，此时竖轴方向不变仍偏离

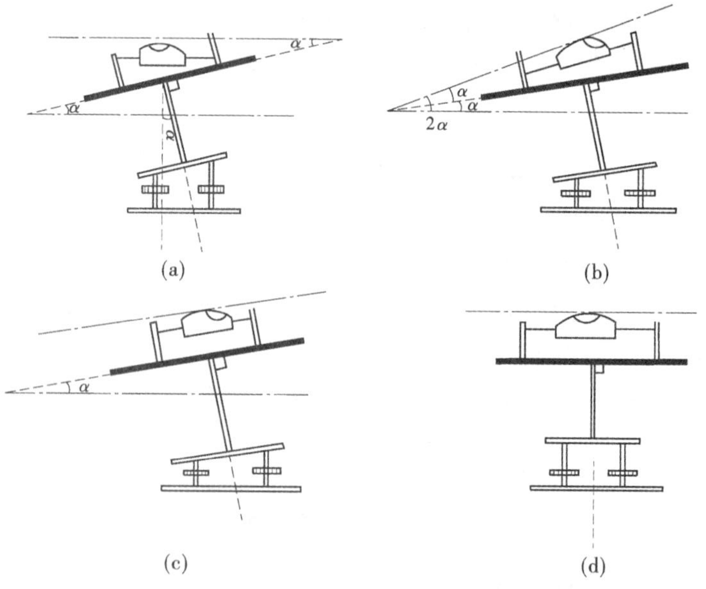

图 3-40 水准管轴垂直竖轴的检验与校正

α 角，但水准管两端支架却换了位置，水准管轴与度盘夹角仍为 α，但水准管轴与水平线间的夹角却为 2α。2α 角的大小，表现为照准部旋转 180°后气泡偏离的格数。转动脚螺旋使气泡向中央移动偏离格数的一半，如图 3-40(c)所示，此时竖轴已竖直，水平度盘已呈水平状态，但水准管轴仍偏离 α 角，它还未与竖轴垂直。用校正针拨动水准管的校正螺旋，使气泡居中，此时水准管两端支架等高，从而满足了要求，如图 3-40(d)所示。

这项检验比较精细，在实际作业中，每次调整气泡的移动量往往难以控制，在一个方向检验校正后，再在正交的方向做一次，所以此项检验校正需反复进行，直至满足要求。

(二)圆水准器轴平行于竖轴的检验与校正

1. 检验

根据校正后的照准部水准管轴，将经纬仪整平，此时，圆水准器气泡如不居中，则需要校正。

2. 校正

用校正针拨动圆水准器下面的校正螺旋，使圆水准器气泡居中。

(三)十字丝竖丝垂直于横轴的检验与校正

1. 检验

整平仪器后，用十字丝中点精确瞄准一个清晰目标点 P，固定水平制动螺旋和望远镜制动螺旋，慢慢转动望远镜微动螺旋使望远镜上、下移动。如目标点 P 始终沿竖丝移动，则满足条件，否则需校正，见图 3-41。

2. 校正

先打开望远镜目镜端护盖，松开十字丝环的四个固定螺钉(见图 3-42)，按竖丝偏离的反方向微微转动十字丝环，使目标点 P 在望远镜上下俯仰时始终在十字丝竖丝上移动为止，最后旋紧固定螺钉，旋上护盖。

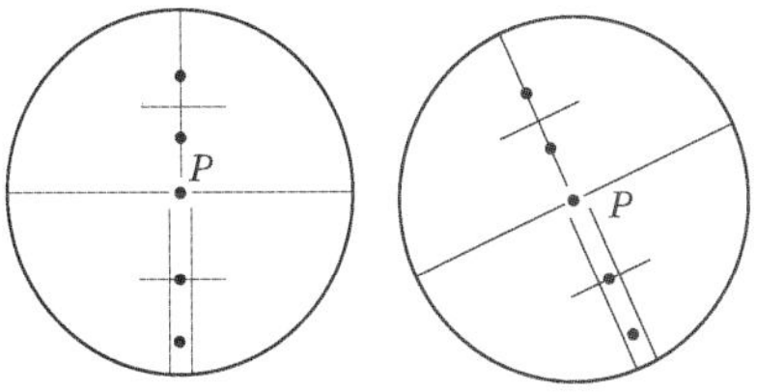

图 3-41　十字丝竖丝检验图

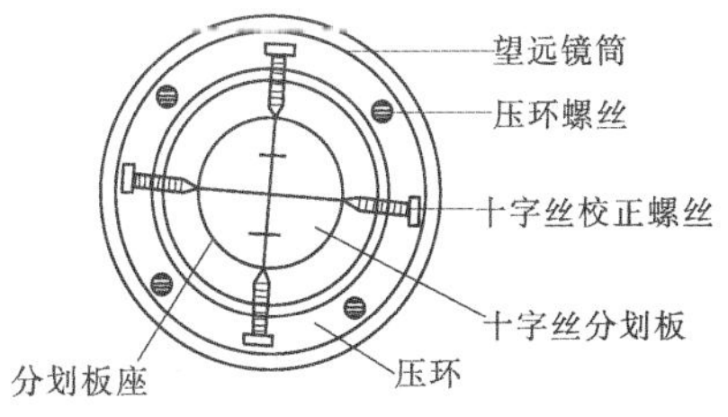

图 3-42　十字丝竖丝及视准轴的校正

(四)望远镜视准轴垂直于横轴的检验和校正

当横轴处于水平位置时，望远镜视准轴若与横轴垂直，则望远镜绕横轴上下旋转时，视准轴扫过的面应是一个竖直平面；否则，望远镜绕横轴上下旋转时，视准轴扫过的面是一个圆锥面。如果用仪器观测同一竖直面内不同高度的点，则水平度盘的读数各不相同，从而产生测角误差。望远镜视准轴不垂直于横轴所偏离的角度 c 称为视准误差。此误差对水平位置目标的影响 $x_c = c$，且盘左、盘右 x_c 的绝对值相等而符号相反。此时横轴不水平的影响为零。视准误差对一测回的水平角观测值没有影响，但过大不便于记录、计算，故仍需进行检验和校正。检验的方法通常有以下两种。

1. 盘左盘右瞄点法

1) 检验

安置经纬仪后，使望远镜大致水平，盘左瞄准远处一目标点 A，读得水平度盘读数为 α_L，倒转望远镜，盘右位置再瞄准该目标点，得水平度盘读数 α_R。如果 α_L 与 α_R 相差 180°，则条件满足。否则，若 $2c = |\alpha_L - (\alpha_R \pm 180°)| > 2'$，需要校正。

2) 校正

旋转水平微动螺旋，使盘右时的水平度盘的读数对准 $A_{右}$，$A_{右} = \frac{1}{2}[\alpha_R + (\alpha_L \pm 180°)]$。这时，如果十字丝交点偏离目标点，应拨动十字丝左、右两校正螺旋（见图 3-42）一松一紧，水平移动十字丝分划板座，使十字丝交点对准目标点 A。如此反复进行，直至 $2c = |\alpha_L - (\alpha_R \pm 180°)| \leq 2'$。

这种检校方法，对于单指标读数的经纬仪，只有在水平度盘偏心差很小时才见效。如果偏心差较大，则计算出的数据包含偏心差的影响，据此进行校正将得不到正确的结果。在这种情况下，可用“四分之一法”进行校正。

2. 四分之一法

1) 检验

选择一平坦场地，如图 3-43 所示，A、B 两点相距 60 ~ 100 m，置仪器于中点 O，在 A 点立一标志，在 B 点与 OB 垂直的方向横置一有毫米分划的尺子，并使 A 点标志和 B 点尺子大致与仪器同高。盘左位置瞄准 A 点，锁定水平制动螺旋，纵转望远镜，在 B 点尺子上读数 B_1，如图 3-43(a)所示。再以盘右瞄准 A 点，锁定水平制动螺旋，纵转望远镜在 B 点尺子上读数 B_2，如图 3-43(b)所示。如果 B_1 与 B_2 两读数相同，说明视准轴垂直于横轴。否则，应进行校正。

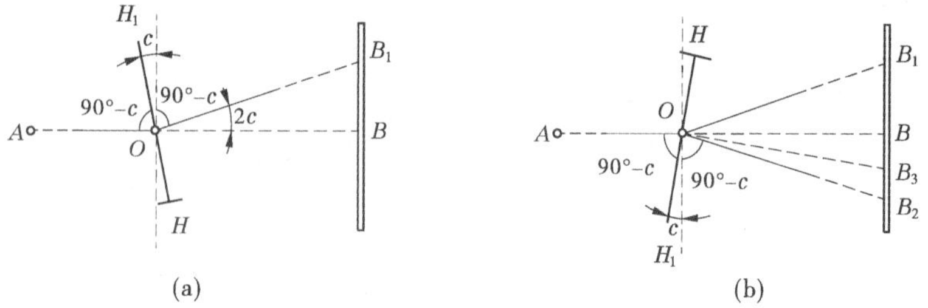

图 3-43　视准轴垂直横轴的检验

2) 校正

在直尺上由 B_2 点向 B_1 点方向量取 $\frac{1}{4}B_1B_2$ 长度，标定出 B_3，此时 OB_3 视线便垂直于横轴。用校正针拨动十字丝环的左、右两校正螺旋，一松一紧地使十字丝交点与 B_3 点重合。完成校正工作后应重复以上步骤，直到满足 $c < 60''$。

(五) 横轴垂直于竖轴的检验和校正

1. 检验

如图 3-44 所示，选择一较高的墙面，在离墙面 20 ~ 30 m 处安置仪器，盘左位置照准墙上高处一点 P，然后俯下望远镜至水平位置，用十字丝交点在墙上标出一点 A，倒转望远镜成盘右位置，再照准墙高处点 P，而后再俯下望远镜至水平位置，用十字丝交点在墙上标出一点 B。如果 A 与 B 重合，说明仪器的横轴垂直于竖轴，否则就需要校正。

2. 校正

如图 3-44 所示，在墙上定出 AB 的中点 M，仍以盘右位置转动水平微动螺旋，用十字丝交点瞄准 M 点，然后固定照准部，将望远镜抬高指向 P 点，此时，十字丝交点偏离 P 而照准在 P' 点，校正望远镜横轴一端支架上的偏心轴环，使横轴一端升高或降低，使十字丝交点移动，并精确照准 P 点为止。

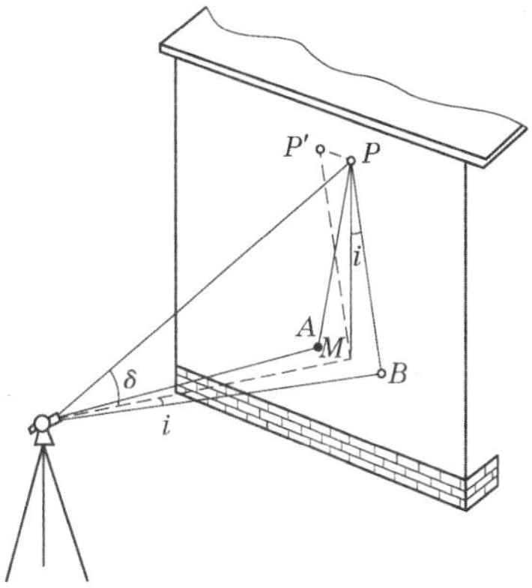

图 3-44　横轴垂直与竖轴的检验

由于近代光学仪器的制造工艺能确保横轴与竖轴垂直，且将横轴密封起来，故使用时一般只进行检验，如需要校正，应由专业检修人员进行。

（六）竖盘水准管的检验与校正

1. 检验

安置经纬仪，仪器整平后，用盘左、盘右观测同一目标点 A，分别使竖盘指标水准管气泡居中，读取竖盘读数 L 和 R（注意读数前一定要先使竖盘指标水准管气泡严密居中），分别计算出竖直角 δ_L 和 δ_R 及指标差 x，若 x 值超过 $1'$，则需要校正。

2. 校正

先计算出盘右位置时竖盘的正确读数 $R-x$，原盘右位置瞄准目标 A 不动，然后转动竖盘指标水准管微动螺旋，使竖盘读数为 $R-x$，此时竖盘指标水准管气泡不再居中了，用校正针拨动竖盘指标水准管一端的校正螺钉，使气泡居中。此项检校需反复进行，直至指标差小于规定的限度。

上述是微倾式结构竖直度盘指标的校正方法，目前有些型号的经纬仪采用竖直度盘指标自动归零补偿装置，其竖直度盘指标差的检验方法和计算公式与微动式相同。但校正方法不同，而且采用不同结构自动归零补偿装置的仪器的指标差校正方法也各不相同。校正时首先要弄清仪器采用的是哪种自动补偿装置，再根据其原理找准校正部位进行校正。

（七）光学对中器的检验校正

光学对中器是由目镜、分划板、物镜和直角棱镜组成的，如图 3-45 所示。分划板刻划圈中心与物镜光心的连线是对中器的视准轴。光学对中器的视准轴应与仪器的竖轴重合，否则会产生对中误差。

1. 检验

安置仪器，整平，然后在仪器下方地面上放一白纸板，将光学对中器分划圈中心（或十字丝中心）投影到白纸板上，如图 3-45（a）所示，并绘制中心点 P。转动照准部 180°观察 P 点是否偏离分划圈中心（或十字丝中心），若不偏离，则条件满足，否则需校正。

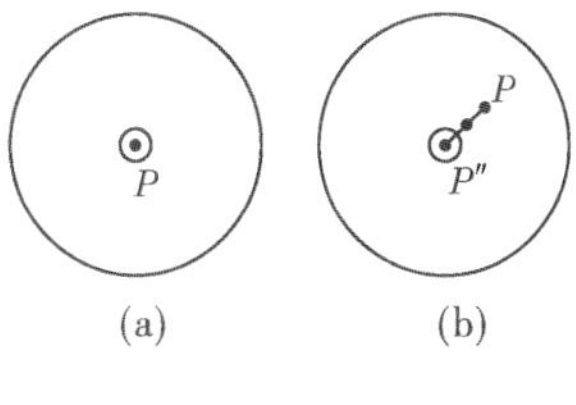

图 3-45　光学对点器的检验

2. 校正

在纸板上确定出分划圈中心（十字丝中心）与 P 点连线的中点 P''。拨动光学对中器校正螺旋，使 P 点移至 P'' 即可，如图 3-45(b)所示。

技能训练 10 DJ_6 型光学经纬仪检验与校正

一、技能目标

(1)熟悉 DJ_6 型光学经纬仪各部分的构造及轴线间应有的关系。

(2)掌握 DJ_6 型光学经纬仪检验的要领，了解 DJ_6 型光学经纬仪的校正方法。

二、仪器设备

(1)由测量仪器室借领：DJ_6 型光学经纬仪 1 台，记录板 1 块，皮尺 1 把，校正针 1 根，小螺丝刀 1 把，记录板 1 块(含记录表格)。

(2)自备：铅笔、小刀、直尺、白纸等。

三、实训步骤

(1)一般性检查。

安置仪器后，首先检验：三脚架是否牢固；水平制动和微动螺旋，望远镜制动和微动螺旋，物镜和目镜对光螺旋，度盘变换手轮，竖盘指标水准管微动螺旋、脚螺旋等是否有效；望远镜成像是否清晰等。同时了解经纬仪各主要轴线及其相互关系。

(2)照准部水准管轴垂直于仪器竖轴的检查与校正。

检验：初步整平仪器，转动照准部，使水准管平行于任意一对脚螺旋，转动该对脚螺旋使气泡严格居中；再将照准部旋转 180°，若气泡仍然居中，则说明照准部水准管轴垂直于仪器竖轴，否则需要校正。

校正：转动这对脚螺旋，使气泡移动偏离量的一半，然后用校正针拨动水准管一端校正螺钉使气泡居中。这项检校需反复多次，直至气泡偏离在一格以内。

(3)十字丝竖丝垂直于仪器横轴的检查与校正。

检验：用十字丝交点瞄准一明显而细小的固定目标点，旋紧照准部制动螺旋和望远镜制动螺旋，转动望远镜微动螺旋，使目标点沿竖丝上、下移动，若目标点始终不离开竖丝，则说明竖丝垂直于仪器横轴，否则需要改正。

校正：旋下十字丝护罩，用小螺丝刀松开十字丝环的四个固定螺旋，转动十字丝环，直至望远镜上下移动时目标点始终在竖丝上移动，最后旋紧四个固定螺旋。

(4)望远镜视准轴垂直于横轴的检查与校正。

检验：在平坦场地选择相距 100 m 的 A、B 两点，仪器安置在两点中间的 O 点。在 A 点固定一与经纬仪同高的标志，在 B 点与经纬同高处横置一根与 OB 垂直的水平尺子，盘左瞄准 A 点标志，固定照准部，倒转望远镜，在 B 点尺上定出 B_1 点；盘右同法定出 B_2 点。若 B_1、B_2 重合，说明视准轴垂直于横轴，否则需要校正。

校正：在 B_1、B_2 点间定出 B_3 点，使 $B_2B_3=\frac{1}{4}B_1B_2$。拨动十字丝左、右两个校正螺钉，使十字丝交点与 B_3 点重合，反复进行，直至 $B_1B_2\leqslant 10$ mm，最后旋上十字丝护罩。

(5) 横轴垂直于竖轴的检验与校正。

检验：在离墙20～30 m处安置仪器，以盘左位置瞄准墙面高处一点P(竖直角应不小于30°)，然后将望远镜大致放平，在墙上定出十字丝交点位置P_1，同法盘右时定出一点P_2。若P_1、P_2两点重合，则说明横轴垂直于竖轴。否则，需要校正，并用三角尺量取P_1P_2的长度。

校正：由于横轴是密封的，故该项校正应由专业维修人员进行。

(6) 竖盘指标水准管的检验和校正。

检验：安置经纬仪，仪器整平后，用盘左、盘右观测同一目标点A，分别使竖盘指标水准管气泡居中，读取竖盘读数L和R(注意读数前一定先使竖盘指标水准管气泡严密居中)，分别计算出竖直角δ_L和δ_R及指标差x，若x值超过1′，需要校正。

校正：仪器位置不动，仍以盘右瞄准原目标；转动竖盘指标水准管微动螺旋，将原竖盘读数调整到正确读数$R'(R'=R-x)$；拨动指标水准管校正螺钉，使气泡居中。如此反复多次，直至满足要求。

(7) 光学对中器的检验和校正。

检验：对仪器进行整平后，在脚架中央放置画有十字交点A的白纸，移动白纸，在光学对中器目镜中观察，使交点A对准分划圈中心，将仪器照准部旋转180°，如果分划圈中心仍对准交点A，则说明满足条件。否则，需要校正。

校正：定出交点A与偏离点A'的中点O，转动对中器上的校正螺钉，使分划圈中心对准O点。

四、实训的基本要求

(1) 实训课前，各组要准备几张画有十字线的白纸，用做照准标志。

(2) 要按实训步骤进行检验、校正，不能颠倒顺序。在确认检验数据无误后，才能进行校正。

(3) 每项校正结束时，要旋紧各校正螺旋。

(4) 选择检验场地时，应顾及视准轴和横轴两项检验，既可看到远处水平目标，又能看到墙上高处目标。

(5) 每项检验后应立即填写经纬仪检验与校正记录表中的相应项目。

五、上交资料

每小组交合格的观测记录1份，每人交实训报告1份。

三、全站仪的检验与校正

全站仪同其他测量仪器一样，要定期到有关鉴定部门进行检验校正。其检校项目主要有以下三个方面：电子测角部分的检验与校正、光电测距部分的检验与校正和系统误差补偿的检验与校正。这里只对电子测角部分的检验与校正作简单的介绍。

电子测角部分的检校大部分检校项目与光学经纬仪类似，主要有照准部水准管轴垂直于仪器竖轴的检验与校正、望远镜的视准轴垂直于横轴的检验与校正、横轴垂直于仪器竖轴的检验与校正、竖盘指标差的检验与校正等。详细的操作方法可参见经纬仪的检验与校正。但由于全站仪的型号不同，部件功能各异，校准误差的项目也不同。特别是全站仪具有数据处理系统，有的项目可启动程序自动进行检校。具体检校方法可参见仪器操作手册，这里不作过多的介绍。

第七节　角度测量的误差及注意事项

一、角度测量的误差

正如水准测量误差产生的原因一样，角度测量的误差也来源于仪器误差、观测误差、外界条件的影响等几方面。由于竖直角主要用于三角高程测量和视距测量，在测量竖直角时，只要严格按照操作规程作业，采用盘左、盘右两次观测消除竖直盘指标差对竖角的影响，测得的竖直角即能满足对高程和水平距离的求算。因此，下面只分析水平角的测量误差。

（一）仪器误差

1. 仪器制造加工不完善所引起的误差

仪器制造加工不完善所引起的误差有照准部偏心误差、度盘分划误差等。经纬仪照准部旋转中心应与水平度盘中心重合，如果两者不重合，即存在照准部偏心差，在水平角测量中，此项误差影响也可通过盘左、盘右观测取平均值的方法加以消除。水平度盘分划误差的影响一般较小，当测量精度要求较高时，可采用各测回间变换水平度盘位置的方法进行观测，以减弱此项误差的影响。

2. 仪器校正不完善所引起的误差

仪器校正不完善所引起的误差有望远镜视准轴不严格垂直于横轴、横轴不严格垂直与竖轴所引起的误差，可以采用盘左、盘右观测取平均的方法来消除，而竖轴不垂直于水准管轴所引起的误差则不能通过盘左、盘右观测取平均或其他观测方法来消除。因此，必须认真做好仪器的检验、校正工作。检验、校正应送交国家认可的检定部门检定，并定期送检。

（二）观测误差

1. 对中误差

仪器对中不准确，使仪器中心偏离测站中心的位移叫偏心距。对中引起的水平角观测误差与偏心距成正比，并与测站到观测点的距离成反比。因此，在进行水平角观测时，仪器的对中误差不应超出相应规范的要求，特别对于短边的角度进行观测时，精确对中尤为重要。

2. 整平误差

若仪器未能精确整平或在观测过程中气泡不再居中，竖轴就会偏离铅直位置。整平误差不能用观测方法来消除，此项误差的影响与观测目标时视线竖直角的大小有关，当观测目标与仪器视线大致同高时，影响较小；当观测目标时，视线竖直角较大，则整平误差的影响明显增大，此时，应特别注意认真整平仪器。当发现水准管气泡偏离零点超过一格以上时，应重新整平仪器，重新观测。

3. 目标偏心

误差由于测点上的目标倾斜而使照准目标偏离测点中心所产生的偏心差称为目标偏心误差。目标偏心是由于目标点的标志倾斜引起的。观测点上一般都是竖立标杆，当标杆倾斜而又瞄准其顶部时，标杆越长，瞄准点越高，则产生的方向值误差越大；边长短时误差的影响更大。为了减小目标偏心对水平角观测的影响，观测时，标杆要准确而竖直地立在测点上，且尽量瞄准标杆的底部。

4. 瞄准误差

引起瞄准误差的因素很多，如望远镜镜孔径的大小、分辨率、放大率、十字丝粗细、清晰度等，人眼的分辨能力，目标的形状、大小、颜色、亮度和背景，以及周围的环境，空气透明度，大气的湍流、温度等。其中瞄准误差与望远镜放大率的关系最大。经计算，DJ_6 型经纬仪的瞄准误差为 ±(2″~2.4″)，观测时应注意消除视差，提高瞄准精度。

5. 读数误差

读数误差与读数设备、照明情况和观测者的经验有关。一般来说，主要取决于读数设备。对于 6″级光学经纬仪，估读误差一般不超过分划值的 0.2 倍，即不超过 ±12″。

（三）外界条件的影响

影响角度测量的外界因素很多，大风、松土会影响仪器的稳定；地面辐射热会影响大气稳定而引起物像的跳动；空气的透明度会影响照准的精度，空气温度的变化会影响仪器的正常状态等。这些因素都会在不同程度上影响测角的精度，要想完全避免这些影响是不可能的，观测者只能采取措施及选择有利的观测条件和时间，使这些外界因素的影响降低到最小程度，从而保证测角的精度。例如，观测视线应避免从建筑物旁、冒烟的烟囱上面和近水面的空间通过，这些地方都会因局部气温变化而使光线产生不规则的折射，使观测效果受到影响。

二、角度测量的注意事项

用经纬仪测角时，往往由于疏忽大意而产生错误。如测角时仪器没有对中整平、望远镜瞄准目标不准确、度盘读数读错、记录记错和拧错制动旋钮等。因此，为了避免错误，提高测量成果精度，角度测量时应注意以下事项：

（1）仪器安置的高度要合适，三脚架要踩牢，仪器与脚架连接要牢固，观测时不能手扶或碰动脚架。

（2）对中、整平要准确，测角精度要求越高或边长越短的，对中要求越严格；当观测的目标之间高低相差较大时，更应注意仪器整平。

（3）在水平角观测过程中，如同一测回内发现照准部水准管气泡偏离中央位置，不允许重新调整水准管使气泡居中；如气泡偏离中央超过一格，则需重新整平仪器，重新观测。

（4）观测竖直角时，每次读数之前必须使竖盘指标水准管气泡居中或将自动归零装置设置在“ON”位置。

（5）标杆要立直于测点上，尽可能用十字丝交点瞄准标杆或测钎的底部；竖直角观测时，宜用十字丝中丝切于目标的指定部位。

（6）记录要规范清晰，并当场计算校核，若误差超限，应立即查明原因并重测。

（7）观测水平角时，同一个测回不能转动度盘变换手轮或按水平度盘复测按钮。

思考与练习题

1. 什么是水平角？
2. 经纬仪由哪几部分组成？
3. 经纬仪的安置包括哪几个步骤？简述其操作过程。
4. 经纬仪对中、整平的目的是什么？
5. 采用盘左、盘右观测取平均的方法，能消除哪些仪器误差？

6. 在测站点 O 上用 DJ_6 型光学经纬仪测回法观测了水平角∠AOB。各方向读数已经记录在表 3-8 中，试在表中计算∠AOB 的角度值。

表 3-8　水平角（测回法）观测手簿

测站	测回	竖盘位置	目标	水平度盘读数（° ′ ″）	半测回角值（° ′ ″）	一测回角值（° ′ ″）	各测回平均角值（° ′ ″）	说明
O	1	左	A	0 01 42				
			B	69 07 24				
		右	A	180 01 54				
			B	249 07 42				
O	2	左	A	90 02 48				
			B	159 08 24				
		右	A	270 02 48				
			B	339 08 36				

7. 经纬仪主要有哪些轴线？各轴线之间应满足怎样的位置关系？

8. 角度观测时有哪些误差？在测角时应注意哪些问题？

9. 方向观测法观测水平角的数据列于表 3-9 中，试进行各项计算。

表 3-9　水平角（全圆方向法）观测手簿

测站	测回	目标	水平度盘读数 盘左（L）（° ′ ″）	水平度盘读数 盘右（R）（° ′ ″）	$2C$（″）	平均读数（° ′ ″）	一测回归零方向值（° ′ ″）	各测回平均方向值（° ′ ″）	说明
1	2	3	4	5	6	7	8	9	
O	1	A	0 02 00	180 02 06					
		B	78 33 18	258 33 06					
		C	156 15 42	336 15 36					
		D	219 44 24	39 44 12					
		A	0 02 12	180 02 18					
O	2	A	90 01 42	270 01 36					
		B	168 32 42	348 32 36					
		C	246 15 00	66 15 06					
		D	309 43 54	129 43 48					
		A	90 01 42	270 01 30					

10. 整理表 3-10 竖直角观测手簿,并分析有无竖盘指标差存在。

表 3-10　竖直角观测手簿

测站	目标	竖盘位置	竖盘读数 (° ′ ″)	竖直角 (° ′ ″)	指标差 (″)	平均竖直角 (° ′ ″)	说明
O	*A*	左	71 38 00				
		右	288 21 54				
O	*B*	左	86 10 36				
		右	273 50 18				

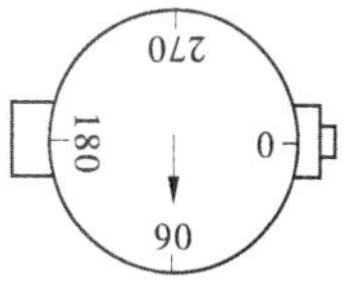

第四章　距离测量

教学内容：

距离测量的原理、距离和高差的计算公式以及视距测量的外业操作。

知识目标：

掌握钢尺丈量的基本知识、钢尺丈量的一般方法、精密钢尺丈量方法，了解钢尺丈量的误差与注意事项；理解视距测量的原理，熟练掌握视距测量的计算方法，了解视距测量的误差与注意事项；理解电磁波测距的基本原理、光电测距成果整理，了解光电测距的注意事项。

技能目标：

认识卷尺量距所用的工具，学会用钢尺丈量距离的操作与计算方法；熟练使用水准仪、经纬仪等视距测量仪器进行视距测量，熟悉计算方法；学会使用电磁波测距仪以及电子全站仪进行角度、距离、高差三要素的测量。

距离测量是确定地面点位置的基本测量工作之一。常用的距离测量方法有卷尺量距、视距测量和电磁波测距等。卷尺量距是用可以卷起来的软尺沿地面丈量，属于直接量距；视距测量是利用经纬仪或水准仪望远镜的视距丝及视距标尺按几何光学原理进行测距；电磁波测距是用仪器发射及接收光波（红外光，激光）或微波，按其传播速度及时间测定距离，属于电子物理测距。视距测量和电磁波测距属于间接测距。

卷尺量距也称丈量，工具简单，但易受地形限制，适用于平坦地区的测距，丈量较长距离时工作繁重，视距测量充分利用了测量望远镜的性能，能克服地形障碍，工作方便，但其测距精度一般低于直接丈量，且随距离的增大而大大降低，适合于低精度的近距离测量（200 m以内）。电磁波测距仪器先进，工作轻便，测距精度高，测程远，但也正在向近距离的细部测量等普及，还有很轻便的手持激光测距仪等，专门用做近距离室内测量。因此，各种测距方法适合于不同的现场具体情况及不同的测距精度要求。

第一节　钢尺丈量

一、卷尺量距的工具

（一）基本工具

1. 钢卷尺

钢卷尺，为钢制成的带状尺，尺的宽度为10～15 mm，厚度约0.4 mm，长度有30 m、50 m等数种，钢尺可以卷放在圆形的尺壳内，也有卷入在金属的尺架上的，如图4-1(a)所示。

钢尺的基本分划为厘米，每分米及每米处刻有数字注记，全长都刻有毫米分划，如图4-1(b)所示。

钢尺由于材料原因、刻划误差、长期使用的变形以及丈量时温度和拉力不同的影响，其

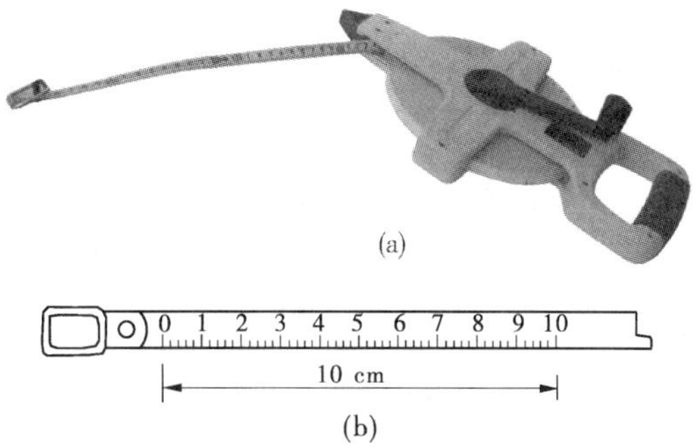

图 4-1　钢卷尺

实际长度往往不等于尺上所标注的长度(即名义长度),因此钢尺出厂前须经过严格的检定,确定钢尺的实际长度与名义长度之间的函数关系,这种函数关系称为尺长方程式,即

$$l_t = l_0 + \Delta l + \alpha(t - t_0)l_0 \tag{4-1}$$

式中　l_t——钢尺在温度 t 时的实际长度,m;

l_0——钢尺的名义长度,m;

Δl——尺长改正数,即钢尺在温度 t_0 时的改正数,m;

α——钢尺的膨胀系数,即当温度变化 1 ℃时,钢尺每米长度上的变化量,其取值范围为 0.011 5 ~ 0.012 5 mm/(m · ℃);

t_0——标准温度,一般取 20 ℃;

t——钢尺使用时的温度,℃。

式(4-1)所表示的含义是:钢尺在施加标准拉力下,其实际长度等于名义长度与尺长改正数和温度改正数之和。对于 30 m 和 50 m 的钢尺,其标准拉力分别为 100 N 和 150 N。

2. *皮卷尺*

皮卷尺又称布尺,是用麻线或加入金属线织成的带状尺。长度有 5 m、10 m、15 m、20 m、30 m 和 50 m 数种。尺上基本分划为厘米,尺面每 10 cm和整米有注字,尺端铜环的外端为尺子的零点,如图 4-2 所示。尺子不用时,卷入皮壳或塑料壳内,携带和使用都很方便,但是容易伸缩,量距精度比钢尺低,一般用于地形的细部测量和土方工程的施工放样等。

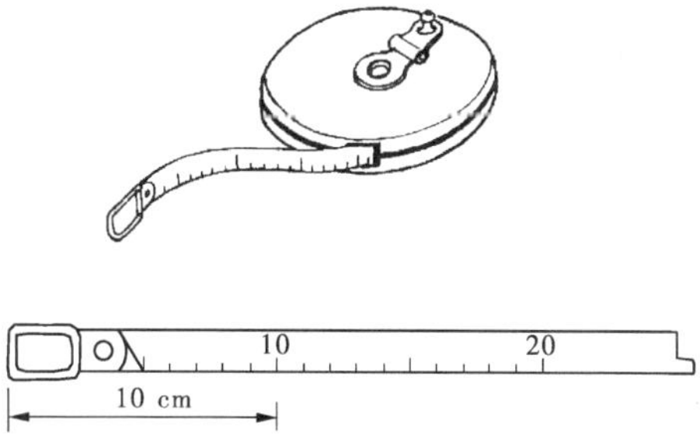

图 4-2　皮卷尺

(二)辅助工具

卷尺量距的辅助工具有标杆、测钎、垂球等,如图 4-3 所示。标杆直径 3 ~ 4 cm,长 2 ~ 3 m,杆身涂以 20 cm 间隔的红、白漆,下端装有锥形铁尖,主要用于标定直线方向;测钎亦称测针,用直径 5 mm 左右的粗钢丝制成,长 30 ~ 40 cm,上端弯成环行,下端磨尖,一般以 10 根为一组,穿在铁环中,用来标定尺的端点位置和计算整尺段数;垂球用于在不平坦地面丈量时将钢尺的端点垂直投影到地面。

当进行精密量距时,还需配备弹簧秤和温度计,如图 4-3 所示。弹簧秤用于对钢尺施加规定的拉力,温度计用于测定钢尺量距时的温度,以便对钢尺丈量的距离施加温度改正。

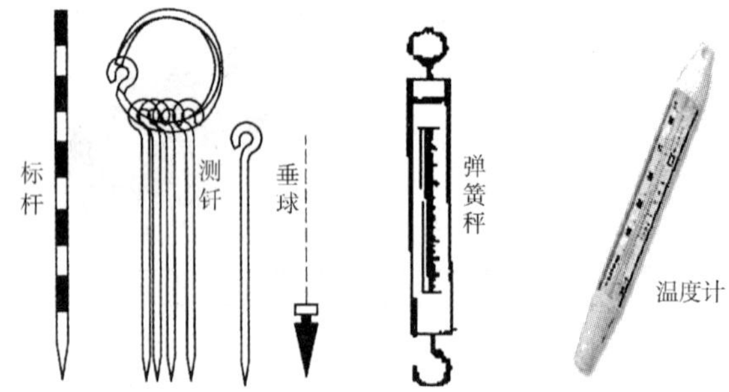

图 4-3　辅助工具

二、直线定线

当地面两点之间的距离大于钢尺的整尺长度，或地面坡度较大时，无法一次量取两点间的距离，需在两点间的直线方向上确定若干临时地面点，使两点间的长度不超过整尺长，插上标杆或测钎作为分段标志，在每两点之间分别进行丈量。这种把临时地面点确定在同一直线方向上的工作，称为直线定线，其方法有目估定线法和仪器定线法两种。

（一）目估定线法

目估定线适用于钢尺量距的一般方法。如图 4-4 所示，设 A 和 B 为地面上相互通视、待测距离的两点。现要在直线 AB 上定出 1、2 等分段点。先在 A、B 两点上竖立标杆，甲站在 A 杆后约 1 m 处，指挥乙左右移动标杆，直到甲在 A 点沿标杆的同一侧看见 A、1、B 三点处的标杆在同一直线上。用同样方法可定出 2 点。

（二）仪器定线法

当直线定线精度要求较高时，可用经纬仪定线。如图 4-5 所示，欲在 AB 直线上确定出 1、2、3 点的位置，可将经纬仪安置于 A 点，用望远镜照准 B 点，固定照准部制动螺旋，然后将望远镜向下俯视，将十字丝交点投测到木桩上，并钉小钉以确定出 1 点的位置。同法标定出 2、3 点的位置。

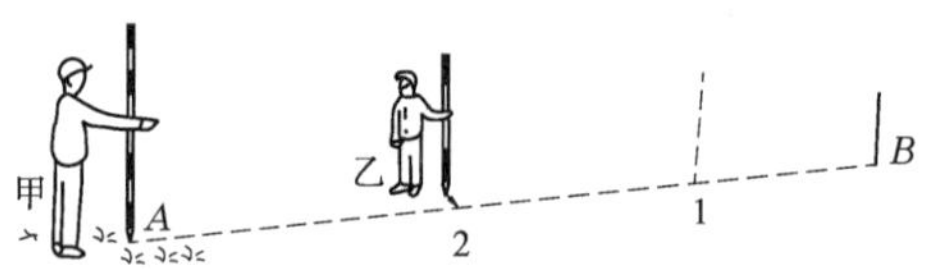

图 4-4　目估定线

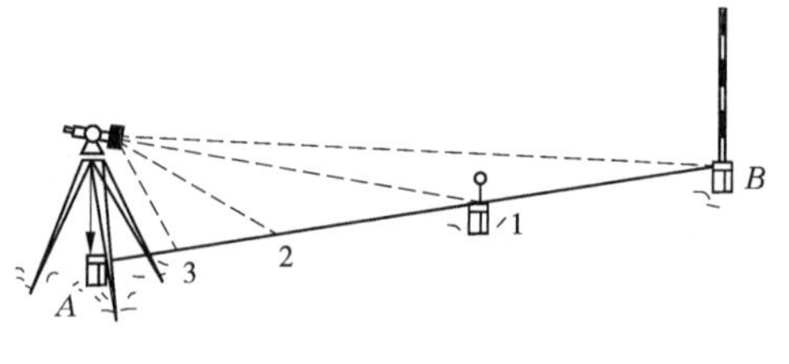

图 4-5　经纬仪定线

三、钢尺丈量的一般方法

（一）平坦地面的距离丈量

丈量工作一般由两人进行。如图 4-6 所示，沿地面直接丈量水平距离时，可先在地面上定出直线方向，丈量时后尺手持钢尺零点一端，前尺手持钢尺末端和一组测钎沿 A、B 方向前进，行至一尺段处停下，后尺手指挥前尺手将钢尺拉在 A、B 直线上，后尺手将钢尺的零点

对准 A 点，当两人同时把钢尺拉紧后，前尺手在钢尺末端的整尺段长分划处竖直插下一根测钎得到 1 点，即量完一个尺段。前、后尺手抬尺前进，当后尺手到达插测钎处时停住，再重复上述操作，量完第二尺段。后尺手拔起地上的测钎，依次前进，直到量完 AB 直线的最后一段。

图 4-6　平坦地面的距离丈量

丈量时应注意沿着直线方向进行，钢尺必须拉紧伸直且无卷曲。直线丈量时尽量以整尺段丈量，最后丈量余长，以方便计算。丈量时应记清楚整尺段数，或用测钎数表示整尺段数。然后逐段丈量，则直线的水平距离 D 按下式计算：

$$D = nl + q \tag{4-2}$$

式中　n——整尺段数；

l——钢尺的整尺长，m；

q——不足一整尺的尺段长度，m。

为了防止丈量中发生错误并提高量距精度，需要进行往返丈量，把往返丈量所得距离的差值的绝对值除以往返丈量的平均值，称为丈量的相对精度，或称相对较差，用 K 表示，即

$$K = \frac{|D_{往} - D_{返}|}{D_{平均}} = \frac{1}{D_{平均}/|D_{往} - D_{返}|} \tag{4-3}$$

例如，AB 的往测距离为 174.982 m，返测距离为 175.018 m，则丈量的相对精度为

$$K = \frac{1}{D_{平均}/|D_{往} - D_{返}|} = \frac{1}{175.000/|174.982 - 175.018|} = \frac{1}{4\,861}$$

在计算相对精度时，往、返差数取其绝对值，并化成分子为 1 的分式。相对精度的分母越大，说明量距的精度越高。钢尺量距的相对精度一般不应低于 1/2 000。量距的相对精度没有超过规定，可取往、返结果的平均值作为两点间的水平距离 D。

（二）倾斜地面的距离丈量

1. 平量法

如果地面高低起伏不平，可将钢尺拉平丈量。丈量由 A 向 B 进行，后尺手将尺的零端对准 A 点，前尺手将尺抬高，并且目估使尺子水平，用垂球尖将尺段的末端投于 AB 方向线的地面上，再插测钎，依次进行丈量，如图 4-7 所示。

2. 斜量法

当倾斜地面的坡度比较均匀时，可沿斜面直接丈量出 AB 的倾斜距离 S，测出 AB 两点间的高差 h，如图 4-8 所示，按下式计算 AB 的水平距离 D：

$$D = \sqrt{S^2 - h^2} \tag{4-4}$$

四、精密钢尺丈量

当用钢尺进行精密量距时，必须使用经过检定、已经确定了尺长方程式的钢尺。

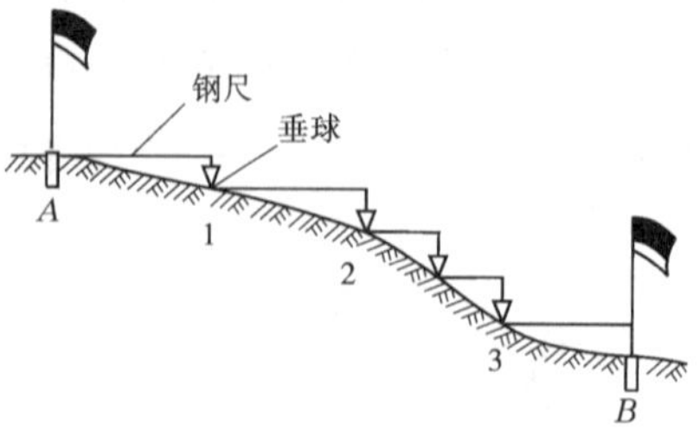

图 4-7　平量法

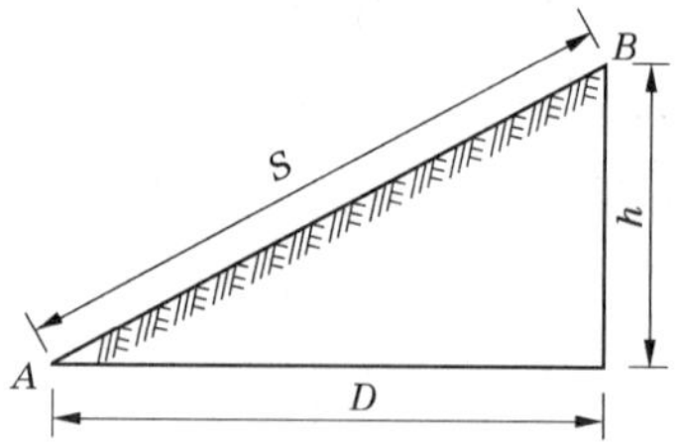

图 4-8　斜量法

丈量前应先用经纬仪定线。如地势平坦或坡度均匀，可将测得的直线两端点高差作为倾斜改正的依据；若沿线地面坡度有起伏变化，标定木桩时应注意在坡度变化处两木桩间距离略短于钢尺全长，木桩顶高出地面 2 ~3 cm，桩顶用"十"字来标示点的位置，用水准仪测定各坡度变换点木桩桩顶间的高差，作为分段倾斜改正的依据。丈量时钢尺两端都对准尺段端点进行读数，如钢尺仅零点端有毫米分划，则须以尺末端某分米分划对准尺段一端以便零点端读出毫米数。每尺段丈量 3 次，以尺子的不同位置对准端点，其移动量一般在 1 dm 以内。三次读数所得尺段长度之差视不同要求而定，一般不超过 2 ~5 mm。丈量完成后还须进行成果整理，即改正数计算，最后得到精度较高的丈量成果。

（一）尺长改正数 Δl_1

由于钢尺的名义长度和实际长度不一致，丈量时就会产生误差。设钢尺在标准温度、标准拉力下的实际长度为 l，名义长度为 l_0，丈量的距离为 S，则尺长改正数为

$$\Delta l_1 = \frac{l - l_0}{l_0} S \tag{4-5}$$

钢尺的实长大于名义长度时，尺长改正数为正，反之为负。

（二）温度改正数 Δl_t

设钢尺检定时温度为 t_0，丈量时温度为 t，钢尺的线膨胀系数 α 一般取 0.012 5 mm/（m·℃），则丈量一段距离 S 的温度改正数 Δl_t 为

$$\Delta l_t = \alpha(t - t_0)S \tag{4-6}$$

若丈量时温度大于检定时温度，改正数 Δl_t 为正，反之为负。

（三）倾斜改正数 Δl_h

设量得的倾斜距离为 S，两点间测得高差为 h，将 S 改算成水平距离 D 需加倾斜改正 Δl_h，一般用下式计算

$$\Delta l_h = -\frac{h^2}{2S} \tag{4-7}$$

倾斜改正数 Δl_h 永远为负值。

（四）全长计算

将测得的结果加上上述三项改正值，即得

$$D = S + \Delta l_1 + \Delta l_t + \Delta l_h \tag{4-8}$$

（五）相对误差计算

相对误差 $K = \frac{|D_{往} - D_{返}|}{D_{平均}}$ 在限差范围之内，取平均值为丈量的结果。精密钢尺丈量的

相对精度不应低于 1/100 000，如相对误差超限，应重测。钢尺量距记录计算手簿见表 4-1。

表 4-1 钢尺量距记录计算手簿

钢尺号：No. 099 钢尺膨胀系数：0.000 012 5 m/℃ 检定温度：20 ℃ 计算者：× × ×

名义尺长：30 m 钢尺检定长度：30.001 5 m 检定拉力：10 kg 日期：2011 年 7 月 7 日

尺段	丈量次数	前尺读数 (m)	后尺读数 (m)	尺段长度 (m)	温度 (℃)	高差 (m)	温度改正 (mm)	高差改正 (mm)	尺长改正 (mm)	改正后尺段长(m)
1	2	3	4	5	6	7	8	9	10	11
A—1	1	29.991 0	0.070 0	29.921 0	25.5	−0.152	+2.0	−0.4	+1.5	29.924 9
	2	29.992 0	0.069 5	29.922 5						
	3	29.991 0	0.069 0	29.922 0						
	平均			29.921 8						
1—2	1	29.871 0	0.051 0	29.820 0	25.4	−0.071	+1.9	−0.08	+1.5	29.822 9
	2	29.870 5	0.051 5	29.819 0						
	3	29.871 5	0.052 0	29.819 5						
	平均			29.819 5						
2—B	1	24.161 0	0.051 5	24.109 5	25.7	−0.210	+1.6	−0.9	+1.2	24.112 2
	2	24.162 5	0.050 5	24.112 0						
	3	24.161 5	0.052 4	24.109 1						
	平均			24.110 2						
总和										83.859 8

对表 4-1 中 A—1 段距离进行三项改正计算。

尺长改正 $\Delta l_1 = \dfrac{30.001\,5-30}{30} \times 29.921\,8 = 0.001\,5(\text{m})$

温度改正 $\Delta l_t = 0.000\,012\,5 \times (25.5-20) \times 29.921\,8 = 0.002\,0(\text{m})$

倾斜改正 $\Delta l_h = -\dfrac{(-0.152)^2}{2 \times 29.921\,8} = -0.000\,4(\text{m})$

经上述三项改正后的 A—1 段的水平距离为

$$D_{A-1} = 29.921\,8 + 0.002\,0 + (-0.000\,4) + 0.001\,5 = 29.924\,9(\text{m})$$

其余各段改正计算与 A—1 段相同，然后将各段相加为 83.859 8 m。如表 4-1 中，设返测的总长度为 83.852 4 m，可以求出相对误差 K，用来检查量距的精度。

$$K = \frac{|D_{往} - D_{返}|}{D_{平均}} = \frac{0.007\,4}{83.856\,1} = \frac{1}{11\,332} \approx \frac{1}{11\,000}$$

若符合精度要求，则取往返测的平均值 83.856 1 m 为最终丈量结果。

五、钢尺丈量的误差及注意事项

(一) 钢尺量距的误差分析

影响钢尺量距精度的因素很多，下面简要分析误差的主要来源和注意事项。

1. 尺长误差

钢尺的名义长度与实际长度不符，就产生了尺长误差，用该钢尺所量距离越长，则误差累积越大。因此，精密钢尺丈量所用的钢尺事先必须经过检定，以计算尺长改正值。

2. 温度误差

钢尺丈量时的温度与钢尺检定时的温度不同，将产生温度误差。按照钢尺的膨胀系数计算，温度每变化 1 ℃，丈量距离为 30 m 时对距离的影响为 0.4 mm。在一般量距时，丈量温度与标准温度之差不超过 ±8.5 ℃，可不考虑温度误差。但精密量距时，必须进行温度改正。

3. 拉力误差

钢尺在丈量时的拉力与检定时的拉力不同而产生误差。拉力变化 68.6 N，尺长将改变 1/10 000。以 30 m 的钢尺来说，当拉力改变 30 ~ 50 N 时，引起的尺长误差将有 1 ~ 1.8 mm。如果能保持拉力的变化在 30 N 以内，这对于一般精度的丈量工作是足够的。对于精确的距离丈量，应使用弹簧秤以保持钢尺的拉力是检定时的拉力，通常 30 m 钢尺施力 100 N，50 m 钢尺施力 150 N。

4. 钢尺倾斜和垂曲误差

量距时钢尺两端不水平或中间下垂成曲线时，都会产生误差。因此，丈量时必须注意保持尺子水平。整尺段悬空时，中间应有人托住钢尺。精密量距时须用水准仪测定两端点高差，以便进行高差改正。

5. 定线误差

由于定线不准确，所量得的距离是一组折线而产生的误差称为定线误差。丈量 30 m 的距离，若要求定线误差不大于 1/2 000，则钢尺尺端偏离方向线的距离就不应超过 0.47 m；若要求定线误差不大于 1/10 000，则钢尺的方向偏差不应超过 0.21 m。在一般量距中，用标杆目估定线能满足要求。但精密量距时需用经纬仪定线。

6. 丈量误差

丈量时插测钎或垂球落点不准，前、后尺手配合不好以及读数不准等产生的误差均属于丈量误差。这种误差对丈量结果影响可正可负，大小不定。因此，在操作时应认真仔细、配合默契，以尽量减少误差。

（二）量距时的注意事项

（1）伸展钢卷尺时，要小心慢拉，钢尺不可卷扭、打结。若发现有扭曲、打结情况，应细心解开，不能用力抖动，否则容易造成折断。

（2）丈量前，应辨认清钢尺的零端和末端。丈量时，钢尺应逐渐用力拉平、拉直、拉紧，不能突然猛拉。丈量过程中，钢尺的拉力应始终保持鉴定时的拉力。

（3）转移尺段时，前、后拉尺员应将钢尺提高，不应在地面上拖拉摩擦，以免磨损尺面分划。钢尺伸展开后，不能让车辆从钢尺上通过，否则极易损坏钢尺。

（4）测钎应对准钢尺的分划并插直。如插入土中有困难，可在地面上标出一明显记号，并把测钎尖端对准记号。

（5）单程丈量完毕后，前、后尺手应检查各自手中的测钎数目，避免加错或算错整尺段数。一测回丈量完毕，应立即检查限差是否合乎要求，不合乎要求时，应重测。

（6）丈量工作结束后，要用软布擦干净尺上的泥和水，然后涂上机油，以防生锈。

第二节　视距测量

视距测量是根据几何光学和三角学原理，利用仪器望远镜内的视距装置及视距尺，同时测定两点间水平距离和高差的一种测量方法。这种方法具有操作方便、速度快、不受地形条件限制等优点。但测距精度较低，一般相对误差为 1/200 ~ 1/300。虽然精度较低，但能满足测定碎部点位置的精度要求，因此被广泛应用于地形测图工作中。视距测量所用的主要仪器和工具是经纬仪、视距尺。

一、视距测量原理

(一)视线水平时的距离与高差公式

如图 4-9 所示，欲测定 A、B 两点间的水平距离 D 及高差 h，可在 A 点安置经纬仪，B 点立视距尺，设望远镜视线水平，瞄准 B 点视距尺，此时视线与视距尺垂直。若尺上 M、N 点成像在十字丝分划板上的两根视距丝 m、n 处，那么尺上 MN 的长度可由上、下视距丝读数之差求得。上、下丝读数之差称为视距间隔或尺间隔。

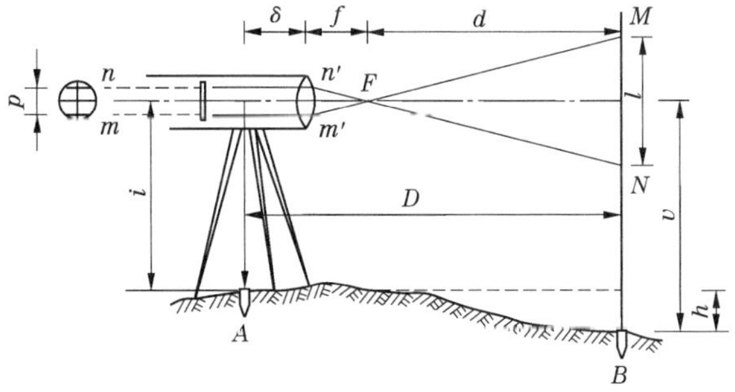

图 4-9　视线水平时的视距测量

图 4-9 中 l 为视距间隔，p 为上、下视距丝的间距，f 为物镜焦距，δ 为物镜至仪器中心的距离。

由于 $\triangle m'n'F \backsim \triangle MNF$，可得

$$\frac{d}{f} = \frac{l}{p}, \quad d = \frac{f}{p}l$$

由图可知

$$D = d + f + \delta$$

则 A、B 两点间的水平距离为

$$D = \frac{f}{p}l + f + \delta$$

令

$$\frac{f}{p} = K, \quad f + \delta = C$$

则

$$D = Kl + C \tag{4-9}$$

式中　K——视距乘常数；

C——视距加常数，现代常用的内对光望远镜的视距常数，设计时已使 $K = 100$，$C = 0$，所以式(4-9)可改写为

$$D = Kl \tag{4-10}$$

同时,由图 4-9 可以推出 A、B 的高差

$$h = i - v \tag{4-11}$$

式中 i—仪器高,是桩顶到仪器横轴中心的高度;

v—瞄准高,是十字丝中丝在尺上的读数。

(二)视线倾斜时的距离与高差公式

在地面起伏较大的地区进行视距测量时,必须使视线倾斜才能读取视距间隔,如图 4-10所示。由于视线不垂直于视距尺,故不能直接应用上述公式。如果能将视距间隔 MN 换算为与视线垂直的视距间隔 $M'N'$,这样就可按式(4-10)计算倾斜距离 S,再根据 S 和竖直角 δ 算出水平距离 D 及高差 h。因此,解决这个问题的关键在于求出 MN 与 $M'N'$之间的关系。

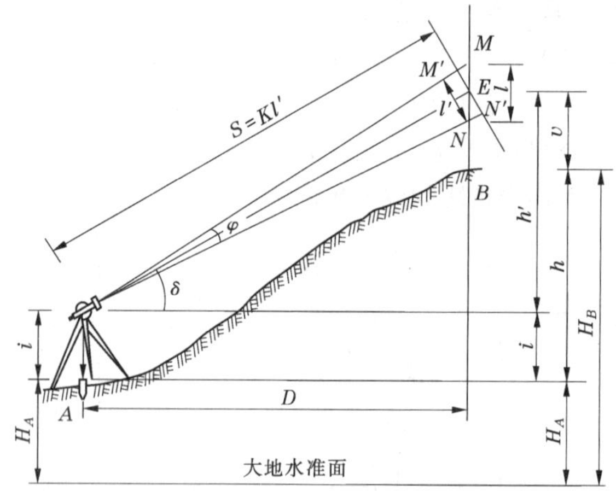

图 4-10 视线倾斜时的视距测量

图中 φ 角很小,约为 34′,故可把 $\angle EM'M$ 和 $\angle EN'N$ 近似地视为直角,而 $\angle M'EM = \angle N'EN = \delta$,因此由图可看出 MN 与 $M'N'$的关系如下

$$M'N' = M'E + EN' = ME\cos\delta + EN\cos\delta = (ME + EN)\cos\delta = MN\cos\delta$$

设 $M'N'$为 l',则

$$l' = l\cos\delta$$

根据式(4-10)得倾斜距离为

$$S = Kl' = Kl\cos\delta$$

所以 A、B 的水平距离为

$$D = S\cos\delta = Kl\cos^2\delta \tag{4-12}$$

由图中看出,根据式(4-12)计算出 A、B 间的水平距离 D 后,高差 h 可按下式计算

$$h = D\tan\delta + i - v \tag{4-13}$$

式中 δ——竖直角;

i——仪器高;

v——中丝读数,即目标高。

由于多数经纬仪的竖盘注记都是天顶距式注记,即当忽略竖盘指标差的情况下,盘左的竖盘读数等于天顶距 Z,少数仪器的盘左读数等于天顶距 Z 的补角。所以,实际工作中常采用以下的计算公式

$$D = Kl\sin^2 Z \tag{4-14}$$

$$h = D/\tan Z + i - v \tag{4-15}$$

二、视距测量的作业程序与计算

(1)在测站点上安置仪器,对中、整平,用小卷尺量取仪器高 i(精确至厘米)。测站点高程为 H_0。

(2)选择立尺点,竖立视距尺。

(3)以经纬仪的盘左位置照准视距尺,视不同情况采用相应的操作方法进行观测。根据不同型号的仪器,竖盘读数前,或者打开竖盘指标补偿器开关,或者使竖盘指标水准管气泡居中。对于天顶距式注记的经纬仪,在忽略指标差的情况下,盘左竖盘读数即天顶距,故计算时采用天顶距表达的公式更加方便。

①任意法:望远镜十字丝照准尺面,高度使三丝均能读数即可。

读取上丝读数、下丝读数、中丝读数 v、竖盘读数 L,分别记入手簿。

计算: 水平距离 $D = Kl\sin^2 Z$ 高差 $h = D/\tan Z + i - v$

高程 $H = H_0 + h$

②等仪器高法:望远镜照准视距尺,使中丝读数等于仪器高,即 $i = v$。

读取上丝读数、下丝读数、竖盘读数 L,分别记入手簿。

计算: 水平距离 $D = Kl\sin^2 Z$ 高差 $h = D/\tan Z$

高程 $H = H_0 + h$

③直读视距法:望远镜照准视距尺,调节望远镜高度,使下丝对准视距尺上整米读数,且三丝均能读数。

读取视距 Kl、中丝读数 v、竖盘读数 L,分别记入手簿。

计算: 水平距离 $D = Kl\sin^2 Z$ 高差 $h = D/\tan Z + i - v$

高程 $H = H_0 + h$

④平截法(经纬仪水准法):望远镜照准视距尺,调节望远镜高度,使竖盘读数 L 等于 90°。读取上丝读数、下丝读数、中丝读数 v,分别记入手簿。

计算: 水平距离 $D = Kl$ 高差 $h = i - v$

高程 $H = H_0 + h$

三、视距测量的注意事项

为了提高视距测量的精度,消除视距乘常数、视距尺不竖立、外界条件的影响等误差的影响,视距测量时应注意以下一些事项:

(1)视距测量前,要严格测定所有仪器的视距乘常数 K,K 值应在 100 ± 0.1 之内。否则,应用测定的 K 值计算水平距离和高差,或者编制改正数表进行改正计算。

(2)作业时,为了避免视距尺竖立不直,应尽量采用带有水准器的视距尺。

(3)为减少垂直折光等外界条件的影响,要在成像稳定的情况下进行观测,观测时应尽可能使视线离地面 1 m 以上,并且将距离限制在一定范围内。

四、测定视距乘常数的方法

用内对光望远镜进行视距测量,计算距离和高差时都要用到乘常数 K,因此 K 值正确与否，直接影响测量精度。虽然 K 值在仪器设计制造时已定为 100，但在仪器使用或修理过程中，K 值可能发生变动。因此，在进行视距测量之前，必须对视距乘常数进行测定。

K 值的测定方法如图 4-11 所示。在平坦地区选择一段直线 AB，在 A 点打一木桩，并在该点上安置仪器。从 A 点起沿 AB 直线方向，用钢尺精确量出 50 m、100 m、150 m、200 m 的距离，得 P_1、P_2、P_3、P_4 点并在各点以木桩标出点位。在木桩上竖立标尺，每次以望远镜水平视线，用视距丝读出尺间隔 l。通常用望远镜盘左，盘右两个位置各测两次取其平均值，这样就测得四组尺间隔，分别取其平均值，得 l_1、l_2、l_3 和 l_4。然后依公式 $K = S/l$ 求出按不同距离所测定的 K 值，即

$$K_1 = \frac{50}{l_1}, \quad K_2 = \frac{100}{l_2}, \quad K_3 = \frac{150}{l_3}, \quad K_4 = \frac{200}{l_4}$$

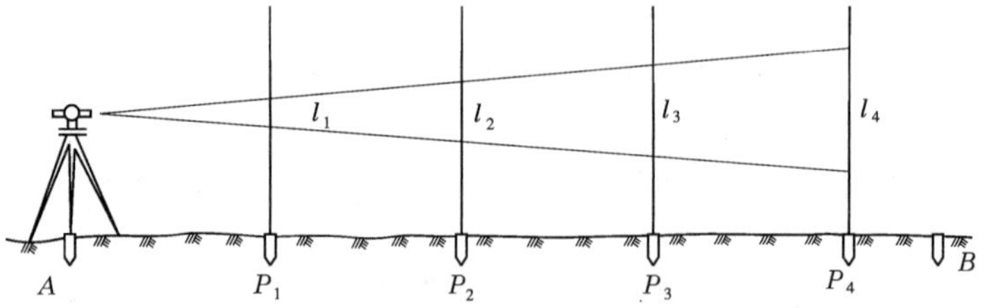

图 4-11　视距乘常数的测定

最后用下式计算各 K 值平均值，即为测定的视距乘常数

$$K = \frac{K_1 + K_2 + K_3 + K_4}{4}$$

视距乘常数测定记录及计算列于表 4-2。

表 4-2　视距乘常数测定记录及计算表

距离 S_i(m)			50	100	150	200
盘左	1	下	1.751	2.002	2.251	2.505
		上	1.250	1.000	0.750	0.500
		下 − 上	0.501	1.002	1.501	2.005
	2	下	1.751	2.000	2.252	2.506
		上	1.249	1.000	0.749	0.499
		下 − 上	0.502	1.000	1.503	2.007
盘右	3	下	1.753	2.005	2.255	2.510
		上	1.252	1.004	0.755	0.508
		下 − 上	0.501	1.001	1.500	2.002
	4	下	1.753	2.005	2.257	2.512
		上	1.253	1.004	0.755	0.507
		下 − 上	0.500	1.001	1.502	2.005
尺间隔平均值			0.501 0	1.001 0	1.501 5	2.004 8
K_i			99.80	99.90	99.90	99.76
视距乘常数 K 的平均值　$K = 99.84$						

若测定的 K 值不等于 100，在 1∶5 000 比例尺测图时，其差数不应超过 ±0.15；在 1∶1 000、1∶2 000 比例尺测图时，不应超过 ±0.1。若在允许范围内仍可将 K 代替 100，否则可用测定的 K 值代替 100 来计算水平距离和高差之值。

技能训练 11　视距测量

一、技能目标

(1)掌握经纬仪视距测量的观测、记录和计算方法。

(2)掌握视距测量不同操作方法的观测过程。

(3)熟悉视距测量的计算器操作，体验不同操作方法观测结果之间的差异。

二、实训器具

DJ_6 型光学经纬仪 1 台，视距尺(水准尺)1 根，小钢卷尺 1 把，自备铅笔、计算器等。

三、实训要求

(1)同一个点位用 4 种不同的操作方法进行观测，分别进行计算，并比较不同方法观测结果之间的差异。

(2)水平距离取位至 0.1 m，高差取位至 0.1 m(平地取位至 0.01 m)；不同方法水平距离差异不超过 0.1 m，高差差异不超过 0.1 m。

四、实训步骤

(1)在测站点上安置仪器，对中、整平，量取仪器高 i(精确至厘米)，假定测站高程 H_0。

(2)选择立尺点，竖立视距尺。

(3)以经纬仪的盘左位置照准视距尺，采用不同的操作方法对同一根视距尺进行观测。对于天顶距式注记的经纬仪，在忽略指标差的情况下，盘左竖盘读数即天顶距。根据不同的仪器，竖盘读数前，或者打开竖盘指标补偿器开关，或者使竖盘指标水准管气泡居中。

①任意法：望远镜十字丝照准尺面，高度使三丝均能读数即可。

读取上丝读数、下丝读数、中丝读数 v、竖盘读数 L，分别记入手簿。

计算：水平距离　$S=Kl\sin^2 Z$　高差 $h=D/\tan Z+i-v$　高程 $H=H_0+h$

②等仪器高法：望远镜照准视距尺，使中丝读数等于仪器高，即 $i=v$。

读取上丝读数、下丝读数、竖盘读数 L，分别记入手簿。

计算：水平距离　$S=Kl\sin^2 Z$　高差 $h=D/\tan Z$　高程 $H=H_0+h$

③直读视距法：望远镜照准视距尺，调节望远镜高度，使下丝对准视距尺上整米读数，且三丝均能读数。

读取视距 Kl、中丝读数 v、竖盘读数 L，分别记入手簿。

计算：水平距离　$S=Kl\sin^2 Z$　高差 $h=D/\tan Z+i-v$　高程 $H=H_0+h$

④平截法(经纬仪水准法)：望远镜照准视距尺，调节望远镜高度，使竖盘读数 L 等于 90°。

读取上丝读数、下丝读数、中丝读数 v，分别记入手簿。

计算：水平距离 $S=Kl$ 　高差 $h=i-v$ 　高程 $H=H_0+h$

五、注意事项

(1)视距测量只用盘左观测半个测回，所以实训所用经纬仪事先应进行检验校正，使竖盘指标差≤1′。

(2)视距尺应竖直。

(3)4 种不同的方法观测时，立尺点位不要改变。

(4)对于有竖盘指标补偿器的仪器，还箱时应关闭其开关。

六、上交资料

每小组交合格的观测记录 1 份，每人交实训报告 1 份。

第三节　光电测距的原理和方法

一、概述

钢尺丈量和视距测量是过去常用的两种测距方法，这两种方法都具有明显的缺点。比如钢尺丈量，工作繁重、效率低、在复杂的地形条件下甚至无法工作；视距测量，虽操作简便，可以克服某些地形条件的限制，但测距短，测距精度不高。从 20 世纪 60 年代起，由于电磁波测距仪不断更新、完善和愈益精密，电磁波测距以速度快、效率高、不受地形条件限制等优点取代了以上两种测距方法。

电磁波是客观存在的一种能力传输形式，利用发射电磁波来测定距离的各种测距仪统称为电磁波测距仪。电磁波测距仪按采用的载波不同，分为光电测距仪和微波测距仪两类。以激光、红外光和其他光源为载波的称光电测距仪，以微波为载波的称微波测距仪。因为光波和微波均属于电磁波的范畴，故它们又统称为电磁波测距仪。

由于光电测距仪不断地向自动化、数字化和小型轻便化方向发展，大大地减轻了测量工作者的劳动强度，加快了工作速度，所以在实际生产中多使用各种类型的光电测距仪。

光电测距仪按测程大体分三大类：

(1)短程光电测距仪：测程在 3 km 以内，测距精度一般在 1 cm 左右。这种仪器可用来测量三等以下的三角锁网的起始边，以及相应等级的精密导线和三边网的边长，适用于工程测量和矿山测量。

(2)中程光电测距仪：测程在 3 ~ 15 km，这类仪器适用于二、三、四等控制网的边长测量。

(3)远程光电测距仪：测程在 15 km 以上，精度一般可达 $\pm(5\ \text{mm}+1\times10^{-6}D)$，能满足国家一、二等控制网的边长测量。

中、远程光电测距仪，多采用氦—氖(He—Ne)气体激光器作为光源，也有采用砷化镓激光二极管作为光源的，还有其他光源的，如二氧化碳(CO_2)激光器等。由于激光器发射激光具有方向性强、亮度高、单色性好等特点，其发射的瞬时功率大，所以在中、远程测距仪中多用激光作载波,称为激光测距仪。

根据测距仪出厂的标称精度的绝对值,按 1 km 的测距中误差,测距仪的精度分为三级,如表 4-3 所示。

表 4-3　测距仪的精度分级

测距中误差(mm)	小于 5	5 ~ 10	11 ~ 20
测距仪精度等级	Ⅰ	Ⅱ	Ⅲ

二、电磁波测距仪测距的基本原理

电磁波测距是通过测定电磁波束,在待测距离上往返传播的时间 t_{2s} 来计算待测距离 S 的,如图 4-12 所示,电磁波测距的基本公式为

$$S = \frac{1}{2}ct_{2s} \tag{4-16}$$

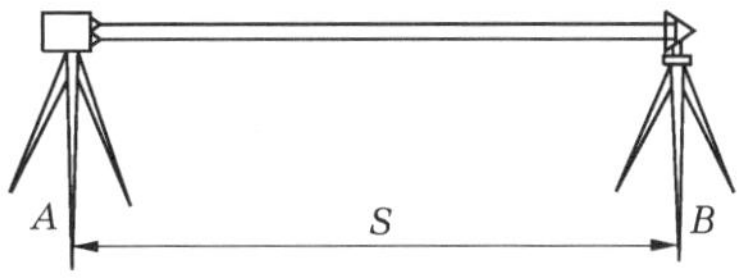

图 4-12　电磁波测距基本原理

式中　c——电磁波在大气中的传播速度,约 30 万 km/s;

S——测距仪中心到棱镜中心的距离。

电磁波在测线上的往返传播时间 t_{2s},可以直接测定,也可以间接测定。直接测定电磁波传播时间是用一种脉冲波,它是由仪器的发送设备发射出去,被目标反射回来,再由仪器接收器接收,最后由仪器的显示系统显示出脉冲在测线上往返传播的时间 t_{2s} 或直接显示出测线的斜距,这种测距方式称为脉冲式测距。间接测定电磁波传播时间是采用一种连续调制波,它由仪器发射出去,被反射回来后进入仪器接收器,通过发射信号与返回信号的相位比较,即可测定调制波往返于测线的迟后相位差中小于 2π 的尾数。用 n 个不同调制波的测相结果,便可间接推算出传播时间 t_{2s},并计算(或直接显示)出测线的倾斜距离。这种测距方式称为相位式测距。目前,这种方式的计时精度达 10^{-10}s 以上,从而使测距精度提高到 1 cm左右,可基本满足精密测距的要求。现今用于精密测距的测距仪多属于这种相位式测距。

三、相位式光电测距仪的测距原理

(一)相位式光电测距仪的基本公式

如图 4-13(a)所示,测定 A、B 两点的距离 S,将相位式光电测距仪整置于 A 点(称测站),反射器整置于另一点 B(称镜站)。测距仪发射出连续的调制光波,调制波通过测线到达反射器,经反射后被仪器接收器接收,如图 4-13(b)所示。调制波在经过往返距离 $2S$ 后,相位延迟了 φ。我们将 A、B 两点之间调制光的往程和返程展开在一直线上,用波形示意图将发射波与接收波的相位差表示出来,如图 4-13(c)所示。

设调制波的调制频率为 f,它的周期 $T = 1/f$,相应的调制波长 $\lambda = cT = c/f$。由图 4-13(c)可知,调制波往返于测线传播过程所产生的总相位变化 Φ 中,包括 N 个整周变化 $N \times 2\pi$ 和不足一周的相位尾数 $\Delta\Phi$,即

$$\Phi = N \times 2\pi + \Delta\Phi \tag{4-17}$$

根据相位 Φ 和时间 t_{2s} 的关系式 $\Phi = \omega t_{2s}$,其中 ω 为角频率,则

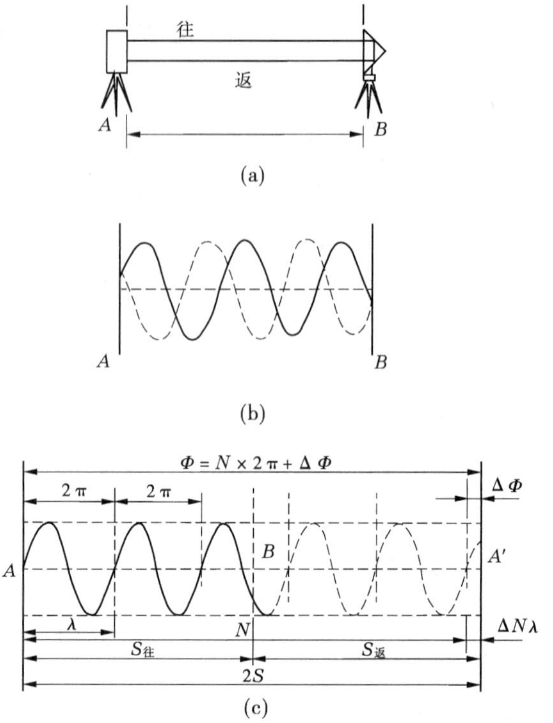

图 4-13　相位式测距原理示意图

$$t_{2s} = \Phi/\omega = \frac{1}{2\pi f}(N \times 2\pi + \Delta\Phi)$$

将上式代入式(4-16)中,得

$$S = \frac{c}{2f}(N + \Delta\Phi/2\pi) = L(N + \Delta N) \tag{4-18}$$

式中　L——测尺长度,$L = c/2f = \lambda/2$;

N——整周数;

ΔN——不足一周的尾数,$\Delta N = \Delta\Phi/2\pi$。

由此可以看出,这种测距方法同钢尺量距相类似,用一把长度为 $\lambda/2$ 的“尺子”来丈量距离,式中 N 为整尺段数,而 $\Delta N \times \frac{\lambda}{2}$ 等于 ΔL 为不足一尺段的余长,则

$$S = NL + \Delta L \tag{4-19}$$

由于测相器只能测定 $\Delta\Phi$,而不能测出整周数 N,因此使用相位式测距式(4-18)或式(4-19)产生多值解。可借助于若干个调制波的测量结果(ΔN_1,ΔN_2…或 ΔL_1,ΔL_2…)推算出值,从而计算出待测距离 S。

ΔL 或 ΔN 和 N 的测算方法,有可变频率法和固定频率法。可变频率法是在可变频带的两端取测尺频率 f_1 和 f_2,使 ΔL_1 或 ΔN_1 等于零和 ΔL_2 或 ΔN_2 等于零,亦即 $\Delta\Phi_1$ 和 $\Delta\Phi_2$ 均等于零。这时在往返测线上恰好包括 N_1 个整波长 λ_1 和 N_2 个整波长 λ_2,同时记录出从 f_1 变至 f_2 时出现的信号强度作周期性变化的次数,即整波数差($N_2 - N_1$)。按这种方法设计的测距仪称为可变频率式光电测距仪。

固定频率法是采用两个以上的固定频率为测尺的频率,不同的测尺频率的 ΔL 或 ΔN 由仪器的测相器分别测定出来,然后按一定计算方法求得待测距离 S。这种测距仪称为固定频率式测距仪。现今的激光测距仪和微波测距仪大多属于固定频率式测距仪。

(二)测尺频率方式的选择

如前所述,由于在相位式测距仪中存在 N 的多值性问题,只有当被测距离 S 小于测尺长度 $\lambda/2$ 时(即整尺段数 $N=0$),才可以根据 $\Delta\Phi$ 求得唯一确定的距离值。

$$S = \frac{\lambda}{2} \times \frac{\Delta\Phi}{2\pi} = L \times \Delta N$$

如只用一个测尺频率 $f_1 = 15$ MHz,只能测出不足一个测尺长度 L_1($L_1 = \frac{c}{2f_1}$)的尾数,若距离 S 超过 L_1(10 m)的整尺段,就无法知道该距离的确切值,而只能测定不足一整尺的尾数值 $\Delta L_1 = L_1 \times \Delta N_1 = \Delta S$。若要测出该距离的确切值,必须再选一把大于距离 S 的测尺 L_2,其相应测尺频率为 f_2,测得不足一周的相位差为 $\Delta\Phi_2$,求得距离的概略值为

$$S' = L_2 \times \Delta\Phi_2/2\pi = L_2 \times \Delta N_2$$

将两把测尺频率的测尺 L_1 和 L_2 测得的距离尾数 ΔS 和距离的概略值 S',组合使用得到该距离的确切值为

$$S = S' + \Delta S \tag{4-20}$$

综上所述,当待测距离较长时,为了既保证必需的测距精度,又满足测程的要求。在考虑到仪器的测相精度为千分之一的情况下,可以在测距仪中设置几把不同频率的测尺,即相当于设置了几把长度不同、最小分划值也不相同的“尺子”,用它们同测某段距离,然后将各自所测的结果组合起来,就可得到单一的、精确的距离值。

测尺频率的选择有直接测尺频率方式和间接测尺频率方式。直接测尺频率方式,一般用两个或三个测尺频率,其中一个精测尺频率,用它测定待测距离的尾数部分,保证测距精度。其余的为粗测尺频率,用它测定距离的概值,满足测程要求。由于仪器的测定相位精度通常为千分之一,即测相结果具有三位有效数字,它对测距精度的影响随测尺长度的增大而增大,则精测尺可测量出厘米、分米和米位的数值;粗测尺可测量出米、十米和百米的数值。这两把测尺交替使用,将它们的测量结果组合起来,就可得出待测距离的全长。如果用这两把尺子来测定一段距离,则用 10 m 的精测尺测得 5.82 m,用 1 000 m 的粗测尺测得 785 m,二者组合起来得出 785.82 m。这种直接使用各测尺频率的测量结果组合成待测距离的方式,称为“直接测尺频率”的方式。间接测尺频率方式是用差频作为测尺频率进行测距的方式,在测相精度一定的条件下,如要扩大测程,同时又保持测距精度不变,就必须增加测尺频率,如表 4-4 所示。

表 4-4　测尺频率与测尺长度

测尺频率 f	15 MHz	1.5 MHz	150 kHz	15 kHz	1.5 kHz
测尺长度 L	10 m	100 m	1 km	10 km	100 km
精度	1 cm	1 dm	1 m	10 m	100 m

由表 4-4 可看出,各直接测尺频率彼此相差较大,而且测程愈长,测尺频率相差愈悬殊,

此时最高测尺频率和最低测尺频率之间相差达万倍，使得电路中放大器和调制器难以对各种测尺频率具有相同的增益和相移稳定性。于是，有些远程测相位式测距仪改用一组数值上比较接近的测尺频率，利用其差频频率作为间接测尺频率，可得到与直接测尺频率方式相同的效果。

四、电磁波测距仪简介

测距仪只测距离，它通常与光学经纬仪或电子经纬仪联机，完成测角和测距的工作，如图 4-14 所示。

测距仪与经纬仪联机又被称为半站式速测仪，如图 4-15 所示。目前，这种类型测距仪已经很少被采用，取而代之的是操作更加方便灵活的全站仪。

图 4-14　南方测距仪 ND3000

图 4-15　徕卡 DI1001 测距仪

近几年，也出现了手持式测距仪，如图 4-16 所示。这种仪器在精度要求不高的测距工作中（如房产测量），应用非常广泛。

图 4-16　彩屏手持激光测距仪徕卡 D5

五、全站仪距离测量操作简介

下面以拓普康 GTS－330 为例介绍全站仪的基本使用。

（一）拓普康 GTS－330 全站仪操作键功能简介

仪器的外观如图 4-17 所示。

仪器的操作键如图 4-18 所示。

仪器的功能键见表 4-5。

（二）距离测量

1. 大气改正数和棱镜常数的设置

当设置大气改正时，通过预先测量温度和气压并输入仪器中可求得改正值。拓普康棱镜常数为 0，设置棱镜改正数为 0，如使用其他厂家生产的棱镜，则在使用前应输入相应的棱镜常数。

2. 距离测量（连续测量）

距离测量（连续测量）见表 4-6。

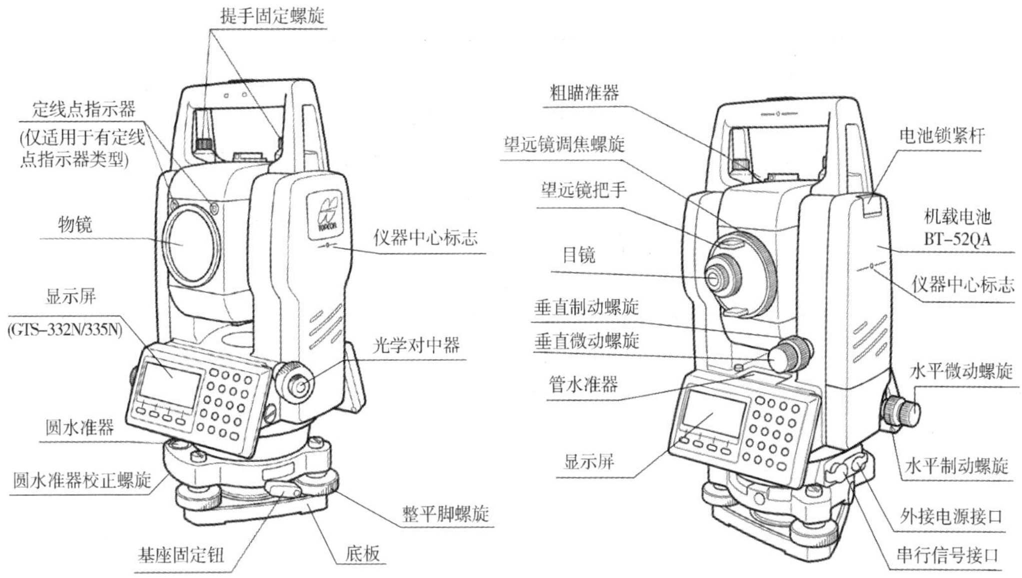

图 4-17　拓普康 GTS－330 全站仪

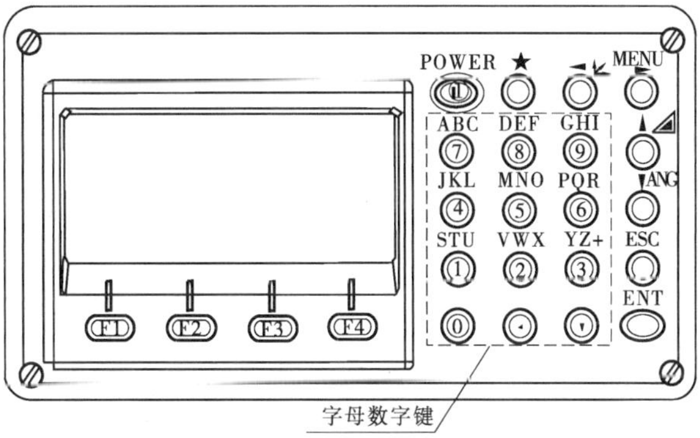

图 4-18　拓普康 GTS－330 全站仪操作键

表 4-5　拓普康 GTS－330 全站仪操作键功能

键	名称	功能
★	星键	星键模式用于如下项目的设置或显示：(1)显示屏对比度；(2)十字丝照明；(3)背景光；(4)倾斜改正；(5)定线点指示器(仅适用于有定线点指示器类型)；(6)设置音响模式
[坐标键符号]	坐标测量键	坐标测量模式
◢	距离测量键	距离测量模式
ANG	角度测量键	角度测量模式
POWER	电源键	电源开关
MENU	菜单键	在菜单模式和正常测量模式之间切换，在菜单模式下可设置应用测量与照明调节、仪器系统误差改正

续表 4-5

键	名称	功能
ESC	退出键	返回测量模式或上一层模式 从正常测量模式直接进入数据采集模式或放样模式 也可用做正常测量模式下的记录键
ENT	确认输入键	在输入值末尾按此键
F1 ~ F4	软键(功能键)	对应于显示的软键功能信息

表 4-6　距离测量(连续测量)

操作过程	操作	显示
①照准棱镜中心	照准	V　:　90° 10′ 20″ HR :　120° 30′ 40″ 置零　锁定　置盘　P1 ↓
②按【◢】键距离测量开始	【◢】	HR:　120° 30′ 40″ HD* [r]　<<m VD:　m 测量　模式　S/A　P1 ↓
③显示测量的距离		HR:　120° 30′ 40″ HD*　123.456　m VD:　5.678　m 测量　模式　S/A　P1 ↓
④再次按【◢】键,显示变为水平角(HR)、竖直角(V)和斜距(SD)	【◢】	V　:　90° 10′ 20″ HR:　120° 30′ 40″ SD:　131.687 m 测量　模式　S/A　P1 ↓

3. 距离测量(*N* 次测量/单次测量)

当输入测量次数后,GTS - 330N 系列就将按设置的次数进行测量,并显示出距离平均值,具体过程见表 4-7。

表 4-7　距离测量(*N* 次测量/单次测量)

操作过程	操作	显示
①照准棱镜中心	照准	V:　90° 10′ 20″ HR:　120° 30′ 40″ 置零　锁定　置盘　P1 ↓
②按【◢】键,连续测量开始	【◢】	HR:　120° 30′ 40″ HD* [r]　<<m VD:　m 测量　模式　S/A　P1 ↓

续表 4-7

操作过程	操作	显示
③当连续测量不再需要时，按［F1］键，“＊”消失并显示平均值	［F1］	HR:　120° 30′ 40″ HD*　123.456　m VD:　5.678　m 测量　模式　S/A　P1 ↓

4. 精测、跟踪、粗测模式

精测模式是正常测距模式，最小显示单位为 0.2 mm 或 1 mm；跟踪模式观测时间比精测模式短，在跟踪目标或放样时很有用处，其最小显示单位为 10 mm；粗测模式观测时间比精测模式观测时间短，最小显示单位为 10 mm 或 1 mm，具体操作过程见表 4-8。

表 4-8　精测、粗测、跟踪模式

操作过程	操作	显示
①在距离测量模式下按［F2］键将显示精测、跟踪、粗测	［F2］	HR:　120° 30′ 40″ HD*　123.456 m VD:　5.678 m 测量　模式　S/A　P1 ↓ HR:　120° 30′ 40″ HD*　123.456 m VD:　5.678 m 精测　跟踪　粗测　F
②按［F1］、［F2］或［F3］键，选择精测、跟踪或粗测	［F1］~［F3］	HR:　120° 30′ 40″ HD*　[r]　<<m VD:　m 测量　模式　S/A　P1 ↓
③要取消设置，按［ESC］键		

六、光电测距成果整理

测距时所得一测回或几测回的距离读数平均值 S' 为野外测得的斜距，还必须经过改正，才能得到两点间正确的水平距离。

(一)测距仪常数改正

将测距仪在若干条标准长度上(如 6 段法)进行鉴定，可以获得测距仪的乘常数 R 和加常数 C。

距离的乘常数改正与所测距离的长度成正比，乘常数改正的单位取 mm/km。距离的乘常数改正值为

$$\Delta S_R = RS' \tag{4-21}$$

例如，测得斜距 $S'=816.350$ m，$R=+6.3$ mm/km，则 $\Delta S_R=6.3\times0.816=+5$ mm。

距离的加常数改正值 ΔS_C 与距离的长短无关，即

$$\Delta S_C = C \tag{4-22}$$

例如，$C=-8.2$ mm，则 $\Delta S_C=-8$ mm。

(二)气象改正

影响光速的大气折射率 n 为光的波长 λ_g、气温 t 和气压 P 的函数。对于某一型号的测距仪，采用一定的光源，λ_g 为一定值。因此，根据距离测量时测定的气温及气压，可以计算距离的气象改正值。距离的气象改正与距离的长度成正比，因此仪器的气象改正参数 A 也相当于一个乘常数，其单位取 mm/km，在仪器说明书中给出 A 的计算式。例如 $\text{RED}_{\text{mini}}2$ 测距仪以 $t=15$ ℃，$P=101.3$ kPa（1 mmHg = 133.322 Pa，1 Pa = 1 N/m^2）为标准状态，此时，$A=0$，在一般大气状态下，则有

$$A = \left(278.96 - \frac{2.904P}{1+0.003\,661t}\right)\ \text{mm/km} \tag{4-23}$$

由于 1 kPa = 7.5 mmHg，因此如果汞高为气压 P 的单位，则

$$A = \left(278.96 - \frac{0.387\,2P}{1+0.003\,661t}\right)\ \text{mm/km} \tag{4-24}$$

距离的气象改正值为

$$\Delta S_A = AS' \tag{4-25}$$

例如，观测时，$t=30$ ℃，$P=98.67$ kPa，则 $A=+21$ mm/km，对于斜距 $S'=816.350$ m，则

$$S' = +21\ \text{mm/km} \times 0.816\ \text{km} = +17\ \text{mm}$$

(三)改正后的斜距和平距、高差计算

斜距观测值 S'经过乘常数改正、加常数改正和气象改正后，得到改正后的斜距

$$S = S' + \Delta S_R + \Delta S_C + \Delta S_A \tag{4-26}$$

两点间的平距 D 和两点间测距仪和棱镜的高差 h'是斜距在水平和垂直方向的分量，由经纬仪测定斜距方向的竖直角为 δ，因此

$$D = S\cos\delta \tag{4-27}$$

$$h' = S\sin\delta \tag{4-28}$$

七、光电测距的精度和注意事项

(一)光电测距的精度

根据以上对光电测距误差来源的分析，知道有一部分误差（例如测相误差等）对测距的影响与距离的长短无关，称为常误差（固定误差），表示为 a；而另一部分误差（例如气象参数测定误差等）对测距的影响与斜距的长度 S 成正比，称为比例误差，其比例系数为 b。因此，光电测距的中误差为 m_s（又称测距仪的标称精度），以下式表示

$$m_s = \pm(a + bS) \tag{4-29}$$

式(4-29)中，比例系数 b 一般以百万分率表示，即 b 的单位为 mm/km。例如，测距仪的测距中误差为 $\pm(5\ \text{mm} + 5\times10^{-6})$，即相当于上式中 $a=5$ mm，$b=5$ mm/km，此时，S 的单位为 km。

(二)光电测距的注意事项

(1)光电测距仪属于贵重仪器，在运输、携带、装卸、操作过程中都必须十分注意。在运输和携带中，要防振、防潮；在装卸和操作中，要连接牢固，电源插接正确，严格按操作程序使用仪器；搬站时，仪器必须装箱。

(2)在有阳光的天气，必须撑伞保护仪器；在通电作业时，严防阳光及其他强光直射接收物镜，避免损坏接收系统中的光敏二极管。

(3)设置测站时，要避免强电磁场的干扰，例如不宜在变压器、高压线附近设站。

(4)气象条件对光电测距有较大的影响。在强烈的阳光下而视线又靠近地面时，往往使望远镜中成像晃动剧烈，此时应停止观测，在高温(35 ℃以上)天气下连续作业对仪器有损害。微风的阴天是观测的良好时机。

技能训练12　全站仪三要素测量

一、技能目标

(1)认识全站仪的构造，掌握全站仪各部操作螺旋的使用。

(2)掌握全站仪角度测量、距离测量和高差测量的按键操作。

二、实训器具

全站仪1台套，反射棱镜2台套，小钢卷尺1把，自备铅笔、计算器等。

三、实训要求

(1)学会全站仪的使用后才能开机操作。

(2)角度取位至1″，水平距离取位至0.001 m，高差取位至0.001 m。

四、实训步骤

(1)测站点上安置仪器，对中整平，量取仪器高i(精确至mm)。

(2)在待测点上安置反射棱镜，棱镜朝向全站仪，量取棱镜高(精确至mm)。

(3)认识全站仪操作面板，学会全站仪各部操作螺旋的使用。

(4)全站仪开机(视不同型号的全站仪决定是否在水平和竖直方向转动)，进入开机界面(一般设置为角度测量模式)。

(5)全站仪盘左照准左侧棱镜中心，在角度测量模式下置零，进入距离测量模式测距，记录水平距离和高差，回到测角模式。

(6)全站仪盘左照准右侧棱镜中心，记录水平度盘读数；进入距离测量模式测距，记录水平距离和高差，回到测角模式。

(7)全站仪盘右照准右侧棱镜中心，记录水平度盘读数；进入距离测量模式测距，记录水平距离和高差，回到测角模式。

(8)全站仪盘右照准左侧棱镜中心，记录水平度盘读数；进入距离测量模式测距，记录水平距离和高差，回到测角模式。

五、注意事项

(1)全站仪价格昂贵，因此一定要按规程操作，保证仪器安全。

(2)实训以外的功能不要操作，尤其不要改变全站仪的设置。

(3)量取仪器高和棱镜高时,直接从地面点量至相应的中心位置。

(4)每次照准都要瞄准棱镜中心。

六、上交资料

每小组交合格的观测记录 1 份,每人交实训报告 1 份。

思考与练习题

1. 距离测量的方法主要有哪几种?

2. 用钢尺丈量了 *AB*、*CD* 两段距离,*AB* 的往测值为 206.32 m,返测值为 206.17 m;*CD* 的往测值为 102.83 m,返测值为 102.74 m。问这两段距离丈量的精度是否相同? 为什么?

3. 下列情况使得丈量结果比实际距离增大还是减小?

(1)钢尺比标准尺长　(2)定线不准　(3)钢尺不平

(4)拉力偏大　(5)温度比检定时低

4. 某钢尺尺长方程式为 $l_t = 30.0000\,0 + 0.007\,0 + 1.2 \times 10^{-5} \times 30(t - 20\ ℃)$ m。用此钢尺在 10 ℃条件下丈量一段坡度均匀、长度为 170.380 m 的距离。丈量时的拉力与钢尺检定拉力相同,并测得该段距离两端点高差为 −1.8 m,试求其水平距离。

5. 完成下表中所列视距测量观测成果的计算。

测站名称　0　　测站高程　62.562 m　　仪器高　1.52 m

测点	读数		视距 *KL* (m)	中丝	竖盘读数 (°　′　″)	水平距离 (m)	高差 (m)	高程 (m)
	上丝	下丝						
1	1.865	1.175		1.52	87　35　24			
2	1.753	1.287		1.52	93　35　30			
3	2.485	1.678		2.082	92　45　36			
4	1.564	1.173		1.368	88　26　06			
5	1.678	0.834		1.256	90　00　00			
6	1.497	0.933		1.215	90　00　00			
7	1.632	1.000		1.316	94　12　12			
8	2.458	2.000		2.229	86　52　42			

6. 简述全站仪的组成及其测距原理。

第五章　三角高程测量

教学内容：

三角高程测量的原理、测量方法、计算方法。

知识目标：

理解三角高程测量的原理；掌握图根三角高程测量的作业方法；掌握三角高程测量成果的计算方法；了解三角高程测量的误差来源及注意事项。

技能目标：

掌握用全站仪实施图根三角高程测量的外业测量和内容计算方法。

第一节　三角高程测量的原理

二、三等水准测量多用精密水准仪施测（将在控制测量中介绍）。四等以下高程测量可用水准测量也可用光电测距三角高程方法。地势平坦时，可采用水准测量方法获得高差，进而根据已知点高程推算各控制点高程。地形起伏较大时，可选择用光电测距三角高程测量方法获得高程。它与水准测量相比有着速度快、效率高、受地形限制较小等优点。试验表明，采取适当的措施，全站仪三角高程测量的精度可以达到三等、四等水准测量的精度要求，能满足一般工作对高程的需要。因此，三角高程测量在一般工程测量工作中得到了广泛的应用，特别是光电测距三角高程测量。

所谓三角高程测量，是指通过观测地面点间的竖直角，量取仪器高和觇标高，并根据两点间的水平距离，应用三角学公式计算两点间的高差，进而根据已知点的高程推算待定点高程的方法。它是一种间接测定高程的方法。运用三角高程测量所测定的地面点称为三角高程点，三角高程测量所经过的路线称为三角高程测量路线。

一、三角高程测量的基本原理

如图5-1所示，为了测定地面上A、B两点间的高差h_{AB}，在A点安置仪器（经纬仪或全站仪），在B点竖立标尺。量取望远镜旋转轴中心至地面上A点的高度称为仪器高i，用望远镜的十字丝的横丝照准B点标尺上一点，该点距B点的高度称为目标高v，此时倾斜视线与水平视线间所夹的竖直角δ，若A、B两点间的水平距离已知为D，则由图5-1可得两点间高差h_{AB}为

$$h_{AB} = D\tan\delta + i_A - v_B \tag{5-1}$$

若A点的高程已知为H_A，则B点的高程为

$$H_B = H_A + h_{AB} = H_A + D\tan\delta + i_A - v_B \tag{5-2}$$

应用上式时要注意竖直角的正负号，当δ角为仰角时取正号，相应的$D\tan\delta$也为正值；当δ角为俯角时取负号，相应的$D\tan\delta$也为负值。

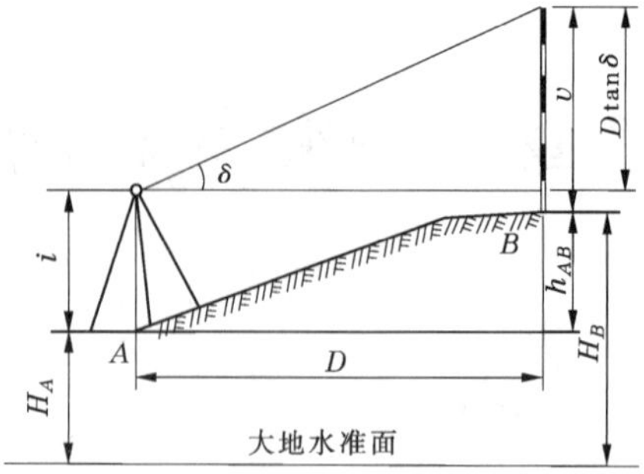

图 5-1　三角高程测量原理(理想情况)

凡仪器设在已知高程点,观测该点与未知高程点之间的高差称为直觇;反之,仪器设在未知高程点,测定该点与已知高程点之间的高差称为反觇。反觇求待定点高程的公式为

$$H_B = H_A - h_{BA} = H_A - (D\tan\delta + i_B - v_A) \tag{5-3}$$

二、地面曲率与大气折光的影响

上述三角高程测量的公式中,是假设高程基准面为平面。我们知道,用水平面代替水准面是有一定限度的。当距离较远时,地球曲率对高差会产生较大的影响,应对高差进行改正,这一改正称为球差改正。由于空气密度随着所在位置的高程而变化,越到高空其密度愈稀薄,当光线通过由下而上密度均匀变化着的大气层时,光线发生折射,形成一凹向地面的连续曲线,而并不是一条直线,这称为大气折射(亦称大气折光)。

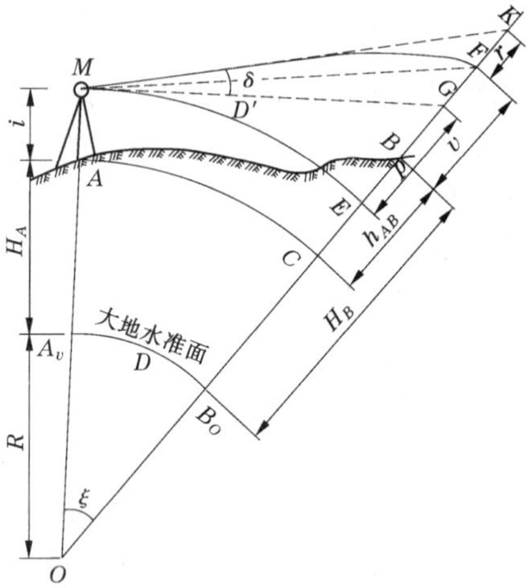

图 5-2　三角高程测量原理(实际情况)

图 5-2 中,假设 A 点的高程已知为 H_A,现在要测定 B 点对于 A 点的高程差 h_{AB},从而计算出 B 点的高程 H_B。仪器安置在 A 点,标尺竖立于 B 点,图中 MK 为视线未受大气折光影响时的方向线,而实际上是照准在 F 上,KF 用符号 r 表示。视线的竖直角为 δ。M 为望远镜旋转轴中心,MG 为通过 M 的水平面,ME 为通过 M 的水准面。由于地球曲率的影响,G 与 E 不是同高程,而 M 与 E 才是同高程,EG 这段距离在图中用符号 p 表示。p 值的计算式为 $p=\dfrac{D^2}{2R}$,D 为 A、B 两点在大地水准面上的投影长度,R 为地球的半径。从严格意义上来说,计算式中的分子应用 AB 在水准面 ME 上的投影长度 D',分母应为 $2(R+H_A+i)$。但 D 极少超过 10 km,故 D' 与 D 除非在高山地区,通常相差甚微,又地球半径 R 与 H_A 和 i 相比要大很多,分母中后两项亦可忽略不计。因此,通常用 $p=\dfrac{D^2}{2R}$ 计算地球曲率对高程的影响。由图 5-2 可知

$$H_B = H_A + i + EG + GK - KF - FB = H_A + i + p + GK - r - v \tag{5-4}$$

式中，r 是大气折光影响，其正确值不易测定。因折光曲线 MF 的形状随着空气密度不同而变化，而空气密度除与所在点高程大小有关外，还受气温、气压等气候条件影响。在一般测量工作中近似地把折光曲线看做圆弧，其半径 R' 的平均值为地球半径的 6～7 倍。若设 $R' \approx 6R$，则根据与 p 值同样的推理，可得

$$r \approx 0.08\frac{D^2}{R} \tag{5-5}$$

通常令 $f=p-r$，若考虑式(5-5)，则 $f=0.42\frac{D^2}{R}$。于是式(5-4)可写成

$$H_B = H_A + D\tan\delta + i - v + f \tag{5-6}$$

这是三角高程测量的基本公式。因为 $H_B=H_A+h_{AB}$，故式(5-6)又可写成

$$h_{AB} = D\tan\delta + i - v + f \tag{5-7}$$

在实际测量中，若采用对向观测，则有

$$h_{AB} = D_{AB}\tan\delta_{AB} + i_A - v_B + f_{AB} \tag{5-8}$$

$$h_{BA} = D_{AB}\tan\delta_{BA} + i_B - v_A + f_{BA} \tag{5-9}$$

高差平均值为

$$\begin{aligned} h_{AB中} &= \frac{h_{AB} - h_{BA}}{2} \\ &= \frac{(D_{AB}\tan\delta_{AB} + i_A - v_B + f_{AB}) - (D_{AB}\tan\delta_{BA} + i_B - v_A + f_{BA})}{2} \end{aligned}$$

若假设对向观测的外界条件完全相同，则有 $f_{AB}=f_{BA}$，那么

$$h_{AB中} = \frac{(D_{AB}\tan\delta_{AB} + i_A - v_B) - (D_{AB}\tan\delta_{BA} + i_B - v_A)}{2} \tag{5-10}$$

由式(5-10)可知，采用对向观测可以消除球气差的影响。为了检核对向观测高差较差是否符合规范规定的限差要求，在计算单向高差时必须加入球气差改正，并按下式计算对向观测高差的较差：

$$\Delta h_{AB} = h_{AB} + h_{BA} \tag{5-11}$$

若只进行了单向观测，则在高差计算中一定要加入球气差改正。

为计算方便，在表 5-1 中列出了不同距离 D 时的地球曲率与大气折光的影响 f，$f=0.42\frac{D^2}{R}$（取 $R=6\ 371$ km）。

表 5-1　地球曲率与大气折光的改正值　　（单位：m）

D	f	D	f	D	f	D	f
390	0.01	1 292	0.11	1 785	0.21	2 169	0.31
551	0.02	1 349	0.12	1 827	0.22	2 204	0.32
675	0.03	1 404	0.13	1 868	0.23	2 238	0.33
779	0.04	1 458	0.14	1 908	0.24	2 272	0.34

续表 5-1

D	f	D	f	D	f	D	f
871	0.05	1 509	0.15	1 948	0.25	2 305	0.35
954	0.06	1 558	0.16	1 986	0.26	2 337	0.36
1 030	0.07	1 606	0.17	2 024	0.27	2 370	0.37
1 102	0.08	1 653	0.18	2 061	0.28	2 401	0.38
1 168	0.09	1 698	0.19	2 098	0.29	2 433	0.39
1 232	0.10	1 742	0.20	2 134	0.30	2 464	0.40

在地形测量中，当水平距离小于 200 m 时，球气差改正数 f 小于 3 mm，计算中可以不予考虑。

第二节　三角高程测量的应用和要求

一、概述

在工程测量工作中应用三角高程测量的方法测定一系列控制点的高程，最大的优点是在测定控制点平面位置的过程中同时测定其高程，与水准测量相比，能一次测定距离较远或高差较大的两点间的高差。通常，其应用形式有三角高程路线、独立高程点、高程导线、光电测距三角高程测量四种。一般要求四等三角高程测量应起讫于不低于三等水准的高程点上，等外三角高程测量应起讫于不低于四等水准的高程点上，图根级三角高程应起讫于不低于等外水准的高程点上。

对向观测宜在较短时间内进行。边长较长时应考虑地球曲率和大气折光的影响（见表 5-1）；对于图根级别的三角高程测量，仪器高和目标高一般量到厘米。

光电测距三角高程测量的主要技术要求见表 5-2，图根三角高程测量的技术要求见表 5-3。

表 5-2　光电测距三角高程测量的主要技术要求

等级	仪器	测回数		指标差较差（″）	竖直角较差（″）	对向观测高差较差（mm）	附合或环形闭合差（mm）
		三丝法	中丝法				
四等	DJ_2		3	≤7	≤7	$40\sqrt{D}$	$\pm 30\sqrt{\sum D}$

注：D 为测距边水平距离，km，D 的测定应采用不低于Ⅱ级精度的测距仪往返观测各一测回，一测回的读数较差不得超过 10 mm，往返或不同时段的较差不得超过 $2(a+bD)$，每站应读取气温、气压值。

表 5-3　图根三角高程测量的技术要求

仪器类型	中丝法测回数		竖直角较差、指标差较差（″）	对向观测高差,单向两次高差较差（mm）	各方向推算的高程较差（mm）	附合路线或环线闭合差	
	经纬仪三角高程测量	光电测距三角高程测量				经纬仪三角高程测量（mm）	光电测距三角高程测量（mm）
DJ_6	1	对向 1 单向 2	≤25	$\leqslant 0.4D$	$\leqslant 0.2H_c$	$\pm H_c\sqrt{n_D}$	不超过 $\pm 40\sqrt{[D]}$

注:1. 表中 D 为边长,km;H_c 为基本等高距,m;n_D 为边数;$[D]$ 为测距边长,km。

2. 仪器高和觇标高应准确量取至毫米,高差较差或高程较差在限差内时取中数。

二、三角高程测量的应用

(一)三角高程路线

所谓三角高程路线,是在两已知点间,由已知水平距离的若干条边组成的路线,用三角高程测量的方法,对每条边都进行往返向测定高差,从而测定各未知点高程。这种方法可用于导线测量、小三角测量。导线测量的路线本身就可作为三角高程路线,如图 5-3 中可选择 $A \to P_1 \to P_3 \to B$ 和 $A \to P_2 \to P_4 \to P_5 \to B$ 两条三角高程路线。通常要求传递三角高程的起讫路线由竖直角较小且边长较短的各边组成。在观测水平角的同时,即对组成三角高程路线的方向进行竖直角观测,并量取仪器高 i 和目标高 v。观测时执行三角高程测量的技术要求。当平面坐标计算完毕时,即可用平面坐标求算高程路线各边的水平距离,而后进行三角高程计算。

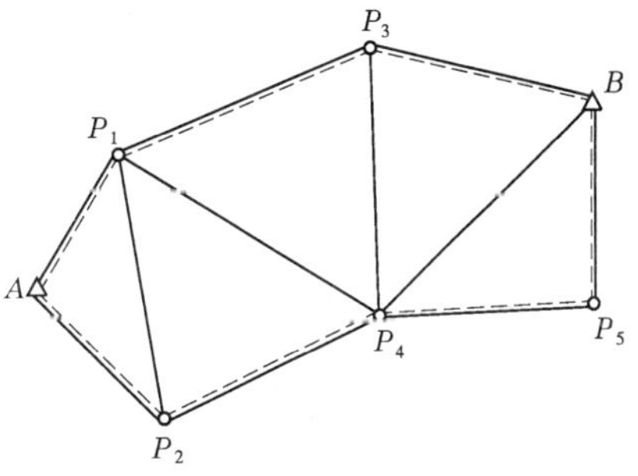

图 5-3　三角高程路线

【例 5-1】　图 5-3 所示三角高程路线,其观测值列于表 5-4 中,测图等高距为 2 m,试进行各待定点高程计算。

解:三角高程路线计算之前应检查外业资料是否正确、齐全,计算时先计算出两点间高差,而后计算待定点高程。为使计算层次清楚,通常在表格中完成,如表 5-4。

(1)各测段往返测高差中数计算。

计算出的各段往测高差与返测高差应进行比较,取中数作为每段高差。

(2)三角高程路线成果整理。

各段平均高差计算出以后,算出全路线高程闭合差。其高程闭合差以 $\pm 0.1H_c\sqrt{n_D}$ 为限(H_c 为测图基本等高距,n_D 为边数)。若闭合差合格,则将闭合差按与边长成比例地进行反号配赋。

计算时,路线高程闭合差用下式求出

$$f_{h测} = \sum h_i - (H_B - H_A) \tag{5-12}$$

表 5-4　观测数据

测站点	A	P_1	P_1	P_3	P_3	B
觇点	P_1	A	P_3	P_1	B	P_3
觇法	正	反	正	反	正	反
δ	$-2°28'54''$	$+2°32'19''$	$+4°07'36''$	$-3°52'24''$	$-1°17'42''$	$+1°21'54''$
D	585. 08	585. 08	466. 12	466. 12	713. 50	713. 50
$D\tan\delta$	-25. 36	+25. 94	+33. 63	-31. 56	-16. 13	+17. 00
i	+1. 34	+1. 30	+1. 30	+1. 32	+1. 32	+1. 28
v	-2. 00	-1. 30	-1. 35	-3. 40	-1. 50	-2. 00
f	+0. 02	+0. 02	+0. 02	+0. 02	+0. 03	+0. 03
h	-26. 00	+25. 96	+33. 60	-33. 62	-16. 28	+16. 31
高差平均值	-25. 98		+33. 61		-16. 30	

如果$f_{h测} \leqslant f_{h允}$，先求出每千米距离的高差改正数 V_{hkm}，即

$$V_{hkm} = \frac{-f_{h测}}{\sum D_{km}} \tag{5-13}$$

式中　$\sum D_{km}$——以 km 为单位的路线总长。

再计算出每段高差的改正数

$$V_{hi} = V_{hkm} D_{i\,km} \tag{5-14}$$

式中　$D_{i\,km}$——以 km 为单位的第 i 段距离。

各段高差改正数之和应与闭合差符号相反，绝对值相等，作为计算的检核。

最后算出各点高程，其方法同水准测量的计算。

表 5-5　三角高程路线成果整理

点号	距离(m)	高差中数(m)	V_{hi}(m)	改正后高差(m)	平差高程(m)
A					430. 74(已知)
	585. 08	-25. 98	+0. 05	-25. 93	
P_1					404. 81
	466. 12	+33. 61	+0. 04	+33. 65	
P_3					438. 46
	713. 50	-16. 30	+0. 07	-16. 23	
B					422. 23(已知)
Σ	176. 47	-8. 67	+0. 16		

$H_B - H_A = -8.51$ m

$f_{h测} = -0.16$ m　　　$f_{h允} = \pm 0.35$ m

$V_{hkm} = \frac{0.16}{1.765} = +0.091$ m

(二)独立交会高程点

测角交会求得待定点坐标后，待定点至已知点距离即为已知，如在交会定点水平角观测的同时也测得竖直角 δ，量取仪器高 i 及目标高 v，就可根据已知点高程求得待定点高程，常称为独立交会高程点。由于独立交会高程点的竖直角观测大多数情况只能单向观测，因此要求多方向交会确定待定点高程。

下面简要介绍三种独立交会高程点的布设形式及计算。

1. 前方交会独立高程点

由于前方交会只是在已知点上设站，其竖直角观测为正觇。故可按正觇公式计算出三个高差，求得 P 点三个高程 H_P，如较差满足表 5-3 的要求，则求出三个高程的平均值作为 P 点最后高程。

2. 侧方交会独立高程点

这种交会方法是在已知点 A 与待定点 P 设站，AP 段为正反觇，PB 为反觇。所以在计算时先利用 A 段正反觇的高差平均值求出 P 点高程 H'_P，再与 B 段反觇高差求出的 P 点高程 H''_P 相比较，其较差在容许范围内时，取其平均值作为 P 点最终高程值

$$H_P = \frac{1}{2}(H'_P + H''_P) \tag{5-15}$$

3. 后方交会独立高程点

因后方交会只能在待定点设站，所以其觇法只能是反觇，故可按反觇公式计算出三个高差，求得 P 点三个高程 H_P，如较差满足表 5-3 的要求，则求出三个高程的平均值作为 P 点最后高程。

(三)三角高程导线

三角高程导线基本上与三角高程路线相似，但点之间的距离是用视距测量的方法测得，高程导线一般都需往返观测，在平面视距导线施测的同时测定竖直角 δ 及量取仪器高与目标高即可求高程。高程导线常布成附合导线或闭合导线形式，其高程计算方法同三角高程路线。

(四)光电测距三角高程

采用高程导线的施测形式，应用光电测距仪施测距离来测定地面点高程的工作方式称光电测距三角高程测量。光电测距仪测距精度高也提高了所求高程点的精度，可以用来代替四等水准，特别是在地势起伏较大的地区，功效远远高于四等水准测量。

第三节　三角高程测量的误差来源及注意事项

一、三角高程测量的误差来源

我们已经知道，三角高程测量中，单向观测高差的计算公式为

$$h = D\tan\delta + i - v + f$$

将上式微分，可得

$$\mathrm{d}h = \tan\delta \mathrm{d}D + D\sec^2\delta \frac{1}{\rho}\mathrm{d}\delta + \mathrm{d}i - \mathrm{d}v + \mathrm{d}f \tag{5-16}$$

由误差传播定律得

$$m_h = \pm \sqrt{\tan^2\delta\ m_D^2 + \frac{D^2}{\cos^2\delta}\frac{m_\delta^2}{\rho^2} + m_i^2 + m_v^2 + m_f^2} \tag{5-17}$$

由式(5-17)可以看出,三角高程测量的误差主要来源于以下四个方面。

(一)竖直角的测定误差

竖直角的测定误差主要包括观测误差、仪器误差及外界条件的影响。观测误差中有照准误差、读数误差及竖盘指标水准管气泡居中的误差等。仪器误差中有单指标竖盘偏心误差及竖盘分划误差等。外界条件主要是大气折射、空气对流、空气能见度等影响照准精度。竖盘指标有归零装置的经纬仪能减弱气泡居中误差的影响,从而提高了测角精度。一般认为 DJ_6 型经纬仪用中丝法两测回的测角中误差约为 ±15′。竖直角测定误差对三角高程测量的影响与两点间的水平距离成正比,且竖直角越大,影响也就越大。

(二)边长误差

边长误差的大小决定于测量的方法。如解析法测定的控制点,根据其坐标反算而得的边长精度比较高。如果是一般视距法测定的边长,精度仅达到边长的1/300。若为图解法获得的边长,在不利的情况下,误差可能达到图上的0.3 mm。光电测距精度最高,可达到1/10 000以上。

(三)折光系数的误差

一般认为大气折光影响与地球曲率影响相似,即 $r=0.16\dfrac{D^2}{2R}$,其中0.16称为折光系数,它实际上并非是常数,主要取决于空气的密度。空气密度从早到晚在不停地变化着,一般认为早、晚变化较大,中午附近比较稳定,阴天与夜间空气的密度亦较稳定,所以折光系数是个变数。通常采用其平均值来计算大气折光的影响,故系数值是有误差的,曾有实验说明折光系数的中误差为±(0.03~0.05)。折光系数的误差对于短距离三角高程测量的影响不是主要的,但对于长距离三角高程测量而言,其影响很显著应予注意。

(四)仪器高 i 和目标高 v 的测定误差

对于 i 及 v 的测定误差,一般仅要求精确到厘米级。因此,测量仪器高 i 的精度一般容易达到要求,而目标高 v 有些情况下略为困难。总的来说,这两项误差不构成主要影响。

对于用光电测距高程测量代替四等水准测量时,要求 i、v 的测定精度达毫米级,其量取误差不可忽视。

二、三角高程测量的注意事项

(1)竖直角误差的影响最大,它与边长成正比,所以在用三角高程测量传递高程时,尽量选短边。

(2)在地形控制中,图解交会点的边长误差可能较大,如果再遇上竖直角 δ 又较大,这时边长误差的影响就较大,所以传递高程宜选择竖直角较小的边。

(3)折光系数误差的影响与边长平方成正比。为了降低折光系数误差的影响,除选择短边传递高程外,竖直角的观测宜在中午前后进行,此时折光系数比较稳定。

技能训练 13　用全站仪进行三角高程测量（以 NTS332R 型号为例进行介绍）

一、技能目标

初步掌握全站仪的使用方法，以及用全站仪进行三角高程测量的方法、步骤、计算及注意事项。

二、仪器设备

（1）由测量仪器室借领：全站仪 1 台，配套脚架 1 个，棱镜 1 个，棱镜杆 1 根，小钢尺 1 把，有条件的情况下可配温度计和气压计各 1 个。

（2）自备：记录铅笔 1 支，记录板 1 块，记录表格多份。

三、实训步骤

（1）由实训指导教师进行直观教学，讲解全站仪各部件的名称及作用，并把电池安装好。

（2）测站设置。

①仪器的安置。在测站点上安置全站仪（对中、整平），对中、整平步骤与经纬仪的安置完全相同。之后及时用小钢尺量取仪器高两次，取平均值记录于记录表格中。

②参数设置。找到全站仪内置的参数设置项目，进行合作目标、棱镜常数、温度、气压、测距模式等项目的设置。

具体操作：开机→按“★”键→按“F1”键设置模式→按“F1”键设置合作目标为棱镜→按“ENT”键确定→按“ESC”键退出该界面。

按“M”键→按“F4”键进入设置→按“F2”键进入测量参数设置→按“F4”键设置最小角度读数→按“F1”键设置为 1″→按“ENT”键确定→按“S. O”键进行参数设置翻页→按“F2”键进行温度气压补偿设置→按“F1”键设置为“是”→按“ENT”键确定→按“ESC”键 3 次回到开机时的初始界面。

按◿键进入高差测量界面→按“F3”键根据实际情况设置棱镜常数（温度、气压由仪器自动感应，无需输入），设置好后按“ENT”键确定→按“ESC”键退出该界面，回到高差测量界面。

③用望远镜横丝切准立在目标点的棱镜中心，按“F1”键测量，此时屏幕显示“V”为竖直度盘读数，“HR”为水平盘读数，“SD”为斜距；再按◿键，屏幕显示“HD”为平距，“VD”为高差，但此时的“VD”为初始高差，还未考虑仪器高和目标高，所以此时需记录屏幕中显示的初始高差“VD”，同时记录觇标高（目标高、棱镜高）。根据需要确定是否需要测量、记录距离，是需要测定平距还是斜距。

其他各站依次同此法，注意记录清楚正、反觇各观测数据的意义及对应关系，以免造成混乱。

四、实训的基本要求

（1）安置仪器时三脚架的三个架腿应踩实，三个脚腿不能叉得太开或很小，仪器放至架头时必须将仪器中心连接螺旋拧紧，以防止摔坏仪器，对中、整平必须同时满足，方可施测。

（2）瞄准目标一定要注意视差的消除。

（3）转动各螺旋时要稳、轻、慢，不能用力太大。螺旋旋到尽头时切勿继续旋转，否则将脱扣。

（4）棱镜不要随便往树上、墙上、电线杆上靠，以防止滑倒或摔断，一般宜平放在地面上，且绝不允许用棱镜杆来抬东西，也不允许坐在仪器箱上，或把仪器及工具放在离人较远的地方。

五、上交资料

实训完成后每人交 1 份实训报告，按统一格式要求进行编写。

思考与练习题

1. 在三角高程测量中，何谓直觇、反觇、球气差？其相应的高程计算公式是什么？用直、反觇观测的目的是什么？

2. 试分析三角高程测量的主要误差来源？

3. 三角高程测量中应注意哪些事项？简要说明为什么？

4. 在已知点孔庄和山神庙之间布设了一条光电测距三角高程导线，未知点为太平镇和太和山，观测数据和已知数据如表 5-6 所列，试完成该三角高程导线的成果整理。

表 5-6　观测数据及已知数据

测站点	孔庄	太平镇	太平镇	太和山	太和山	山神庙
照准点	太平镇	孔庄	太和山	太平镇	山神庙	太和山
竖直角	−3°18′24″	+3°21′58″	+4°07′16″	−4°02′39″	+1°29′47″	−1°28′28″
平距(m)	591.73		483.92		752.16	
仪器高(m)	1.36	1.50	1.38	1.41	1.40	1.35
觇标高(m)	2.00	1.50	1.50	2.00	1.60	1.50
已知数据	$H_{孔庄}=1\ 880.259$ m			$H_{山神庙}=1\ 899.659$ m		

第六章　测量误差

教学内容：

主要介绍测量误差的概念、来源、分类及各误差的特性；阐述衡量观测值精度的指标；介绍算术平均值及其改正数以及利用改正数进行观测值精度评定的方法。

知识目标：

能正确陈述观测误差的概念、来源、分类及各种误差的特性，了解衡量精度的指标。

技能目标：

能正确计算中误差、相对中误差。

第一节　测量误差的基本知识

一、测量误差的概念

在测量工作中，经常出现如下两种现象。一种现象是，当对某量进行多次重复观测时，常会出现被观测量的各次观测值不相等，它们之间往往存在一定的差异。例如，对同一段距离按一定的要求重复丈量若干次，量得的长度通常都不相等。另一种现象是，已经知道某几个量之间应该满足某一理论关系，但当对这几个量进行观测后，就会发现实际观测结果往往不能满足这种关系。例如，一个平面三角形的内角和应该等于180°，但常会出现的是，观测的同一三角形三个内角之和一般不等于180°，而存在一定的差值。这些现象之所以产生，是由于观测结果中存在着测量误差，或者说测量误差是不可避免的。

二、测量误差产生的原因

测量误差产生的原因很多，归纳起来有以下三种。

（一）观测者

由于观测者感觉器官的鉴别能力有一定的局限性，在进行仪器的安置、瞄准、读数等工作时，都会产生误差。例如，在用厘米分划的水准尺进行水准测量时，读数要求精确到毫米，而水准尺上刻度精确到厘米，毫米位是需要观测者估读的，估读时1 mm以下的误差是完全有可能产生的。此外，测量人员的技术水平、工作态度也会对观测结果产生不同影响，引起误差。

（二）测量仪器

测量工作是利用仪器进行的，由于每一种仪器仅具有一定的精密度，因而使观测值的精度受到一定的限制。一是仪器本身固有的误差，给观测结果带来误差。例如，用只刻有厘米分划的普通水准尺进行水准测量时，就难以保证在厘米以下单位估读数值的准确性。二是仪器检校时的残余误差，如经纬仪视准轴不垂直于横轴，而带来水平角观测误差；水准仪的视准轴不平行于水准管轴，而带来高差观测误差。

(三)外界环境

测量工作进行时所处的外界环境中的空气温度、风力、日光照射、大气折光、烟雾等客观情况时刻在变化，使测量结果产生误差。例如，湿度变化使钢尺产生伸缩，风吹和日光照射使仪器的安置不稳定，大气折光使望远镜的瞄准产生偏差等。

上述观测者、测量仪器、外界环境是测量误差的主要来源，故我们把这三个方面的因素综合起来称为观测条件。不论观测条件如何，观测结果都含有误差。

三、测量误差的分类及影响

根据观测误差对观测结果的影响性质，可将其分为系统误差和偶然误差两类。

(一)系统误差

在相同的观测条件下进行一系列的观测，如果这些观测误差在大小、符号上表现出系统性，或者在观测过程中按一定的规律变化，或者为某一常数，那么，这种误差称为系统误差。例如，用名义长度为 30 m 而实际正确长度为 30.004 m 的钢卷尺量距，每测量 30 m，测量的距离就有 0.004 m 的误差，其量距误差的符号不变，且与所量距离的长度成正比。因此，系统误差具有累积性。

系统误差对观测值的影响具有一定的数学或物理上的规律性。如果这种规律性能够被找到，则系统误差对观测值的影响可加以改正，或者用一定的测量方法加以抵消或削弱。例如上述钢尺量距的例子，可利用尺长方程式对观测结果进行尺长改正；在水准测量中，可以用前后视距离相等的办法来减少水准仪视准轴不平行于水准管轴给观测结果带来的影响；在水平角观测中，取盘左与盘右读数的平均值来消除视准轴误差对水平方向观测值的影响。

(二)偶然误差

在相同的观测条件下做一系列的观测，如果这些观测误差在大小和符号上都表现出偶然性，即从表面上看，不论其大小或者符号都没有规律性，这种误差称为偶然误差。偶然误差是由人为所不能控制的因素或无法估计的因素(如人眼的分辨能力、仪器的极限精度和气象因素等)共同引起的测量误差，其数值的正负、大小纯属偶然。

在测量工作中，偶然误差是随机产生的，它是不可避免的。在观测结果中，为了将偶然误差的大小限制在一定的范围之内，同时也为了防止错误的发生，通常采用增加观测次数，制造“多余观测”的方法来实现。例如，对一段距离的丈量，本来只需一次(必要观测)即可得到结果，但往往要进行两次(往、返)丈量，这就有了一个多余观测；又如，为了确定一个三角形的大小，仅需观测其中的两个内角(必要观测)即可，但是，我们往往要将三个内角都观测，这样也就有了一个多余观测。最后通过对观测值进行合理的数学处理，就能够提高观测值最后结果的精度，限制误差的大小。

在测量工作的过程中，除上述两种性质的误差外，还可能发生粗差。粗差的发生，大多是工作中的粗心大意造成的。粗差的存在不仅大大影响测量成果的可靠性，而且往往造成返工浪费，给工作带来难以估量的损失。因此，必须采用适当的方法和措施，保证观测结果中不存在粗差。在测量工作中，粗差也就不能算做观测误差。

四、偶然误差的特性

在测量工作中，因采用了适当的措施和观测方法，限制或消除了系统误差的影响，就可以认为,观测值中仅存在偶然误差的作用,为此,必须进一步研究偶然误差的性质和影响。

偶然误差就其误差的大小或符号而言,表面看是没有规律的,呈现出偶然性。但是,根据无数的测量实践,人们发现,在相同观测条件下,大量偶然误差呈现出一定的规律性,下面通过实例来说明其规律性。

设某一观测量的真值为 X,对此观测量进行 n 次观测,得到的观测值为 $l_1,l_2,\cdots,l_n$,在每次观测中产生的偶然误差(又称为"真误差")为 $\Delta_1,\Delta_2,\cdots,\Delta_n$,则定义

$$\Delta_i = X - l_i \quad (i = 1,2,\cdots,n) \tag{6-1}$$

在某一测区,在相同的观测条件下共观测了 358 个三角形的全部内角。由于每个三角形内角之和的真值(180°)为已知值,因此可以按式(6-1)计算每个三角形内角之和的偶然误差 Δ_i(三角形闭合差),将它们分为负误差、正误差和误差绝对值,按绝对值由小到大顺序排列。以误差区间 $d\Delta=3''$进行误差个数 k 的统计,并计算其相对个数 $k/n(n=358)$,k/n 称为误差出现的频率,将其列入误差分布表,见表 6-1。

表 6-1　误差分布表

误差区间 dΔ(″)	负误差		正误差		误差绝对值	
	个数	k/n	个数	k/n	总个数 k	k/n
0~3	45	0.126	46	0.128	91	0.254
3~6	40	0.112	41	0.115	81	0.226
6~9	33	0.092	33	0.092	66	0.184
9~12	23	0.064	21	0.059	44	0.123
12~15	17	0.047	16	0.045	33	0.092
15~18	13	0.036	13	0.036	26	0.073
18~21	6	0.017	5	0.014	11	0.031
21~24	4	0.011	2	0.006	6	0.017
24 以上	0	0	0	0	0	0
Σ	181	0.505	177	0.495	358	1.000

为了直观地表示偶然误差的正负和大小的分布情况,可以按表 6-1 的数据作图(见图 6-1)。图中横坐标表示误差的大小,纵坐标表示误差出现于各区间的频率(k/n)除以区间宽度($d\Delta$),每一区间按纵坐标做成矩形小条,则每一小条的面积代表误差出现于该区间的频率,而各小条的面积总和等于 1。该图误差分布曲线在统计学上称为"频率直方图"。

若误差的个数无限增大($n\to\infty$),同时又无限缩小误差的区间 $d\Delta$,则图 6-1 中各小长条的顶边的折线就逐渐成为一条光滑的曲线。该曲线在概率论中称为误差分布曲线或概率曲线,它完整地表示了偶然误差出现的概率。

不论是从表 6-1 的统计数据中,还是从频率直方图和误差分布曲线中都可以归纳出偶然误差的四个特性:

(1)在一定观测条件下的有限次观测中,偶然误差的绝对值不会超过一定的限值,该特性称为偶然误差的有界性。

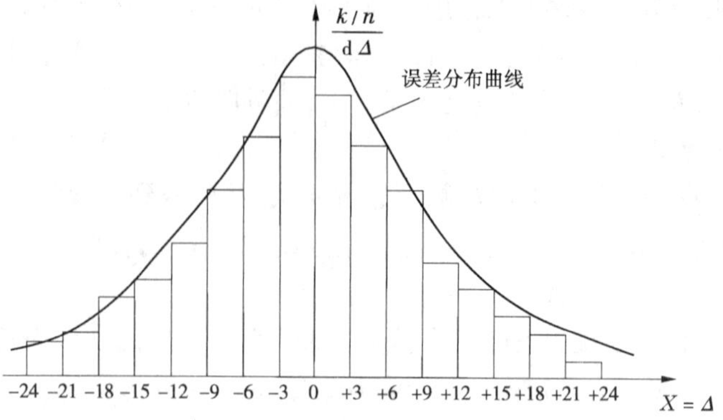

图 6-1　频率直方图与误差分布曲线

(2)绝对值较小的误差出现的频率大,绝对值较大的误差出现的频率小,该特性称为偶然误差的聚中性。

(3)绝对值相等的正、负误差出现的频率几乎相等,该特性称为偶然误差的对称性。

(4)当观测次数无限增大时,偶然误差的理论平均值等于零,称为偶然误差的抵偿性。

$$\mathrm{Lim}_{n\to\infty}\frac{\Delta_1+\Delta_2+\cdots+\Delta_n}{n}=\mathrm{Lim}_{n\to\infty}\frac{[\Delta]}{n}=0 \tag{6-2}$$

式中,[ ]表示取括号中数值的代数和。

第二节　衡量精度的指标

测量工作中为了知道观测值的可靠程度,需要对观测值进行精度评定。精度是指一组观测量的精确程度,也就是误差分布的密集与离散程度。为此,我们必须清楚在测量工作中常用哪些指标来衡量观测值的精度。目前,我国常用的衡量精度的指标有以下三种。

一、中误差

设在相同观测条件下进行了 n 次独立观测,其观测值为 $l_1,l_2,\cdots,l_n$,每个观测值相应的真误差为 $\Delta_1,\Delta_2,\cdots,\Delta_n$,在观测次数无限增多的情况下,取各个真误差平方和的平均数的平方根作为衡量精度的指标,即

$$m=\lim_{n\to\infty}\sqrt{\frac{[\Delta\Delta]}{n}} \tag{6-3}$$

式中　m——观测值的中误差;

　　n——真误差的个数。

在实际工作中,观测次数总是有限的,由有限个观测值的真误差只能求得中误差的近似值(估值)$\hat{m}$,即

$$\hat{m}=\pm\sqrt{\frac{[\Delta\Delta]}{n}} \tag{6-4}$$

式中　Δ——观测值的真误差;

　　[ ]——表示总和;

n——真误差的总个数。

下面的内容中，在不发生混淆的情况下，将中误差(m)的估值仍用符号 m 来表示。中误差 m 的大小反映了这一组观测值的精度高低，一般情况下，中误差越大，表示误差的离散性大，观测值的精度越低；反之，精度越高。

设对某个三角形用两种不同精度的仪器进行了两组观测，每组观测的次数为 10 次，各组每次观测的三角形真误差分别为

第一组：0″, -1″, +2″, -2″, +2″, +3″, -3″, +3″, -4″, -5″

第二组：0″, -1″, -1″, +1″, +1″, -2″, +3″, +4″, -6″, -8″

这两组观测值的中误差计算如下：

$$m_1 = \pm\sqrt{\frac{0+(-1)^2+2^2+(-2)^2+2^2+3^2+(-3)^2+3^2+(-4)^2+(-5)^2}{10}} = \pm 2.8''$$

$$m_2 = \pm\sqrt{\frac{0+(-1)^2+(-1)^2+1^2+1^2+(-2)^2+3^2+4^2+(-6)^2+(-8)^2}{10}} = \pm 3.6''$$

比较 m_1、m_2 的大小，其数值反应了第一组观测值比第二组观测值的精度要高。

二、极限误差

根据偶然误差的特性可知，在一定条件下，偶然误差不会超过某一界值，这个界值就是极限误差，即最大误差。根据误差理论和大量的统计资料，在大量同精度观测的一组误差中，绝对值大于 2 倍中误差的偶然误差出现的可能性为 4.5%；绝对值大于 3 倍中误差的偶然误差出现的可能性仅为 0.3%，这种可能性已经接近于零了。换言之，大约在 300 多次观测中，才可能出现一个大于 3 倍中误差的偶然误差。在实际工作中，一次同精度观测值的个数总是不会很多的，故可以认为，大于 3 倍中误差的偶然误差实际上是不可能出现的。因此，通常以 3 倍中误差作为偶然误差的极限值 $\Delta_{限}$，并称为极限误差，即

$$\Delta_{限} = 3m \tag{6 5}$$

随着社会和科学技术的发展，工程质量要求的提高，现在测量规范中一般采用 2 倍中误差作为极限误差，即

$$\Delta_{限} = 2m \tag{6-6}$$

在测量工作中，如果某观测误差超过了极限误差，就可以认为相应的观测值有错或者粗差，应该将其舍去不用。

三、相对误差

对于某些观测结果，有时仅靠中误差还不能完全反映观测结果精度的高低。例如，分别丈量了 1 000 m 和 80 m 的两段距离，它们的中误差都是 ±2 cm。从中误差看二者的精度是相同的，但就同一单位长度而言，二者精度并不相同，对于上面两段距离来说，其单位长度的精度分别为

$$k_1 = \frac{m_1}{L_1} = \frac{2}{100\ 000} = \frac{1}{50\ 000},\quad k_2 = \frac{m_2}{L_2} = \frac{2}{8\ 000} = \frac{1}{4\ 000}$$

这样，对于上述两段距离而言，两者的精度并不相同，很显然，$k_1 < k_2$，即第一段距离的丈量精度高于第二段距离的丈量精度。我们把这种衡量单位长度的精度指标叫相对精度，

又称相对误差，即采用中误差与观测值的比值（相对中误差）来作为衡量精度的又一指标，即

$$k = \frac{m}{L} = \frac{1}{L/m} \tag{6-7}$$

式中 k——相对中误差；

L——观测值。

第三节 观测值的算术平均值及改正数

一、算术平均值

在相同的观测条件下，对某个未知量进行 n 次观测，其观测值分别为 $l_1, l_2, l_3, \cdots, l_n$，将这些观测值取算术平均值为 $\bar{x}$，作为该量的最可靠的数值，称为最或是值。

$$\bar{x} = \frac{l_1 + l_2 + \cdots + l_n}{n} = \frac{[l]}{n} \tag{6-8}$$

多次获得观测值而取其算术平均值的合理性和可靠性，可以用偶然误差的特性来证明，设某一量的真值为 X，各次观测值为 $l_1, l_2, l_3, \cdots, l_n$，其相应的真误差为 $\Delta_1, \Delta_2, \cdots, \Delta_n$，则

$$\left.\begin{aligned} \Delta_1 &= X - l_1 \\ \Delta_2 &= X - l_2 \\ &\vdots \\ \Delta_n &= X - l_n \end{aligned}\right\} \tag{6-9}$$

将上列等式相加，并除以 n，得到

$$\frac{[\Delta]}{n} = X - \frac{[l]}{n} \tag{6-10}$$

根据第二节中提到的偶然误差的第四个特性可知，当观测的次数无限增多时，$\frac{[\Delta]}{n}$ 就会趋近于零，即

$$\lim_{n\to\infty} \frac{[\Delta]}{n} = 0$$

也就是说，当观测次数无限增多时，观测值的算术平均值最接近该量的真值，即是观测量的最可靠结果。但是，在实际工作中，不可能对某一量进行无限次的观测，因此就把有限个观测值的算术平均值作为该量的最或是值。

二、观测值的改正数

算术平均值与观测值之差称为观测值的改正数（v）。

$$\left.\begin{aligned} v_1 &= \bar{x} - l_1 \\ v_2 &= \bar{x} - l_2 \\ &\vdots \\ v_n &= \bar{x} - l_n \end{aligned}\right\} \tag{6-11}$$

将上列等式相加,得

$$[v] = n\bar{x} - [l]$$

再根据式(6-8),得到

$$[v] = n\frac{[l]}{n} - [l] = 0 \tag{6-12}$$

即一组观测值取算术平均值后,其改正数之和恒等于零,即$[v]=0$。这一公式可以作为计算中的校核。

第四节　观测值的精度评定

观测值的精度最理想的是以中误差 m 来衡量,其计算为式(6-3)。但是,由于在实际工作中不可能对某一量进行无穷多次观测,因此只能根据有限次观测用中误差的估值 $\hat{m}$ 来衡量其精度,见式(6-4)。不论是式(6-3),还是式(6-4),在很多情况下都是不适用的。因为一般情况下一个量的真值 X_i 是不可知的,当然其观测值所对应的真误差 Δ_i 也就无法求得。

从第三节知道,在相同的观测条件下对某一量进行多次观测,一定是取其算术平均值$\bar{x}$作为该量的最或是值,这样,各个观测值的改正数 v_i 就一定是可以求得的。如果能找到改正数和真误差的关系,并推出用改正数计算中误差的公式,是一定实用的。为此,将式(6-9)与式(6-11)两式等号两端分别相减后再移项,得

$$\left.\begin{aligned} \Delta_1 &= v_1 + (X - \bar{x}) \\ \Delta_2 &= v_2 + (X - \bar{x}) \\ &\vdots \\ \Delta_n &= v_n + (X - \bar{x}) \end{aligned}\right\} \tag{6-13}$$

将式(6-13)等号两端分别平方后求和,得

$$[\Delta\Delta] = [vv] + n(X - \bar{x})^2 \tag{6-14}$$

再将式(6-13)等号两端分别求和,结合式(6-12),即$[v]=0$,得

$$[\Delta] = n(X - \bar{x})$$

$$X - \bar{x} = \frac{[\Delta]}{n} \tag{6-15}$$

将式(6-15)两边平方得

$$(X - \bar{x})^2 = \frac{[\Delta]^2}{n^2} = \frac{\Delta_1^2 + \Delta_2^2 + \cdots + \Delta_n^2}{n^2} + \frac{2(\Delta_1\Delta_2 + \Delta_1\Delta_3 + \cdots + \Delta_{n-1}\Delta_n)}{n^2}$$

上式中,等号右端第二项中 $\Delta_i\Delta_j(i \neq j)$ 为任意两个偶然误差的乘积,它仍然具有偶然误差的特性。根据偶然误差的第 4 个特性,有

$$\lim_{n\to\infty}\frac{\Delta_1\Delta_2 + \Delta_1\Delta_3 + \cdots + \Delta_{n-1}\Delta_n}{n} = 0$$

当 n 为有限值时,上式分子的值为一微小量,除以 n 后,更可以忽略不计,因此有

$$(X - \bar{x})^2 = \frac{[\Delta\Delta]}{n^2} \tag{6-16}$$

将式(6-16)代入式(6-14)中,得

$$[\Delta\Delta] = [vv] + \frac{[\Delta\Delta]}{n} \tag{6-17}$$

将式(6-17)移项合并后再整理得

$$\frac{[\Delta\Delta]}{n} = \frac{[vv]}{n-1} \tag{6-18}$$

将式(6-18)两端开方即得

$$m = \pm\sqrt{\frac{[\Delta\Delta]}{n}} = \pm\sqrt{\frac{[vv]}{n-1}} \tag{6-19}$$

式(6-19)便是根据观测值改正数计算中误差的公式。

例如,对于某一水平角,在同样条件下进行5次观测,求其算术平均值及观测值的中误差,计算在表6-2中进行。在计算算术平均值时,由于各个观测值必然相差不大,因此令其共同部分为 l_0,差异部分为 Δl_i,即

$$l_i = l_0 + \Delta l_i \quad (i = 1,2,\cdots,n)$$

则算术平均值的实用计算公式为

$$\bar{x} = l_0 + \frac{[\Delta l]}{n}$$

表6-2　算术平均值及观测值的中误差计算

次序	观测值 l	Δl (″)	改正数 v(″)	vv	计算 $\bar{x}$ 及 σ
1	85°42′49″	9	−4	16	算术平均值:
2	85°42′40″	0	+5	25	$\bar{x} = l_0 + \frac{[\Delta l]}{n} = 85°42'40'' + 5'' = 85°42'45''$
3	85°42′42″	2	+3	9	观测值中误差:
4	85°42′46″	6	−1	1	$m = \pm\sqrt{\frac{[vv]}{n-1}} = \pm 3.9''$
5	85°42′48″	8	−3	9	
$\sum$	(l_0 = 85°42′40″)	25	0	60	

思考与练习题

1. 什么是观测误差?
2. 产生测量误差的原因有哪些?
3. 为什么在观测中一定存在着偶然误差?能否把它消除?为什么?
4. 什么叫系统误差?它给观测值带来什么影响?怎样处理?
5. 偶然误差有何特性?在什么条件下才能呈现这种规律性?
6. 误差与精度有何关系?测量成果的精度以什么来衡量?
7. 已知两段距离的长度及其中误差为300.465 m ±4.5 cm、660.894 m ±4.5 cm,试说明这两个长度的真误差是否相等?它们的最大限差是否相等?它们的精度是否相等?它们的相对精度是否相等?

8. 何谓中误差、相对中误差、极限误差？

9. 在什么情况下才用相对中误差来衡量观测值的精度？

10. 对某个水平角以等精度观测4个测回，观测值列于表6-3。计算其算术平均值、一测回的观测值中误差 m。

表6-3　算术平均值及观测值的中误差计算

次序	观测值 l	$\Delta l('')$	改正值 $v('')$	vv	计算 $\bar{x}$、m
1	55°40′47″				
2	55°40′40″				$\bar{x}=$
3	55°40′42″				
4	55°40′46″				$m=$
$\sum$					

11. 对某直线丈量了6次，观测结果为246.535 m、246.548 m、246.520 m、246.529 m、246.550 m、246.537 m，试计算其算术平均值、算术平均值的中误差及相对误差。

第七章　图根控制测量

教学内容：

主要介绍平面控制网的定位和定向，平面控制和高程控制的主要方法及其等级的划分，图根导线的种类，图根导线的外业工作，图根导线的内业计算等。

知识目标：

能正确陈述平面控制测量的一般方法、“三北”方向、直线的方位角、坐标正算、坐标反算、图根导线的外业工作内容和内业计算步骤。

技能目标：

能正确地进行图根导线外业工作，能熟练地进行图根导线的内业计算工作。

第一节　控制测量的基本知识

一、控制测量概述

控制测量的目的就是在整个测区范围内用比较精密的仪器和方法测定少量大致均匀分布点位的精确位置，包括平面位置(x,y)和高程(H)，这些点称为控制点。控制测量是针对碎部测量而言的，测图时总是先测定地物、地貌特征点的平面坐标和高程，以此确定地物、地貌的空间分布和相互关系；测定地物、地貌特征点位置的工作就称为碎部测量。控制测量提供了控制点的精确位置，并以控制点的位置来确定碎部点的位置。

控制测量必须在碎部测量之前进行。它所提供的控制点具有统一的坐标系统和高程系统，其成果具有通用性和共享性，使全国各局部地区的测量工作得以分期分批进行，所测地形图可以相互拼接共同使用。

控制测量在国民经济建设中具有重要作用，它为地球科学研究、空间技术、宇宙航行以及测图和各项工程提供了控制基础。

（一）控制测量的分类

控制测量分为平面控制测量和高程控制测量。平面控制测量的任务是在某地区或全国范围内布设平面控制网，精密测定控制点的平面位置。高程控制测量的任务是在某一地区或全国范围内布设高程控制网及精密测定点的高程位置。

1. 平面控制测量

我国幅员辽阔，行业众多，各行业为了本身的工业规划、勘测设计、工程建设、工程营运管理等方面工作的开展，都需要以测绘工作为基础，为此，需要先布设国家控制网。国家平面控制测量分为一、二、三、四等 4 个等级。我国的国家平面控制网首先是建立一等天文大地锁网，在全国范围内大致沿经线和纬线方向布设成格网式（见图 7-1），格网间距约 200 km。在格网中部用二等连续网填充（见图 7-2），构成全国范围内的全面控制网。然后，按地区需要测绘资料的轻重缓急，再用三、四等网逐步进行加密，其布网形式有三角形网、导线网和 GPS 控制网。三角形网以三角形为基本图形（见图 7-3），导线网以多边形格网（见图 7-4）、附合路线或闭合线路为基本图形。

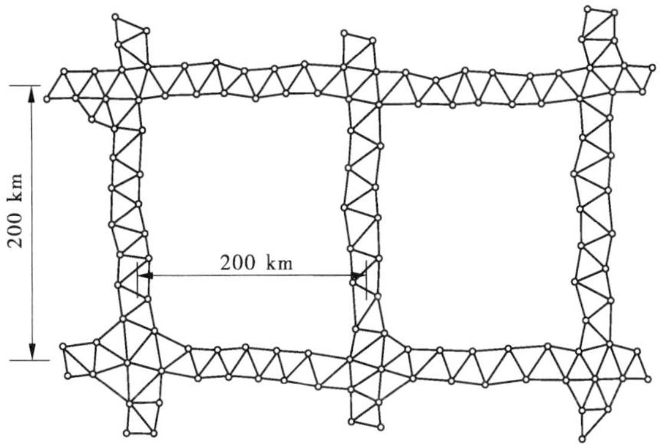

图 7-1　国家一等天文大地锁网

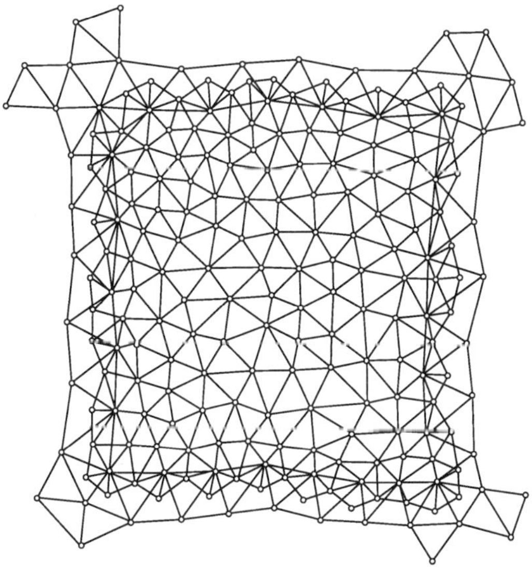

图 7-2　国家二等加密网

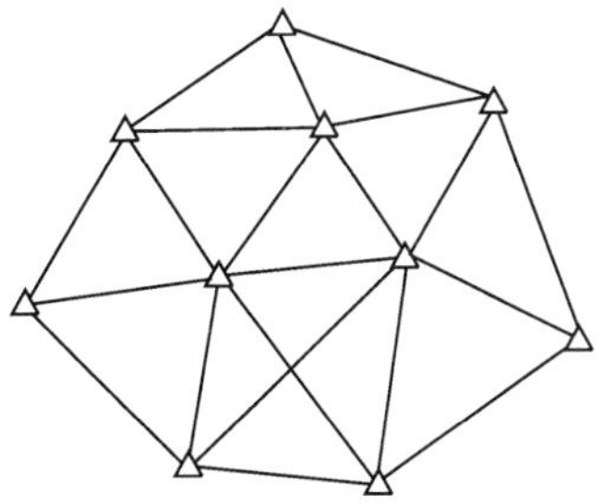

图 7-3　三角网

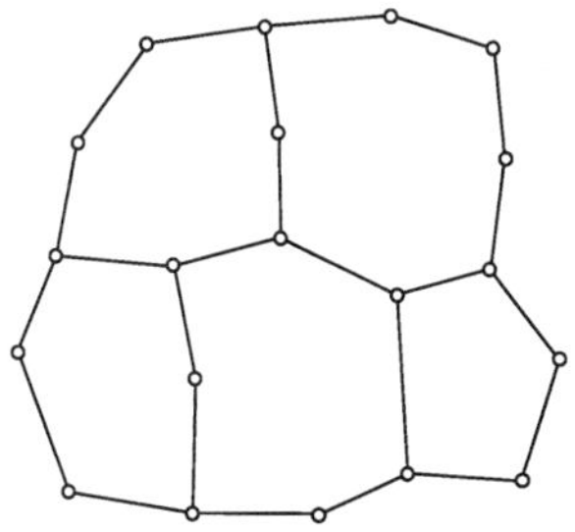

图 7-4　导线网

在国家网的控制下，工程测量平面控制网的建立方法有卫星定位测量、导线测量、三角形网测量。其精度等级的划分，卫星定位测量控制网依次为二、三、四等和一、二级；导线及导线网依次为三、四等和一、二、三级；三角形网依次为二、三、四等和一、二级。最后布设直接为测绘大比例尺地形图服务的图根控制网。图根控制网可采用图根导线测量、极坐标法、边角交会法和 GPS 测量等。

按照我国《工程测量规范》（GB 50026—2007）的规定，平面控制测量的主要技术要求如表 7-1 ~ 表 7-4 所示。

表 7-1　卫星定位测量控制网的主要技术要求

等级	平均边长（km）	固定误差（mm）	比例误差系数 B（mm/km）	约束点间的边长相对中误差	约束平差后最弱边相对中误差
二等	9	≤10	≤2	≤1/250 000	≤1/120 000
三等	4.5	≤10	≤5	≤1/150 000	≤1/70 000
四等	2	≤10	≤10	≤1/100 000	≤1/40 000
一级	1	≤10	≤20	≤1/40 000	≤1/20 000
二级	0.5	≤10	≤40	≤1/20 000	≤1/10 000

表 7-2　导线的主要技术要求

等级	导线长度（km）	平均边长（km）	测角中误差（″）	测距中误差（mm）	测距相对中误差	测回数			方位角闭合差（″）	导线全长相对中误差
						1″级仪器	2″级仪器	6″级仪器		
三等	14	3	1.8	20	1/150 000	6	10	—	$3.6\sqrt{n}$	≤1/55 000
四等	9	1.5	2.5	18	1/80 000	4	6	—	$5\sqrt{n}$	≤1/35 000
一级	4	0.5	5	15	1/30 000	—	2	4	$10\sqrt{n}$	≤1/15 000
二级	2.4	0.25	8	15	1/14 000	—	1	3	$16\sqrt{n}$	≤1/10 000
三级	1.2	0.1	12	15	1/7 000	—	1	2	$24\sqrt{n}$	≤1/5 000

注：1. 表中 n 为测站数。

2. 当测区测图的最大比例尺为 1∶1 000 时，一、二、三级导线的导线长度、平均边长可适当放大，但最大长度不应大于表中规定相应长度的 2 倍。

表 7-3　三角形网测量的主要技术要求

等级	平均边长（km）	测角中误差（″）	测边相对中误差	最弱边边长相对中误差	测回数			三角形最大闭合差（″）
					1″级仪器	2″级仪器	6″级仪器	
二等	9	1	≤1/250 000	≤1/120 000	12	—	—	3.5
三等	4.5	1.8	≤1/150 000	≤1/70 000	6	9	—	7
四等	2	2.5	≤1/100 000	≤1/40 000	4	6	—	9
一级	1	5	≤1/40 000	≤1/20 000	—	2	4	15
二级	0.5	10	≤1/20 000	≤1/10 000	—	1	2	30

表 7-4　图根导线测量的主要技术要求

导线长度(m)	相对闭合差	测角中误差(″)		方位角闭合差	
		一般	首级控制	一般	首级控制
$\leqslant \alpha \times M$	$\leqslant 1/(2\,000 \times \alpha)$	30	20	$60\sqrt{n}$	$40\sqrt{n}$

注:1. α 为比例系数,取值宜为 1,当采用 1:500、1:1 000 比例尺测图时,其值可在 1 ~2 之间选用。

2. M 为测图比例尺的分母,但对于工矿现状图测量,不论测图比例尺大小,M 均取值为 500。

3. 隐蔽或施测困难地区导线相对闭合差可放宽,但不应大于 $1/(1\,000 \times \alpha)$。

2. 高程控制测量

国家高程控制测量也分成一、二、三、四等 4 个等级。高程控制网的建立主要用水准测量的方法,布设的原则类似于平面控制网,也是由高级到低级、从整体到局部。国家水准测量分为一、二、三、四等。一、二等水准测量称为精密水准测量,在全国范围内沿主要干道、河流等整体布设,然后用三、四等水准测量进行加密,作为全国各地的高程控制。

工程建设中高程控制测量的方法有水准测量、三角高程测量、GPS 高程测量。工程测量高程控制测量按精度等级划分为二等、三等、四等、等外,宜采用水准测量,三等以下等级可采用电磁波测距三角高程测量,等外也可采用 GPS 拟合高程测量。根据城市范围的大小及所在地区国家水准点的分布情况,从某一等级开始布设。在四等以下,再布设直接为测绘大比例尺地形图所用的图根水准测量。工程测量中二等、三等、四等、等外水准测量的主要技术要求如表 7-5 所示。

表 7-5　水准测量的主要技术要求

等级	每千米高差中误差(mm)	路线长度(km)	水准仪型号	水准尺	观测次数		附合路线或环线闭合差	
					与已知点联测	附合或环线	平地(mm)	山地(mm)
二等	±2	—	DS_1	因瓦	往返各一次	往返各一次	$\pm 4\sqrt{D}$	—
三等	±6	≤50	DS_1	因瓦	往返各一次	往一次	$\pm 12\sqrt{D}$	$4\sqrt{n}$
			DS_3	双面		往返各一次		
四等	±10	≤16	DS_3	双面	往返各一次	往一次	$\pm 20\sqrt{D}$	$6\sqrt{n}$
等外	±15	—	DS_3	单面	往返各一次	往一次	$\pm 30\sqrt{D}$	—

注:1. D 为往返测段、附合或环线的水准路线长,km;n 为测站数。

2. 数字水准测量的技术要求与同等级光学水准仪相同。

电磁波测距三角高程测量的主要技术要求见表 7-6。

表 7-6　电磁波测距三角高程测量的主要技术要求

等级	每千米高差全中误差(mm)	边长(km)	观测方式	对向观测高差较差(mm)	附合或环线闭合差(mm)
四等	±10	≤1	对向观测	$40\sqrt{D}$	$20\sqrt{\sum D}$
等外	±15	≤1	对向观测	$60\sqrt{D}$	$30\sqrt{\sum D}$

注:1. D 为测距边的长度,km。

2. 起讫点的精度等级,四等应起讫于不低于三等水准的高程点上,等外应起讫于不低于四等的高程点上。

3. 路线长度不应超过相应等级水准路线的长度限值。

（二）控制测量应遵循的原则

控制测量应遵循从高级到低级，由整体到局部，逐级控制，逐级加密的原则，即首先在全国范围内布设一系列控制点形成控制网，用最精密的仪器和最严密的方法，测定其平面坐标和高程，构成骨架，而后先急后缓、分期分区逐级布设低一级控制网。这样，就形成了控制等级系列，在点位精度上逐级降低，在点的密度上逐级加大。控制测量这种布网原则确保了坐标和高程系统的统一，同级控制网的规格和精度比较均衡，点位误差的积累得到了有效的控制。各等级控制网的布网形式、技术规格、实施方法和精度要求，都在国家测量和行业测量有关规范中作了明确规定。国家和行业测量规范是保障测绘成果质量的技术法规，必须严格执行。

二、计算坐标方位角和坐标的方法

（一）直线坐标方位角的计算

1. 直线定向

地面上的高山、平原、河流、湖泊等高低起伏形态（地貌）和房屋、道路等各种地物其实都是由点组成的。测量工作中，要将地面上的地物、地貌等内容的位置确定下来，其实就是确定点与点之间的相对位置关系，而要确定其相对位置关系，除需测定两点之间的距离外，还必须确定两点所连直线的方向。确定直线方向的工作称为直线定向。

如图 7-5 所示，要确定直线 *AB* 的方向，首先要选定一个标准方向线，作为确定直线方向的依据和标准，然后根据该直线与标准方向线之间的夹角来确定其方向，因此又把确定一条直线与标准方向之间的夹角关系称为直线定向。

2. 标准方向

在测量工作中，进行直线定向采用的标准方向通常有 3 种，即真子午线、磁子午线和坐标纵轴线（即平面直角坐标系的纵坐标轴以及平行于纵坐标轴的直线）。这 3 种标准方向的北方向即真北、磁北和坐标北，统称为“三北”方向。

地理坐标系统中的子午线称真子午线。真子午线的方向可以用天文测量的方法或陀螺经纬仪观测的方法确定。

磁子午线的方向是用磁针来确定的。磁针静止时，指向地球的南北两极。过地面上某点及磁北极、磁南极所作的平面与地球表面的交线称为磁子午线。由于地球两磁极与地理南北极不一致，磁子午线方向与真子午线方向间的夹角称为磁偏角，用 δ 表示，如图 7-6 所示。地球上不同地点的磁偏角是不同的，当磁子午线北端偏向真子午线以东时称为东偏，东偏为正；偏向真子午线以西时称为西偏，西偏为负。

地面上某点的真子午线方向与高斯平面直角坐标系中坐标纵线之间的夹角，称为子午线收敛角，用符号 γ 表示。在中央子午线以西地区，各点的坐标纵线都偏向真子午线以西，γ 为负；在中央子午线以东地区，各点的坐标纵线都偏向真子午线以东，γ 为正，如图 7-7 所示。子午线收敛角的计算方法，将在大地测量课程中介绍。

以上所说的“三北”方向在测量工作中都可能用到，但是用得最多的是坐标纵轴线方向。

3. 直线的方位角

在测量工作中，要进行直线定向，仅确定了标准方向还不够，还需要确定夹角的量度方

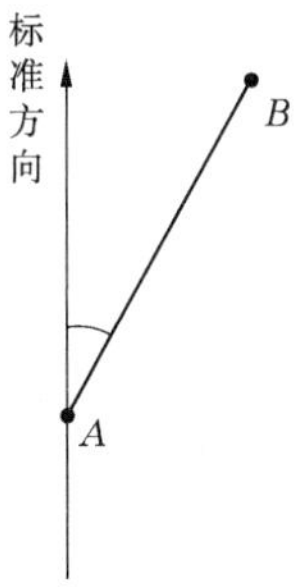

图 7-5　直线定向

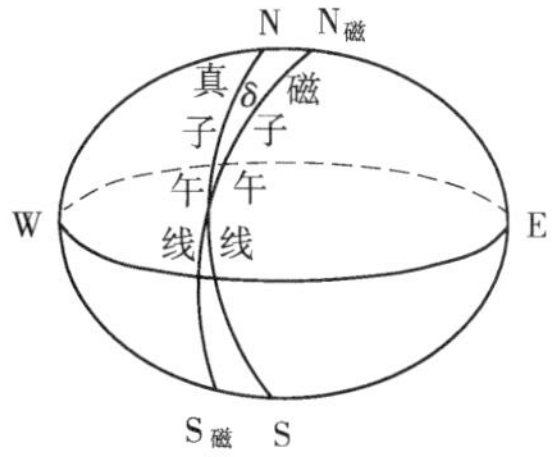

图 7-6　磁偏角

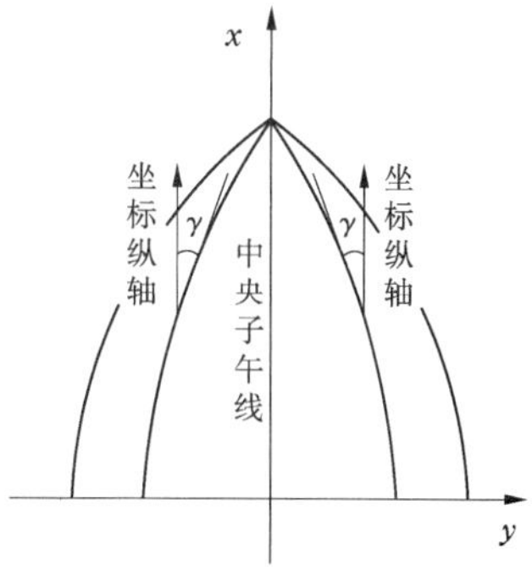

图 7-7　子午线收敛角

法。直线与标准方向之间的夹角是这样量度的，即从标准方向的北端顺时针方向量至该直线之间的水平夹角，并将此夹角称为该直线的方位角。方位角可以用天文测量方法或陀螺仪测定，确定了直线的方位角也就确定了直线的方向。

以真子午线方向为标准方向确定的直线方位角，称为真方位角，用符号 $\alpha_{真}$ 表示；以磁子午线方向为标准方向确定的直线方位角，称为磁方位角，用符号 $\alpha_{磁}$ 表示；以坐标纵轴线方向为标准方向确定的直线方位角，称为坐标方位角，用符号 $\alpha_{坐}$ 表示。真方位角和磁方位角之间的关系为

$$\alpha_{真} = \alpha_{磁} \pm \delta \tag{7-1}$$

式中　δ——磁偏角，东偏取正，西偏取负。

真方位角和坐标方位角之间的关系为

$$\alpha_{真} = \alpha_{坐} \pm \gamma \tag{7-2}$$

式中　γ——子午线收敛角，东偏取正，西偏取负。

坐标方位角在测量工作中因其确定直线方向和计算工作的方便而被广泛使用，若无需和其他方位角区别，一般就将坐标方位角称方位角，且符号也直接用 α 表示，若要表明其具体直线，可用直线的起点和终点作为方位角的下标表示，如图 7-8 所示，直线 12 的方位角为 α_{12}。一条直线有正、反两个方向，其方位角也就有正、反方位角，对于直线 12 而言，正方位角为 α_{12}，其反方位角为 α_{21}，二者相差 180°，即

$$\alpha_{12} = \alpha_{21} \pm 180 \tag{7-3}$$

4. 直线的象限角

确定直线方向的方法除直线的方位角外，有时也用小于 90°的角度（象限角）来确定。即从标准方向的北端或南端顺时针或逆时针旋转至某直线的水平锐角(0° ~ 90°)，称为该直线的象限角，用符号 R 表示，如图 7-9 所示。象限角和坐标方位角的关系列于表 7-7 中。

5. 坐标方位角的计算

在测量工作中并不是每一条直线的方位角都是通过天文测量的方法或者陀螺仪测定的，而是在测定了直线与已知方位角边之间的夹角关系后通过计算得到的。如图 7-10 所示，已知直线 AB 的方位角为 α_{AB}，观测得到直线 AB 与直线 $B1$ 间的夹角 β_1，则直线 $B1$ 的方位角 α_{B1} 可按下式求得，即

$$\alpha_{B1} = \alpha_{AB} + \beta_1 - 180°$$

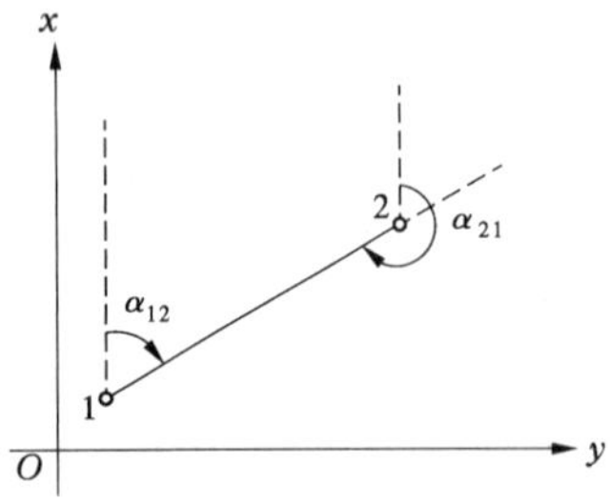

图 7-8　直线的坐标方位角

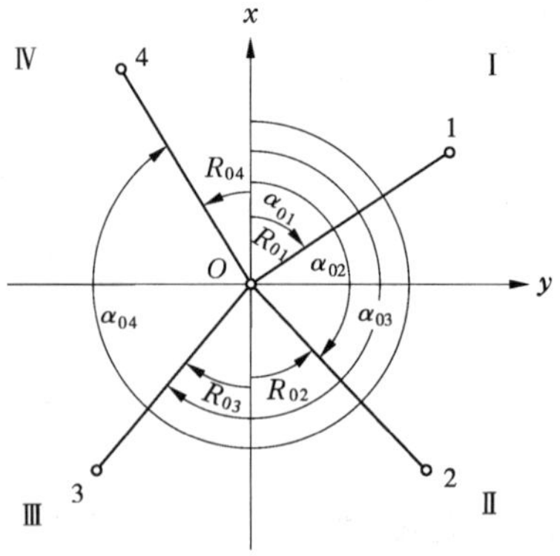

图 7-9　直线的象限角

表 7-7　方位角和象限角的关系

象限	关系	象限	关系
Ⅰ	$\alpha = R$	Ⅲ	$\alpha = 180° + R$
Ⅱ	$\alpha = 180° - R$	Ⅳ	$\alpha = 360° - R$

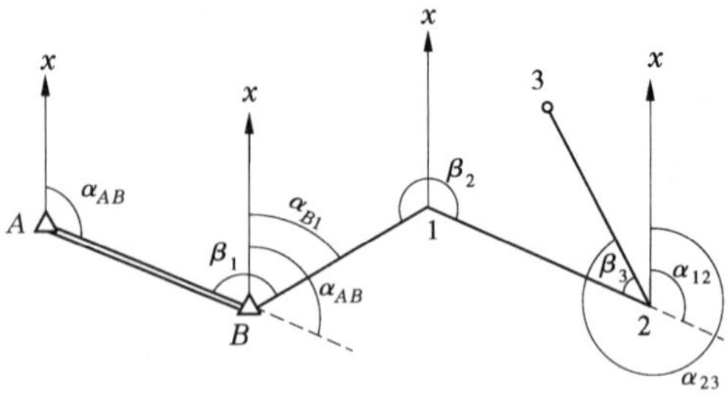

图 7-10　方位角计算

同理,可得直线 12 的方位角为

$$\alpha_{12} = \alpha_{B1} + \beta_2 - 180°$$

从图 7-10 中还可看出直线 23 的方位角可用下式算出

$$\alpha_{23} = \alpha_{12} + \beta_3 + 180°$$

综合以上几个根据已知直线方位角和两直线间的水平夹角计算未知方位角的计算式,可得出如下一般计算方位角的公式

$$\alpha_{未} = \alpha_{已} + \beta_{左} \pm 180° \tag{7-4}$$

式(7-4)可理解为:未知边的方位角等于已知边的方位角加上该两条边之间的左夹角,再加(或减)180°,当前两项之和大于 180°时就减 180°,当前两项之和小于 180°就加上 180°,或者

$$\alpha_{前} = \alpha_{后} + \beta_{左} \pm 180° \tag{7-5}$$

式(7-5)可理解为:前一条边的方位角等于后一条边的方位角加上前后两条边的左夹角,再加(或减)180°,当前两项之和大于 180°时就减 180°,当前两项之和小于 180°就加上 180°。式(7-5)就是测量工作中方位角的计算公式。

(二)坐标计算的基本公式

1. 坐标正算

在已知一条直线一个端点的平面坐标、直线的长度和方位角的情况下,求直线另一端点的平面坐标所进行的计算称为坐标正算。这种计算又被称为极坐标化为直角坐标的计算。如图 7-11 所示,已知 A 点坐标(x_A, y_A)、直线 $A1$ 的长度 D_{A1} 和坐标方位角 α_{A1},求未知点 1 的坐标(x_1, y_1),按下式就可求得,即

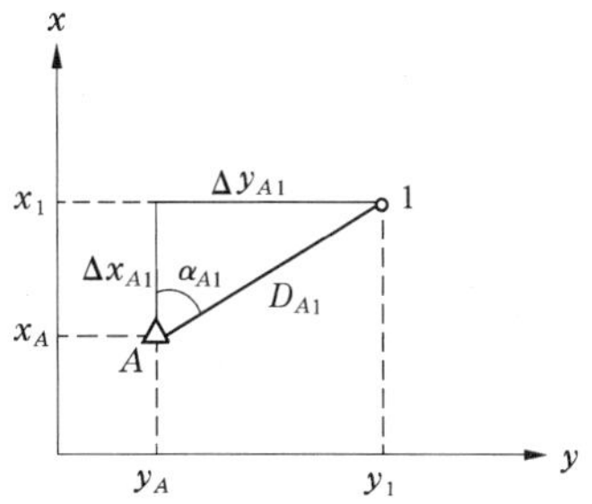

图 7-11　坐标正算

$$\left.\begin{aligned} x_1 &= x_A + \Delta x_{A1} \\ y_1 &= y_A + \Delta y_{A1} \end{aligned}\right\} \tag{7-6}$$

式(7-6)中,Δx_{A1} 称为纵坐标增量,Δy_{A1} 称为横坐标增量,它们可由下式计算

$$\left.\begin{aligned} \Delta x_{A1} &= D_{A1}\cos\alpha_{A1} \\ \Delta y_{A1} &= D_{A1}\sin\alpha_{A1} \end{aligned}\right\} \tag{7-7}$$

根据式(7-7)计算坐标增量时,sin 和 cos 函数值随着 α 角所在的象限而有正、负之分,因此算得的坐标增量同样具有正、负号。坐标增量的正负号由方向角所在的象限决定,如表 7-8所示。

表 7-8　坐标增量的正负号

象限	方向角 α	$\cos\alpha$	$\sin\alpha$	Δx	Δy
Ⅰ	0°~90°	+	+	+	+
Ⅱ	90°~180°	−	+	−	+
Ⅲ	180°~270°	−	−	−	−
Ⅳ	270°~360°	+	−	+	−

式(7-6)也可表达成如下形式

$$\left.\begin{aligned} x_1 &= x_A + D_{A1}\cos\alpha_{A1} \\ y_1 &= y_A + D_{A1}\sin\alpha_{A1} \end{aligned}\right\} \tag{7-8}$$

在坐标正算中,边长是野外观测值,方位角是利用野外观测的水平角通过计算得到的计算值。

2. 坐标反算

直角坐标化为极坐标又称坐标反算,即已知两点间的坐标增量,计算两点间的边长及坐标方位角,如图 7-12 所示。根据式(7-6),得

$$\begin{cases} \Delta x_{AB} = x_B - x_A \\ \Delta y_{AB} = y_B - y_A \end{cases}$$

$$D_{AB} = \sqrt{\Delta x_{AB}^2 + \Delta y_{AB}^2} \tag{7-9}$$

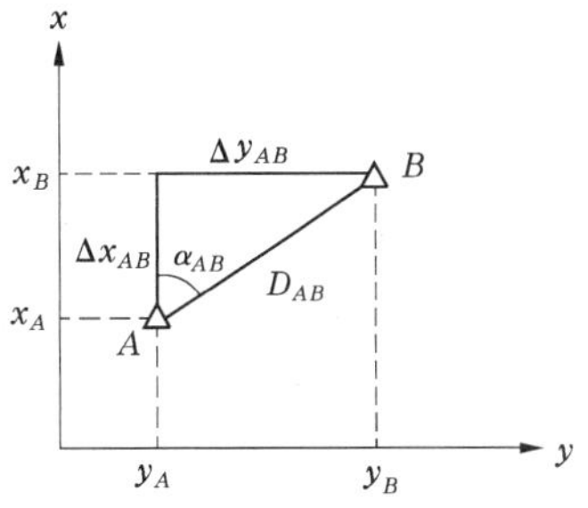

图 7-12　坐标反算

根据式(7-8)可有如下计算水平距离的公式

$$D_{AB} = \frac{\Delta x_{AB}}{\cos\alpha_{AB}} = \frac{\Delta y_{AB}}{\sin\alpha_{AB}} \tag{7-10}$$

根据象限角的定义,象限角为正值,故象限角的公式为

$$R_{AB} = \arctan\left|\frac{\Delta y_{AB}}{\Delta x_{AB}}\right| \tag{7-11}$$

此时,再根据坐标增量的正负,按表7-8确定$A \sim 2$点坐标方位角所在的象限,再按表7-7将象限角换算为坐标方位角。

【例7-1】 已知$\begin{cases}x_1 = 3\ 211\ 756.452\ \text{m}\\ y_1 = 20\ 567\ 788.334\ \text{m}\end{cases}$,$\begin{cases}x_2 = 3\ 211\ 354.765\ \text{m}\\ y_2 = 20\ 567\ 935.662\ \text{m}\end{cases}$,求$D_{12}$和$\alpha_{12}$。

解:$\Delta x_{12} = x_2 - x_1 = -401.687$,　$\Delta y_{12} = y_2 - y_1 = +147.328$

$$D_{12} = \sqrt{\Delta x_{12}^2 + \Delta y_{12}^2} = \sqrt{(-401.687)^2 + (147.328)^2} = 427.853(\text{m})$$

$$R_{12} = \arctan\left|\frac{\Delta y_{12}}{\Delta x_{12}}\right| = \arctan\left|\frac{+147.328}{-401.687}\right| = 20°08'30''$$

由于Δx_{12}为负,Δy_{12}为正,故12的坐标方位角在第Ⅱ象限,则12的坐标方位角为

$$\alpha_{12} = 180° - R_{12} = 180° - 20°08'30'' = 159°51'30''$$

坐标反算中坐标方位角的计算步骤可归纳如下:

(1)通过两已知点的坐标,计算两点间的坐标增量Δx和Δy;

(2)利用两点间的坐标增量计算两点连线的象限角;

(3)再根据坐标增量的正、负来判定该边所在的象限;

(4)利用该象限中方位角和象限角的关系来计算方位角。

(三)电子计算器在坐标计算中的应用

坐标的正算和反算可用程序计算器进行,下面介绍用CASIO fx-9750进行坐标换算的方法。

1. 坐标正算

程序名:ZS

Deg: Fix 3 ↵	设置角度单位为十进制,3位小数显示
"XO = "? →A:"YO = "? →B ↵	提示输入起点的坐标(A,B)
"D = "? →S:"F = "? →F ↵	提示输入起点至前视点的距离D和方位角F
A + D × cos(F)→X ↵	计算前视点的X坐标
B + D × sin(F)→Y ↵	计算前视点的Y坐标
"X = ":X ◢	显示所求点的X坐标
"Y = ":Y ◢	显示所求点的Y坐标
"END"	

【例7-2】 已知水平距离已知$X_1 = 1\ 000$ m,$Y_1 = 1\ 000$ m,$D_{12} = 503.207$ m,$\alpha_{12} = 137°20'33.3''$用CASIO fx-9750程序计算器计算$X_2$和$Y_2$的值。

计算:先将程序录入计算器中,然后启动程序,按提示进行输入各已知值和观测值,计算结果将显示

$$X = 629.932\ \text{m}$$

$$Y = 1\ 340.980\ \text{m}$$

2. 坐标反算

程序名:ZBFS

Deg: Fix 3 ↵	
"X1 ="? →A:"Y1 ="? →B ↵	输入 1 号点的坐标
"X2 ="? →P:"Y2 ="? →Q ↵	输入 2 号点的坐标
Pol(P – A,Q – B) ↵	坐标反算
List Ans[1]→D ↵	将反算的距离赋值给变量 D
List Ans[2]→F ↵	将反算的方位角赋值给变量 F
J <0⇒F +360→F ↵	将方位角限制在 0 ~ 360 之间
"D =": D ◢	显示 12 点间的距离
"FWJ =": F▶DMS ◢	显示 12 边的坐标方位角
"END"	

【例 7-3】 已知 $X_1 = 1\ 000$ m,$Y_1 = 1\ 000$ m,$X_2 = 629.932$ m,$Y_2 = 1\ 340.980$ m,计算 D_{12},α_{12}。

计算:先将程序录入计算器中,然后启动程序,按提示进行输入两点坐标,计算结果将显示

水平距离: $D = 503.207$ m

方位角: FWJ = 137°20′33″

第二节 图根导线的测量和计算

前述内容中所提到的按精度等级从高到低布设的控制点,其密度和数量对于地形测图而言,是远远不够的,还必须在此基础上布设相当数量的图根控制点,作为直接供测图使用的平面和高程控制点。图根控制点是在各等级控制点下加密的控制点,其平面控制点建立的方法可采用图根导线测量、极坐标法、边角交会法和 GPS 测量等。

一、图根导线的种类

图根导线是建立图根控制的一种常见形式。所谓导线就是由选定的若干个地面点,由直线连接相邻点成折线图形,每条直线叫导线边,点叫导线点。在导线点上,用仪器(经纬仪、钢尺或全站仪)测定各转折角角度及各边边长,然后根据已知方向和已知点坐标,便可推算出各导线点的平面坐标。

图根导线应在高一级控制点的基础上布设。图根导线因只需要相邻导线点间互相通视,故特别适用于建筑物密集的城镇、工矿和森林隐蔽地区,也适用于狭长地带(如公路、铁路、隧道等)的测量控制。目前,随着光电测距仪、全站仪的广泛应用,图根导线已成为建立图根控制的主要方法。

根据不同的情况和要求,单一图根导线通常可以布设成如下三种形式。

(一)闭合导线

如图 7-13 所示,A、B 为高级已知坐标点,从已知控制点 B 出发,经过选定的一系列导线点后,仍旧回到起始高级已知点上,形成一闭合的多边形,这样的导线布设形式叫闭合导线。

从闭合导线的图形来看，因其起闭于一点，另从几何条件上看内角和等于$(n-2)\times180°$，故这种导线从坐标和观测角上都具有一定的检核条件，是一种较常应用的导线形式。

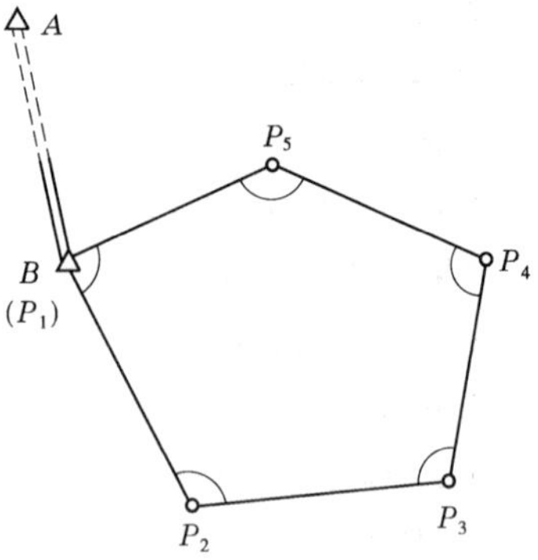

图 7-13　闭合导线

（二）附合导线

如图 7-14 所示。在高级已知点 A、B、C、D 之间布设 P_2、P_3、P_4 点，以 AB 边的坐标方位角 α_{AB} 为起始边方位角，以 CD 边的坐标方位角 α_{CD} 为终结边方位角，起始边的坐标方位角和终结边的坐标方位角均为已知，即选定的未知点两端均有已知点和已知方位角的导线称为附合导线。这种导线，不仅有检核条件（坐标条件和方位角条件），而且最弱点位于导线中部，两端已知点均可控制其精度，布设长度相应增大，故附合导线在生产中得到广泛应用。

在附合导线的两端，如果各只有一个已知高级点，而缺少已知方位角，则这样的导线称为无定向附合导线（简称无定向导线）。在选定的未知点两端已知点较少的情况下可以采用这种形式。

（三）支导线

如图 7-15 所示，图中 A、B 为高级已知点。从一个高级已知点 B 和已知方位角边 AB 出发，布设若干待定点，形成自由伸展的折线形状，这种导线形式称为支导线。

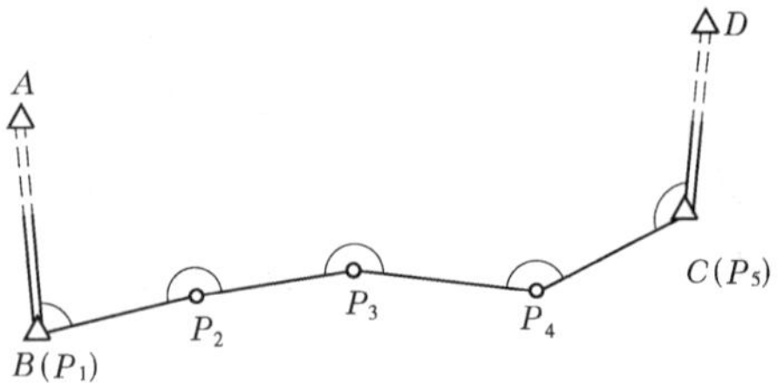

图 7-14　附合导线

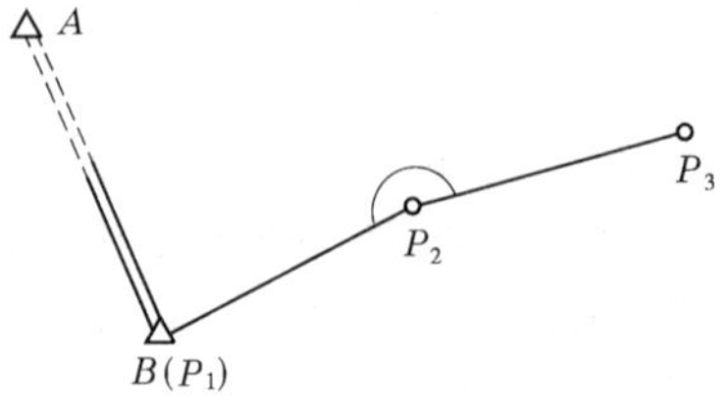

图 7-15　支导线

导线观测后，未知点坐标计算所必需的已知数据为：一个已知点的坐标(x_B,y_B)和一条边的已知方位角(α_{AB})。从图 7-15 可见，支导线仅有必要的起算数据，且其图形既不闭合，也不附合，不具备检核条件，在生产中应尽量少用，因此只限于在图根导线和地下工程导线中使用。对于图根导线，支导线未知点的点数一般不超过 3 个，还应限制支导线长度，并进行往返观测，以资检核。

以上是导线布设的三种基本形式，在测量工作中，导线的布设并不仅限于上述三种单一的形式，根据测区形状、大小和已知点的数量、分布状况等因素综合考虑还可布设成一个结点或多个结点的结点导线（见图 7-16）、多个闭合环的导线网（见图 7-17）等多种较复杂的图形。

二、导线测量的外业工作

导线测量的外业工作包括踏勘选点、建立标志、测角和量边。

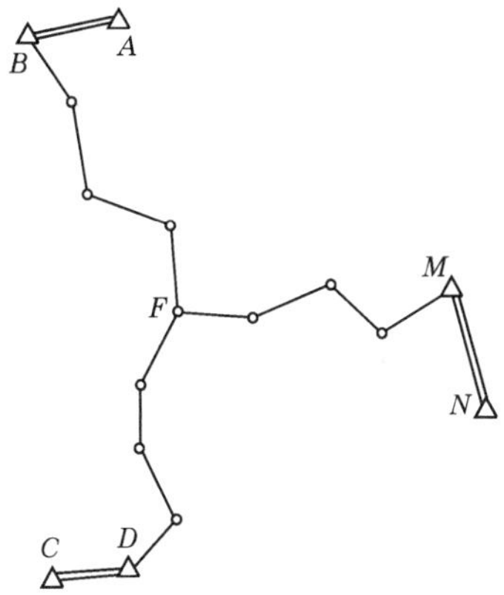

图 7-16　结点导线

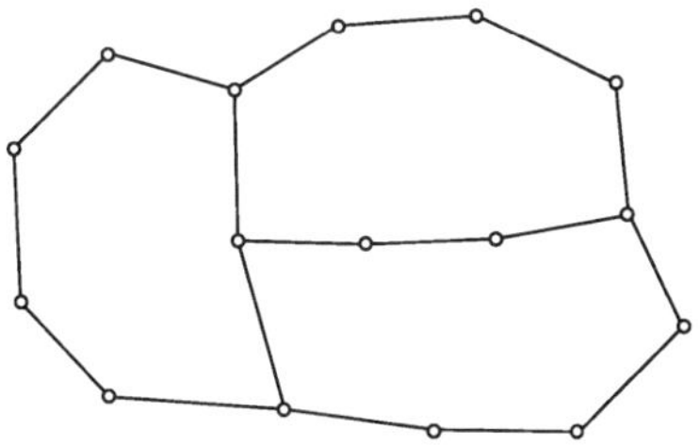

图 7-17　导线网

（一）踏勘选点

在踏勘选点之前，应到有关部门收集测区已有的测量资料，如测区已有的地形图、高级控制点资料等。首先在已有的地形图上标出高级控制点的位置和测区范围，再根据测区地形情况和测量的具体要求规划设计好测量路线和导线点位置，然后按照规划路线到实地去踏勘落实导线点的位置。现场踏勘选点时，应注意下列各点：

（1）相邻导线点间通视良好，以便于角度观测和距离测量。

（2）点位应选在地质坚实和易于保存之处。

（3）在点位上，视野开阔，便于测绘周围的地物和地貌。

（4）导线边长应符合表 7-2 的有关规定，导线中不宜出现过长和过短的导线边，尤其要避免由长边立即转到短边的的情况出现。

（5）为了减少大气折光的影响，视线应尽量避开水域、热体等，离开地表和地物的距离不小于 0.5 m。

（6）导线点在测区内要布点均匀，便于控制整个测区。

（二）建立标志

导线点位选好以后，要在地面上标定下来，埋设图根导线点位标志的做法有如下几种：

（1）埋设木桩。在泥土地面上，要在点位上打一木桩，桩顶上钉一小钉，作为测量时仪器对中的标志。木桩的长度为 30 cm 左右，横断面以 4 cm 见方为宜。在碎石或沥清路面上，可以用顶上凿有十字纹的大铁钉代替木桩。作为临时性导线点，打木桩是一种常用的埋设点位标志的做法。

（2）埋设标石。若导线点需要长期保存，则在选定的点位上埋设混凝土导线点标石，如图 7-18 所示，顶面中心浇筑入短钢筋，顶上凿十字，作为导线点位中心的标志。

（3）直接在地面凿点。在混凝土场地或岩石上，可以用钢凿凿一十字，再涂上红漆使标志明显。

导线点应分等级统一编号，以便于测量资料的管理。对于闭合导线，习惯于逆时针方向编号，使内角自然成为导线的左角。导线点埋设以后，为了便于在观测和使用时寻找，可以在点位附近房角或电线杆等明显的地物上用红油漆标明指示导线点的位置。对于每一导线点的位置，还应画一草图，注明导线点与邻近明显地物的相对位置的距离尺寸，并写上地名、路名、导线点编号等，便于日后寻找。该图称为控制点的“点之记”，如图 7-19 所示。

一、二、三级导线点和图根导线点一般不造永久觇标，观测时用标杆或觇牌代替。

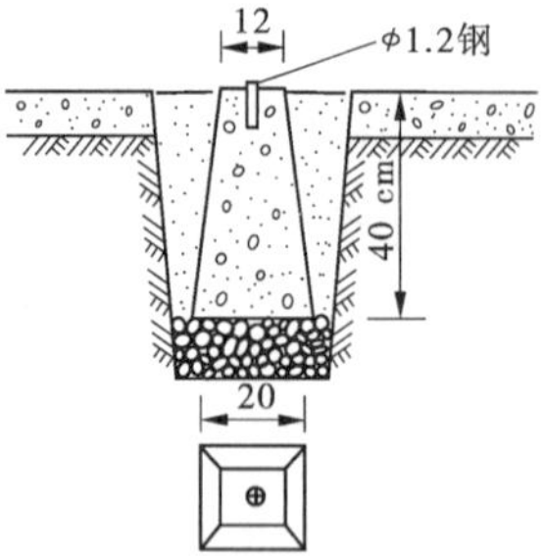

图 7-18　导线点标石

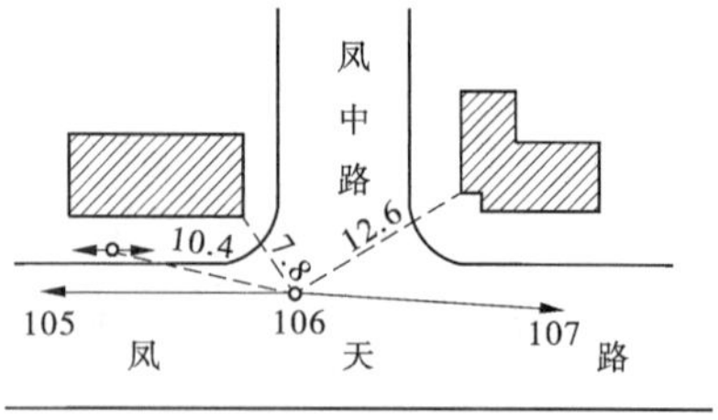

图 7-19　控制点"点之记"（单位：m）

（三）水平角观测

水平角由相邻两条导线边构成，也就是导线点上的转折角。导线的转折角分为左角和右角，在导线前进方向左侧的水平角称为左角（$\beta_{左}$），右侧的水平角称为右角（$\beta_{右}$）。在导线水平角观测时，并不去区分左、右角，左、右角仅仅是计算上的差别，这是因为

$$\beta_{左} + \beta_{右} = 360° \tag{7-12}$$

导线水平角用经检验校正过的 DJ_6 型经纬仪或者全站仪进行观测。当测站上只有两个方向时，采用测回法观测；当测站上有三个以上方向时，采用方向法观测。对于不同等级导线，测回数不同，测回间须改变水平度盘位置，以减少度盘刻划误差的影响。第一测回水平度盘位置习惯置于大于 0°附近，从第二测回起，每次增加$\frac{180°}{n}$，n 为测回数。

观测前应严格对中、整平，观测过程中应注意照准部的长水准器气泡偏移情况，当气泡偏离中心超过一格时，表示仪器竖轴倾斜，这时应停止观测，重新整置仪器，重新观测该测回。观测时，应仔细瞄准目标的几何中心线，并尽量照准目标底部，以减少照准误差和觇标对中误差的影响，读数时要仔细果断，记录时要回报（又叫唱记），以防听错、记错，记录时一定要在现场进行，并记在手簿上，严禁追记、补记和涂改记录，以保证记录的真实性和可靠性。

水平角观测的各项限差可参照表 7-5 执行，各级导线测量使用仪器的等级、测回数、测角中误差等技术要求见表 7-2 和表 7-4 中的规定。图根导线测量水平角的观测，宜采用 DJ_6 型仪器观测一测回。测量超限应重测。表 7-9 为导线转折角（水平角）观测及距离丈量记录的示例。

（四）导线边长测量

导线边长应采用光电测距仪进行测量，在没有测距仪的情况下才使用钢尺量距。测距前，测距仪应进行检测，钢尺应进行比长鉴定。各等级控制网边长用测距仪测距的主要技术要求见表 7-10，用普通钢尺量距的主要技术要求见表 7-11。

测距仪的等级划分：以 1 km 测距中误差（$m_D = a + bD$）划分为两级，Ⅰ级：$m_D \leqslant 5$ mm，Ⅱ级 5 mm $< m_D \leqslant 10$ mm。

式中　a——仪器标称精度中的固定误差，mm；

b——仪器标称精度中的比例误差系数，mm/km；

D——测距长度，km。

表 7-9　导线水平角观测(测回法)及距离测量记录

测站点号	目标点号	竖盘位置	水平角观测			距离测量		点号
			水平度盘读数(°　′　″)	半测回角值(°　′　″)	一测回角值(°　′　″)	观测值(m)	平均值(m)	
B	A	左	0　08　24	60　22　30	60　22　9	130.115	130.116	B
	P_2		60　30　54			130.117		
	A	右	180　08　12	60　22　18		130.118		
	P_2		240　30　30			130.114		
P_2	B	左	0　02　18	187　03　06	187　03　00	221.163	221.164	P_2
	P_3		187　05　24			221.164		
	B	右	180　02　24	187　02　54		221.165		
	P_3		7　05　18			221.164		

注:距离观测中,瞄准一次读 4 次数为一测回,一测回中互差小于 4 mm。

表 7-10　测距的主要技术要求

平面控制网等级	仪器精度等级	每边测回数		一测回读数较差(mm)	单程各测回较差(mm)	往返测距较差(mm)
		往	返			
三等	5 mm 级仪器	3	3	≤5	≤7	≤2($a+bD$)
	10 mm 级仪器	4	4	≤10	≤15	
四等	5 mm 级仪器	2	2	≤5	≤7	
	10 mm 级仪器	3	3	≤10	≤15	
一级	10 mm 级仪器	2	—	≤10	≤15	—
二、三级	10 mm 级仪器	1	—	≤10	≤15	

注:1. 测回是指照准目标一次,读数 2 ~4 次的过程。
2. 困难情况下,边长测距可采取不同时间段测量代替往返观测。

表 7-11　普通钢尺量距的主要技术要求

等级	边长量距较差相对误差	作业尺数	量距总次数	定线最大偏差(mm)	尺段高差较差(mm)	读定次数	估读值至(mm)	温度读数值至(℃)	同尺各次或同段各尺的较差(mm)
二级	1/20 000	1 ~2	2	50	≤10	3	0.5	0.5	≤2
三级	1/10 000	1 ~2	2	70	≤10	2	0.5	0.5	≤3

注:1. 量距边长应进行温度、坡度、尺长改正。
2. 当检定钢尺时,其相对误差不应大于 1/100 000。

图根导线的边长,宜采用电磁波测距仪单向施测,若同时要测三角高程,应对向观测;也可采用钢尺单向丈量。图根钢尺量距导线,还应符合下列规定:

(1)对于首级控制,边长应进行往返丈量,其较差的相对误差不应大于 1/4 000。

(2)量距时，当坡度大于 2%，温度超过钢尺检定温度范围 ±10 ℃或尺长修正大于1/10 000时，应分别进行坡度、温度和尺长的修正。

(3)当导线长度小于规定长度的1/3 时，其绝对闭合差不应大于图上 0.3 mm。

(4)对于测定细部坐标点的图根导线，当长度小于 200 m 时，其绝对闭合差不应大于13 cm。

三、导线测量的内业计算

导线测量内业计算的目的是计算导线点的平面坐标。在计算之前，应全面检查导线测量的外业记录手簿有无遗漏，各项限差是否超限。然后绘制导线略图，在图上注明已知点(高级点)及导线点的点号、已知点坐标、已知边坐标方位角及导线经改正后的边长和水平角观测值。

进行导线计算时，应利用计算器，在规定的表格中进行(也可采用专用平差软件在计算机中进行)计算。各项数值计算中的取位规定是：角度值取至秒，长度和坐标值取至毫米。

下面就三种导线形式用计算器在规定的表格中的计算方法及步骤予以叙述。

(一)闭合导线的计算

图 7-20 为一导线略图，在野外对该导线的各内角和多边形各边进行了观测，导线点的坐标的计算过程是在专用的表格中进行，见表 7-12，下面将对闭合导线的平差计算方法及步骤予以介绍。

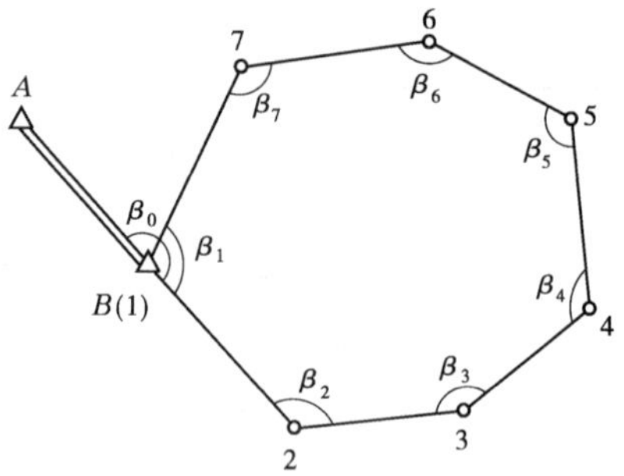

图 7-20　闭合导线

1. 角度闭合差的计算与角度平差

1)角度闭合差的计算

从平面几何学可知，闭合多边形的内角和理论上应等于$(n-2)\times180°$，由于多边形内角在观测中有误差，故其内角和不一定等于$(n-2)\times180°$，这样就使得多边形内角和的观测值与理论值之间不相符，这就是角度闭合差f_β，即

$$f_\beta=\sum_{i=1}^{n}\beta_i-(n-2)\times180° \tag{7-13}$$

式中　β_i——闭合导线的内角；

　　n——多边形内角的个数。

注意：定向角β_0(又称连接角)不是闭合多边形中的一个角度，故不应参与角度闭合差的计算。

角度闭合差必须有一定的限度，称为限差，一般以 2 倍的中误差作为限差。若超限，表示观测值误差太大，观测成果不能采用，必须进行重测。规范中规定的角度(方位角)闭合差的限差为

$$f_{\beta限}=\pm2m_\beta\sqrt{n} \tag{7-14}$$

角度(方位角)闭合差应满足

$$f_\beta\leqslant f_{\beta限}=\pm2m_\beta\sqrt{n} \tag{7-15}$$

例如，一般图根导线的测角中误差 $m_\beta=\pm30''$，图 7-20 中 $n=7$，由此计算出 $f_{\beta限}=\pm2'39''$，则该导线最后计算出的角度闭合差应该满足下式

$$f_\beta \leqslant f_{\beta限} = 2'39''$$

若不满足上式,则导线水平角应该进行重新观测。

2)角度平差

当$f_\beta \leqslant f_{\beta限}$时,则需对水平角$\beta_i$进行平差处理。平差的方法是:将角度闭合差反号平均分配给每一个观测角,也就是给闭合多边形中每一个水平角β_i(内角)加上一个角度改正数v_β,得到平差后的水平角度$\hat{\beta}_i$,即

$$v_\beta = -\frac{f_\beta}{n} \tag{7-16}$$

$$\hat{\beta}_i = \beta_i + v_\beta \quad (i = 1,2,\cdots,n) \tag{7-17}$$

如果计算正确,经过角度改正后的多边形内角和就应该等于$(n-2)\times180°$,即

$$\sum_{i=1}^{n}\hat{\beta}_i = (n-2)\times180°$$

以此作为角度平差计算正确与否的检核。

2. 导线边坐标方位角的推算

当多边形内角经过平差后,就可以根据式(7-5)推算导线中每一条边的坐标方位角,图7-20中$B2$边的坐标方位角根据已知边AB的坐标方位角α_{AB}和连接角β_0用下式计算

$$\alpha_{B2} = \alpha_{AB} + \beta_0 \pm 180° \tag{7-18}$$

图7-20中其余各边的坐标方位角用改正后的水平角$\hat{\beta}_i$计算,即

$$\left.\begin{aligned}\alpha_{23} &= \alpha_{B2} + \hat{\beta}_2 \pm 180° \\ &\vdots \\ \alpha_{71} &= \alpha_{67} + \hat{\beta}_7 \pm 180°\end{aligned}\right\} \tag{7-19}$$

可见,导线各边的方位角由此便都可算出,为了检核计算的正确性,还要根据下式计算出第一条边的方位角,即

$$\alpha_{12} = \alpha_{71} + \beta_1 \pm 180°$$

与前面所算的$B2$边方位角比较,若相等,说明计算无误,否则应查找错误,重新计算各导线的方位角。

3. 坐标增量的计算

各导线边方位角推算结束后,即可根据方位角和经改正后的导线边长计算坐标增量。根据式(7-7)可计算图7-20中各导线边的坐标增量为

$$\left.\begin{aligned}\Delta x_{B2} &= D_{B2}\cos\alpha_{B2} \\ \Delta x_{23} &= D_{23}\cos\alpha_{23} \\ &\vdots \\ \Delta x_{7B} &= D_{7B}\cos\alpha_{7B}\end{aligned}\right\} \tag{7-20}$$

$$\left.\begin{aligned}\Delta y_{B2} &= D_{B2}\sin\alpha_{B2} \\ \Delta y_{23} &= D_{23}\sin\alpha_{23} \\ &\vdots \\ \Delta y_{7B} &= D_{7B}\sin\alpha_{7B}\end{aligned}\right\} \tag{7-21}$$

4. 坐标增量闭合差的计算及其平差

1）坐标增量闭合差的计算

当计算出各边的坐标增量后，即可依照式(7-6)计算各导线点的坐标如下：

$$\left.\begin{aligned} x_2 &= x_B + \Delta x_{B2} \\ x_3 &= x_2 + \Delta x_{23} \\ &\vdots \\ x_B &= x_7 + \Delta x_{7B} \end{aligned}\right\} \tag{7-22}$$

$$\left.\begin{aligned} y_2 &= y_B + \Delta y_{B2} \\ y_3 &= y_2 + \Delta y_{23} \\ &\vdots \\ y_B &= y_7 + \Delta y_{7B} \end{aligned}\right\} \tag{7-23}$$

将式(7-22)、式(7-23)中各式总和起来，则得

$$\left.\begin{aligned} X_B &= x_B + \sum \Delta x \\ Y_B &= y_B + \sum \Delta y \end{aligned}\right\} \tag{7-24}$$

由式(7-24)可见，如果测量中没有误差，则闭合导线各边坐标增量之和理论上应该等于零，即

$$\left.\begin{aligned} \sum \Delta x_{理} &= 0 \\ \sum \Delta y_{理} &= 0 \end{aligned}\right\} \tag{7-25}$$

但是，测角和量边中总是存在测量误差，根据坐标方位角和导线边计算的坐标增量也就存在着误差，坐标增量计算值一般不等于其理论值，导线就会产生坐标增量闭合差，其计算式如下

$$\left.\begin{aligned} f_x &= \sum \Delta x_{计} - \sum \Delta x_{理} = \sum \Delta x_{计} - 0 \\ f_y &= \sum \Delta y_{计} - \sum \Delta y_{理} = \sum \Delta y_{计} - 0 \end{aligned}\right\} \tag{7-26}$$

式(7-26)可表示为如下形式

$$\left.\begin{aligned} f_x &= \sum \Delta x_{计} \\ f_y &= \sum \Delta y_{计} \end{aligned}\right\} \tag{7-27}$$

式(7-27)就是闭合导线坐标增量闭合差的计算公式。同角度闭合差一样，坐标增量闭合差不可能无限大，也应该有一定的限度，坐标增量闭合差的限度是用导线全长闭合差的相对误差来体现的。《工程测量规范》(GB 50026—2007)中规定，图根导线相对闭合差≤1/2 000α，当$\alpha=2$时，一般图根导线相对闭合差≤1/4 000。导线全长闭合差f_D的计算式如下

$$f_D = \sqrt{f_x^2 + f_y^2} \tag{7-28}$$

导线全长相对闭合差是导线全长闭合差与导线的总长度的比值，用符号K表示，一般计算为分子为1的分数，即

$$K = \frac{f_D}{\sum D} = \frac{1}{\sum D / f_D} \tag{7-29}$$

2）坐标增量闭合差的平差

当导线全长相对闭合差符合规范要求时，便要进行坐标增量的平差，其方法是：给每一个坐标增量加上一个改正数，使之消除坐标增量闭合差。坐标增量改正数为

$$\left.\begin{aligned} v_{\Delta x_{ij}} &= -\frac{f_x}{\sum D}D_{ij} \\ v_{\Delta y_{ij}} &= -\frac{f_y}{\sum D}D_{ij} \end{aligned}\right\} \tag{7-30}$$

为了检核坐标增量改正数计算的正确性，所计算出的坐标增量改正数之和应该等于反号后的坐标增量闭合差，即

$$\left.\begin{aligned} -f_x &= \sum v_{\Delta x} \\ -f_y &= \sum v_{\Delta y} \end{aligned}\right\} \tag{7-31}$$

然后计算出改正后的坐标增量，即

$$\left.\begin{aligned} \Delta\hat{x}_{ij} &= \Delta x_{ij} + v_{\Delta x_{ij}} \\ \Delta\hat{y}_{ij} &= \Delta y_{ij} + v_{\Delta y_{ij}} \end{aligned}\right\} \tag{7-32}$$

5. 各导线点坐标的计算

利用坐标增量的平差值从已知点 B 开始，依次推算图 7-20 所示导线中各未知点的平面坐标，其坐标计算式如下

$$\begin{aligned} &\left.\begin{aligned} x_2 &= x_B + \Delta\hat{x}_{12} \\ y_2 &= y_B + \Delta\hat{y}_{12} \end{aligned}\right\} \\ &\qquad\vdots \\ &\left.\begin{aligned} x_7 &= x_6 + \Delta\hat{x}_{67} \\ y_7 &= y_6 + \Delta\hat{y}_{67} \end{aligned}\right\} \end{aligned} \tag{7-33}$$

为了检核计算的正确性，还要算回至已知点 B，即

$$\left.\begin{aligned} x_B &= x_7 + \Delta\hat{x}_{7B} \\ y_B &= y_7 + \Delta\hat{y}_{7B} \end{aligned}\right\}$$

其推算坐标与已知坐标应相等，以此检核。

【例 7-4】 如图 7-20 所示的闭合导线，网中 A、B 为已知坐标点，其余为未知点，其计算过程都在表格中进行（见表 7-12）。表格中的填写和计算过程如下：

首先，填写已知数。将已知点 A、B 的坐标填写在 A、B 行与第 13、14 列的交叉位置，已知方位角 $\alpha_{AB}=183°55'00''$ 也填写在表中第 5 列相应位置，观测的水平角和边长分别填写在表的第 2、6 列中。

第二步，进行角度闭合差的计算和角度平差。按式（7-13）计算出角度闭合差，按式（7-14）计算闭合差的限差，按式（7-16）计算角度改正数，填写于表中的第 3 列，再将第 2 列和第 3 列对应数据相加填写于第 4 列。这就完成了角度平差。

第三步，各边坐标方位角的推算。表中第 5 列中，AB 边的方位角 $\alpha_{AB}=183°55'00''$ 为已知，然后根据式（7-5）用已知边的方位角和表中第 4 列角度平差值，依次推算出各导线的方位角，填写在第 5 列中。要注意的是：根据已知边 AB 推算 $B2$ 边方位角时，是用连接角 β_0。当算出最后一条未知边 $7B$ 的方位角后，还要用 β_1 计算 $B2$ 边的方位角，进行检核。

表 7-12　闭合导线计算表

工程名称:图根导线　　　　等级:±20″

点名	观测角度 (° ′ ″)	角度改正数	角度平差值 (° ′ ″)	方位角 (° ′ ″)	边长观测值(m)	坐标增量近似值 Δx(m)	坐标增量近似值 改正数(mm)	坐标增量近似值 Δy(m)	坐标增量近似值 改正数(mm)	坐标增量平差值 $\hat{\Delta x}$(m)	坐标增量平差值 $\hat{\Delta y}$(m)	坐标 x(m)	坐标 y(m)
1	2	3	4	5	6	7	8	9	10	11	12	13	14
A												3 263 861.775	19 451 281.687 (已知)
				183 55 00									
B(1)	259 14 00		259 14 00									3 263 829.540	19 451 279.480 (已知)
				263 09 00	115.258	−13.747	+8	−114.435	−3	−13.739	114.438		
2	212 38 40	−11	212 38 29									3 263 815.801	19 451 165.042
				295 47 29	48.434	21.073	+3	−43.609	−1	21.076	−43.610		
3	123 39 41	−11	123 39 30									3 263 836.877	19 451 121.432
				239 26 59	53.544	−27.216	+3	−46.111	−2	−27.213	−46.113		
4	114 30 00	−11	114 29 49									3 263 809.664	19 451 075.319
				173 56 48	58.309	57.984	+4	6.149	−2	−57.980	6.147		
5	95 10 34	−11	95 10 23									3 263 751.684	19 451 081.466
				89 07 11	71.580	1.100	+5	71.572	−2	1.105	71.570		
6	177 26 37	−11	177 26 26									3 263 752.789	19 451 153.036
				86 33 37	97.934	5.876	+6	97.758	−3	5.882	97.755		
7	115 29 03	−11	115 28 52									3 263 758.671	19 451 250.791
				22 02 29	76.452	70.864	+5	28.691	−2	70.869	28.689		
B(1)	61 06 42	−11	61 06 31									3 263 829.540 (检核)	19 451 279.480 (检核)(已知)
				263 09 00 (检核)	$\sum D$ = 521.511								
备注	$f_\beta = +77''$ $\quad f_\beta$限 $= \pm 106''$ $\quad \sum x = -0.034$ $\quad \sum y = +0.015$ $\quad f_x = -34$ mm $\quad f_y = +15$ mm $\quad f_D = 37$ mm $\quad K \approx 1/14\ 100$												

第四步，用边长和方位角根据式(7-7)计算各边的纵、横坐标增量，分别填写在第7、9列中。

第五步，将第7列中数据求和，就是纵坐标增量闭合差f_x，第9列求和就是横坐标增量闭合差f_y。

在求得全长相对闭合差并与允许误差比较符合要求后，便按式(7-30)计算纵、横坐标增量改正数，分别填写在第8、10列中。

注意：坐标增量改正数之和应该等于同名闭合差的反号值，以此作为检核。

第六步，各导线点坐标的计算。根据已知点B的坐标和改正后的坐标增量逐点计算坐标。

注意：当计算完7点的坐标后，还要计算到B点的坐标再与原坐标比较看是否相等，以此作为检核。

(二)附合导线的计算

附合导线的计算步骤和方法与闭合导线基本一样，仅角度闭合差和坐标增量闭合差的计算方法与闭合导线的计算有差异，下面仅就这两个步骤的计算予以叙述。

1. 角度闭合差的计算和角度平差

1)角度闭合差的计算

在图7-21中，MA和BN为已知边，其已知方位角分别为α_{MA}、α_{BN}，β_i为导线前进方向的左角(水平角)，现根据已知边MA的方位角α_{MA}及水平角推算未知边的方位角，直至最后一边(已知方位角边BN)的方位角，若水平角观测时无误差，则BN边方位角的计算值应该等于已知值，但是，角度观测不可能没有误差，这样就使得BN边方位角的计算值不等于已知值，从而产生附合导线方位角闭合差f_β(即角度闭合差)，根据方位角的推算公式，得最末边BN方位角的计算值为

$$\alpha_{BN计} = \alpha_{MA} + \sum_{i=1}^{n}\beta_i - n \times 180^\circ$$

式中 β_i——水平角左角；

n——水平角个数。

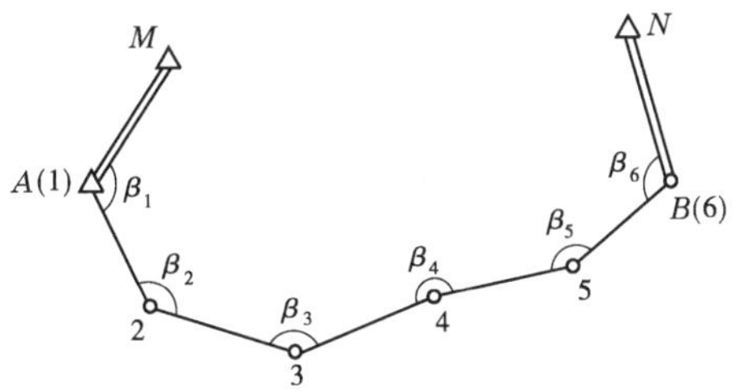

图7-21 附合导线

附合导线方位角闭合差f_β用计算式表示如下

$$f_\beta = \alpha_{BN计} - \alpha_{BN} = \alpha_{MA} + \sum_{i=1}^{n}\beta_i - n \times 180^\circ - \alpha_{BN} \tag{7-34}$$

2)水平角平差

同闭合导线一样，角度(方位角)闭合差应满足

$$f_\beta \leqslant f_{\beta限} = \pm 2m_\beta\sqrt{n}$$

当f_β满足上式的要求以后，就要对水平角进行平差处理，即将角度（方位角）闭合差分配掉，分配的方法同闭合导线一样，将角度闭合差反号平均分配给每一个观测角。也就是给附合导线中每一个水平角β_i（左角）加上一个角度改正数v_β，得到平差后的水平角度$\hat{\beta}_i$，即

$$v_\beta = -\frac{f_\beta}{n},\quad \hat{\beta}_i = \beta_i + v_\beta \quad (i = 1,2,\cdots,n)$$

2. 坐标增量闭合差的计算与坐标增量平差

1）坐标增量闭合差的计算

如图7-22所示，图中各边的纵坐标增量计算值求和应该等于A、B两点间的纵坐标之差Δx_{AB}。同样，各边横坐标增量计算值求和也应该等于A、B两点间的横坐标之差Δy_{AB}，但是各坐标增量是由观测角度和边长算出的，观测值是有一定误差的，故算出的坐标增量也就存在误差，从而使得各边的同名坐标增量之和不等于A、B两点间的同名坐标之差，而产生坐标增量闭合差，即

$$\left.\begin{aligned} f_x &= \sum \Delta x_{计} - (x_B - x_A) \\ f_y &= \sum \Delta y_{计} - (y_B - y_A) \end{aligned}\right\} \tag{7-35}$$

2）坐标增量闭合差平差

同闭合导线一样，当附合导线全长闭合差的相对误差在限差范围之内时，也要对坐标增量闭合差进行平差，即将坐标增量加上一个改正数求出其平差后的坐标增量。其平差计算见式（7-30）、式（7-32）。

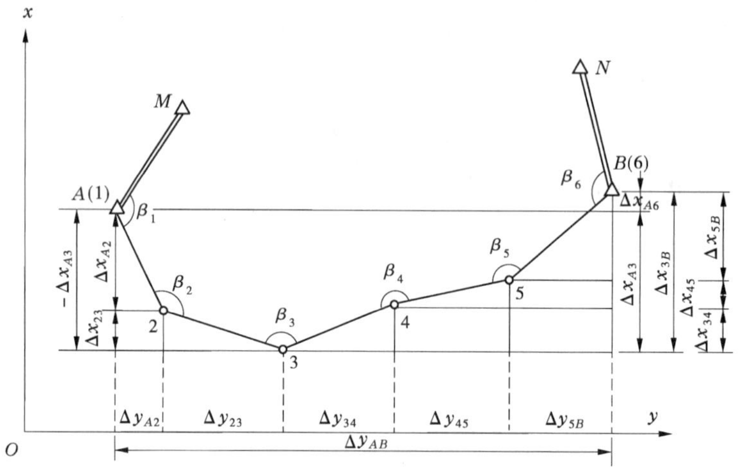

图7-22　附合导线坐标计算增量

【**例7-5**】　如图7-21所示的附合导线，网中M、A、B、N为已知坐标点，其余为未知点，计算过程都在表格中进行（见表7-13），其填写方法同闭合导线计算表（见表7-12）。

（三）无定向附合导线的计算

无定向附合导线的两端各有一个已知点（高级点），与前述内容中的附合导线相比，缺少起始边和最末边的已知坐标方位角。图7-23所示为某无定向附合导线的略图，在已知点B、C之间布设了点号为5、6、7、8的4个待定点，野外共观测5条边长和4个转折角（右角）。已知点坐标及边长和角度观测值注明于图上，计算在表7-14中进行，计算的方法和步骤如下。

表 7-13　附合导线计算表

工程名称：图根导线　　　　　　等级：±20″

点名	观测角度 (° ′ ″)	角度改正数	角度平差值 (° ′ ″)	方位角 (° ′ ″)	边长观测值(m)	坐标增量近似值 Δx(m)	坐标增量近似值 改正数(mm)	坐标增量近似值 Δy(m)	坐标增量近似值 改正数(mm)	坐标增量平差值 Δx(m)	坐标增量平差值 Δy(m)	坐标 x(m)	坐标 y(m)
1	2	3	4	5	6	7	8	9	10	11	12	13	14
M													
				237 59 30									
A(1)	99 01 00	+7″	99 01 07									3 202 507.690	20 531 215.630 (已知)
				157 00 37	225.850	−207.912	+38	88.209	−40	−207.874	88.169		
2	167 45 36	+7″	167 45 43									3 202 299.816	20 531 303.799
				144 46 20	139.030	−113.569	+23	80.196	−25	−113.546	80.171		
3	123 11 24	+7″	123 11 31									3 202 186.270	20 531 383.970
				87 57 51	172.570	6.130	+29	172.461	−31	6.159	172.430		
4	189 20 36	+7″	189 20 43									3 202 192.429	20 531 556.400
				97 18 34	100.070	−12.732	+17	99.257	−18	−12.715	99.239		
5	179 59 18	+7″	179 59 25									3 202 179.714	20 531 655.639
				97 17 59	102.480	−13.021	+17	101.649	−18	−13.004	101.631		
B(6)	129 27 24	+7″	129 27 31									3 202 166.710 (检核)	20 531 757.270 (检核)(已知)
				46 45 30 (检核)									
N													
					$\sum D=740$		+124		−132				
备注	$f_\beta=-42''$，$f_{\beta限}=\pm98''$；$\sum x=-341.104$，$\sum y=+541.772$；$f_x=-124$ mm，$f_y=+132$ mm，$f_D=181$ mm，$K\approx1/4\ 088$												

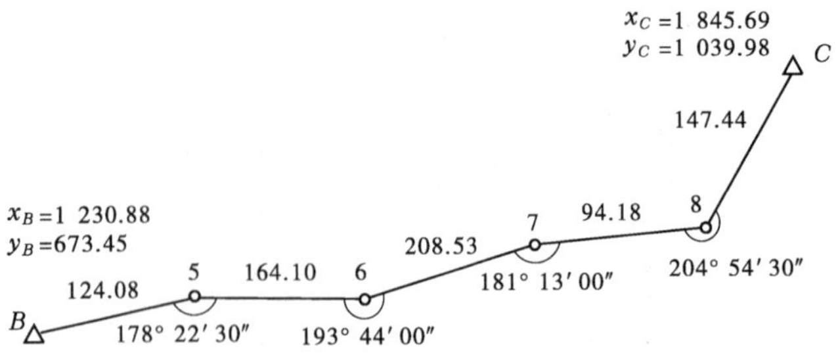

图 7-23　无定向附合导线

1. 假定坐标增量的计算及方位角和边长的改正

无定向附合导线由于缺少起始坐标方位角，不能直接推算导线各边的方位角。但是，导线受两端已知点的控制，可以间接求得起始方位角。其方法为：先假定一边的方位角作为起始方位角，计算导线各边的假定坐标增量，然后根据 B、C 两点间的真、假两套坐标增量计算 B、C 两点间的真、假坐标方位角，从而求出真假方位角差，再对其他边的方位角进行改正。

1) 计算各边的假定方位角

如图 7-24 所示，先假定 $B5$ 边的坐标方位角 $\alpha'_{B5}=90°00'00''$，也可以假定为 $0°00'00''$或其他任意角度)，在表 7-14 中第 2 列中填上导线各右角，在第 3 列中填写推算出的各边假定方位角 α'，在第 4 列中填上各边水平边长 D。

2) 计算各边的假定坐标增量

用各边的假定坐标方位角和边长，根据式(7-7)计算各边的假定坐标增量 $\Delta x'$、$\Delta y'$，分别填于表第 5、6 列中，并求其总和 $\sum\Delta x'$、$\sum\Delta y'$，作为 B、C 两点间的假定坐标增量，即

$$\Delta x'_{BC} = \sum \Delta x'$$

$$\Delta y'_{BC} = \sum \Delta y'$$

3) 计算始、终两已知点间的真、假边长和方位角

用以上计算出的假定坐标增量，按坐标反算式(7-10)和式(7-11)计算 B、C 两点间的假定长度 L'_{BC}(B、C 两点间的长度称为闭合边)和假定坐标方位角 α'_{BC}，用 B、C 两点的已知坐标计算两点间的真边长 L_{BC}和真方位角 α_{BC}。

4) 计算导线各边真方位角和改正后的边长

假定导线各边的坐标方位角后，其真、假坐标方位角的关系如图 7-24 所示，相当于整个导线围绕 B 点旋转一个角度 θ。

$$\theta = \alpha'_{BC} - \alpha_{BC} \tag{7-36}$$

θ 角称为真假方位角差(本例中，$\theta=46°56'01''$)。根据 θ 角，可以将导线各边的假定坐标方位角改正为真坐标方位角。

$$\alpha_{ij} = \alpha'_{ij} - \theta \tag{7-37}$$

改正后的导线各边坐标方位角填写于表 7-14 第 7 列。

由于导线测量中存在误差，所以由假定坐标增量算得闭合边的假定长度 L'_{BC}和根据 B、C 点坐标反算的真长度 L_{BC}之比为闭合边的真、假长度比。

$$R = \frac{L_{BC}}{L'_{BC}} \tag{7-38}$$

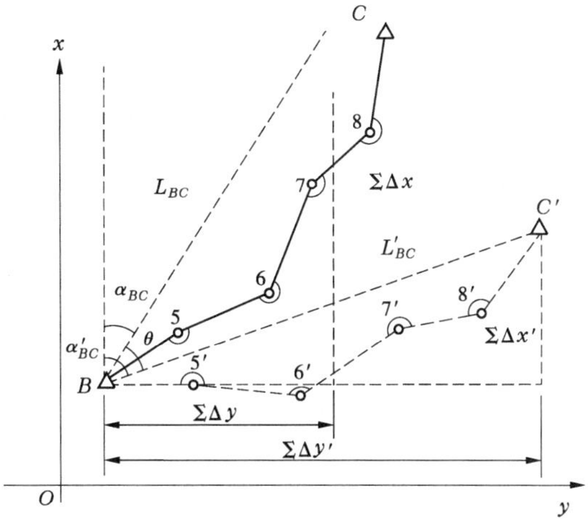

图 7-24　假定坐标方位角与坐标方位角的关系

根据真、假长度比 R 计算各边改正后的边长，各导线边改正后的边长等于观测边长乘以真、假长度比 R，即

$$L_{BC} = R \times L'_{BC} \tag{7-39}$$

在此，$R=0.999\ 986$，用此真、假长度比去乘导线各边长观测值，得到改正后的边长，填写于表 7-14 第 8 列。闭合边长度比 R 是无定向附合导线计算中唯一可以检验测量误差的指标，R 愈接近 1，则观测值的误差愈小。

2. 坐标增量和坐标计算

用改正后的边长和坐标方位角计算各边的坐标增量 Δx、Δy，填写于表 7-14 的 9、10 两列。由于已经过上述两项改正，导线各边、角的数值已符合两端已知点坐标所控制的数值，凑整的原因产生的差值应处理在长边的坐标增量上，因此其坐标增量应满足下式，作为计算的检核。

$$\sum \Delta x = x_C - x_B$$

$$\sum \Delta y = y_C - y_B$$

或

$$f_{\Delta x} = \sum \Delta x - (x_C - x_B) = 0$$

$$f_{\Delta y} = \sum \Delta y - (y_C - y_B) = 0$$

根据经过检核后的坐标增量，推算各待定导线点的坐标，填于表 7-14 的 11、12 两列中。

(四)支导线计算

支导线因终点为待定点，不存在附合条件。但为了进行检核和提高精度，一般采取往返观测，使其有了多余观测。因观测存在误差，所以就会产生方位角闭合差和坐标闭合差。

支导线因采取往、返观测，故又称复测支导线。复测支导线的平差计算过程与附合导线基本相同，计算的方法简述如下。

1. 方位角闭合差的计算与角度平差

方位角闭合差为终止边往测方位角与终止边返测方位角之差，即

$$f_\beta = \alpha_{往} - \alpha_{返} \tag{7-40}$$

表 7-14　无定向附合导线计算表

点号	水平角 (° ′ ″)	假定方位角 (° ′ ″)	边长 D(m)	假定坐标增量(m) Δx′	Δy′	改正后坐标方位角 (° ′ ″)	改正后边长 (m)	坐标增量(m) Δx	Δy	坐标(m) x	y
1	2	3	4	5	6	7	8	9	10	11	12
B										1 230.88	673.45
		90 00 00	124.08	0	124.08	43 03 59	124.08	90.65	84.73		
5	178 22 30									1 321.53	758.18
		91 37 30	164.10	−4.65	164.03	44 41 29	164.10	116.66	115.41		
6	193 44 00									1 438.19	873.59
		77 53 30	208.53	43.74	203.89	30 57 29	208.52	178.81	−0.01 107.26		
7	181 13 00									1 617.00	980.84
		76 40 30	94.18	21.71	91.64	29 44 29	94.18	81.77	46.72		
8	204 54 30									1 698.77	1 027.56
		51 46 00	147.44	91.25	115.81	4 49 59	147.44	146.92	12.42		
C										1 845.69	1 039.98
		Σ		+152.05	+699.45			+614.81	+366.54	+614.81	+366.53

$D'_{BC}=715.79$ m　$D_{BC}=715.78$ m　$R=\dfrac{D_{BC}}{D'_{BC}}=0.999\,986$　$\alpha'_{BC}=77°44'08''$　$\alpha_{BC}=30°48'07''$　$\theta=\alpha_{BC}-\alpha'_{BC}=-46°56'01''$　$f_x=0$　$f_y=+0.01$

其限差为

$$f_{\beta限} = \pm 2m_\beta \sqrt{2n} \tag{7-41}$$

式中　m_β——测角中误差；

$2n$——往返观测的总测站数。

当$f_\beta \leqslant f_{\beta限}$时，进行角度闭合差的平差，往返测量所测水平角的改正数绝对值相等，符号相反，即

$$\begin{cases} v_{\beta往} = -\dfrac{f_\beta}{2n} \\ v_{\beta返} = +\dfrac{f_\beta}{2n} \end{cases} \tag{7-42}$$

2. 坐标闭合差的平差

坐标闭合差为往、返观测所计算的终点坐标之差，或者说是起点与终点间往返测坐标增量之差，即

$$\begin{cases} f_x = \sum \Delta x_{往} - \sum \Delta x_{返} \\ f_y = \sum \Delta y_{往} - \sum \Delta y_{返} \end{cases} \tag{7-43}$$

导线全长闭合差为

$$f_D = \sqrt{f_x^2 + f_y^2}$$

导线全长相对闭合差为

$$K = \frac{f_D}{\sum D_{往} + \sum D_{返}} \tag{7-44}$$

导线全长相对闭合差小于限差要求时，进行坐标增量改正数的计算，即

往测
$$\begin{cases} v_{\Delta x_{ij}} = -\dfrac{f_x}{\sum D_{往} + \sum D_{返}} \times D_{ij往} \\ v_{\Delta y_{ij}} = -\dfrac{f_y}{\sum D_{往} + \sum D_{返}} \times D_{ij往} \end{cases} \tag{7-45}$$

返测
$$\begin{cases} v_{\Delta x_{ij}} = +\dfrac{f_x}{\sum D_{往} + \sum D_{返}} \times D_{ij返} \\ v_{\Delta y_{ij}} = +\dfrac{f_y}{\sum D_{往} + \sum D_{返}} \times D_{ij返} \end{cases} \tag{7-46}$$

技能训练 14　图根导线测量（附合导线）

一、技能目标

掌握图根导线的外业工作内容、步骤及操作方法，图根导线的内业计算方法。

二、使用仪器、工具

每组到实训室借全站仪 1 台，反光镜 2 个，脚架 3 个，钢卷尺 1 个，记录表格 4 张；学生自备记录笔 1 支。

三、训练场地

校园内测量实训场地。在老师提供的已知点上布设附合导线。

四、训练步骤

(1)每组布设一条导线,每条导线选点数不少于5点,用铁钉在地面上刻画临时点位标志。

(2)从一已知点开始,用全站仪进行角度测量和边长测量。

(3)内业计算,每位学生根据本组观测的导线资料计算导线各点的坐标。

五、实训要求

(1)每人必须进行至少一站的操作。

(2)仪器对中误差不应大于2 mm,整平时,水准管气泡中心偏离整置中心不超过1格。

(3)每一测站水平角和距离均观测一个测回,上下半测回角度较差≤30″,测距读数较差≤4 mm。

(4)每条导线角度闭合差允许误差为$60''\sqrt{n}$,相对闭合差≤1/3 000。

(5)内业计算用表格进行,必须严格按格式要求进行,各项检核都应符合要求。

六、提交资料

(1)外业记录表格;

(2)每人1份导线内业计算资料;

(3)每人1份实训报告。

第三节　导线测量错误的检查

在导线计算中,如果发现闭合差超限,则应首先复查导线测量外业观测记录、内业计算的数据抄录和计算。如果都没有发现什么问题,则说明导线外业工作中某些边长或角度测量有错误,应到现场返工重测。但是,在去现场之前,如果能分析判断出可能发生错误的点位,则应首先到该处重测,以避免无目的的重测而造成边长和角度的全部返工。

一、一个角度测错的查找方法

在图7-25中,设附合导线的第3点上的转折角β_3发生了错误$\Delta\beta$,使角度闭合差超限。如果分别从导线两端开始,根据已知边坐标方位角推算导线各未知边坐标方位角,则到测错角度的第3点为止推算的坐标方位角仍然是正确的。经过第3点的转折角β_3以后,导线边的坐标方位角中开始含有量为$\Delta\beta$的角度错误,导线点的位置就向错误方向偏转,而且随着导线的延伸,点位的偏离会愈来愈大。

因此,一个转折角测错的查找方法为:分别从导线两端的已知点坐标方位角出发,都按支导线计算各点的坐标,这样导线各点便算出两套坐标。如果其中某一个导线点的两套坐

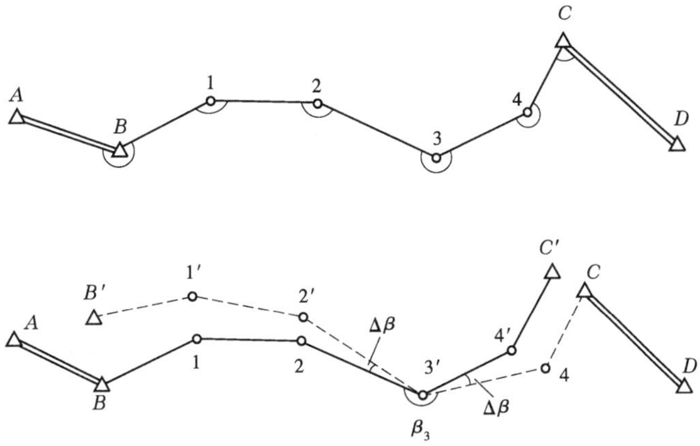

图 7-25　一个角测错的检查方法

标值非常接近，则该点的转折角（水平角）最有可能测错。为此，该点上的水平角便成为首先重测的对象。

对于闭合导线，查找方法也类似，只是从同一个已知点及已知坐标方位角出发，分别沿顺时针方向和逆时针方向计算出两套坐标，去寻找两套坐标值最为接近的导线点。

二、一条边长测错的查找方法

当角度闭合差在允许范围以内而坐标增量闭合差超限时，说明边长测量有错误。在图 7-26中导线边 23 中发生错误 ΔD。由于其他各边和水平角没有发生错误，因此从第 3 点开始及以后各点均产生一个平行于 23 边的位移量 ΔD。如果其他各边、各角中的偶然误差可以忽略不计，则计算的导线全长闭合差即等于 ΔD：

$$f_D = \sqrt{f_x^2 + f_y^2} = \Delta D$$

此时，按式（7-11）计算导线全长闭合差的方位角，α_f 即等于 23 边的坐标方位角 α_{23}，或者二者相差 180°，即

$$\alpha_f = \arctan\left(\frac{f_y}{f_x}\right) = \alpha_{23}（或 \pm 180°）$$

上式也可以表达成另外一种形式，即

$$\frac{f_x}{f_y} = \frac{\Delta x_{23}}{\Delta y_{23}}$$

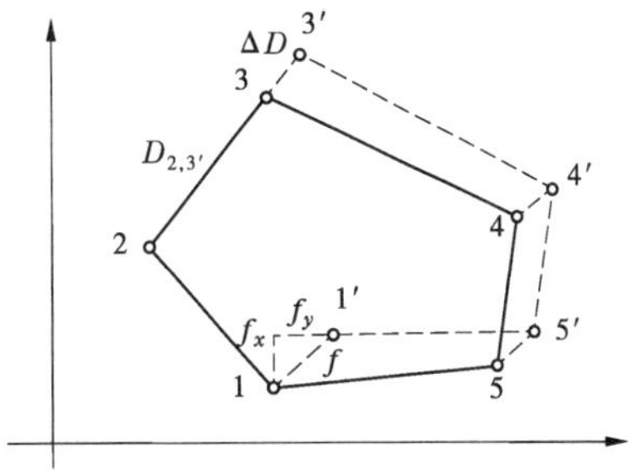

图 7-26　一条边长测错的查找方法

根据这个原理，可以查找出有可能发生量距错误的导线边，以便准确及时地对发生量距错误的边长进行重测。

第四节　交会测量

布设图根平面控制点时，当图根导线或图根三角网的点密度不够时，可用解析交会测量的方法加密图根点。所谓解析交会测量，就是用经纬仪进行测角交会的方法或者用全站仪进行距离交会（测边交会）的方法来确定点的平面坐标的测量方法。

解析交会测量又分测角交会法和距离交会法两种。测角交会法根据设站和测角的不同又分为前方交会、侧方交会和后方交会三种。测角交会外业测量工作与图根三角网测量的外业工作基本相同。但应指出，在交会图形上看，由待定点至相邻两已知点方向间的交角（称交会角）不能过大或过小，交会角在90°左右最好，否则将引起较大的点位误差。

一、前方交会

（一）外业工作

图7-27所示为前方交会的基本图形，在该图形中，A、B为已知坐标点，P为坐标待求点。首先，根据地形情况和已知点A、B的位置情况选择确定出P点位置，用标志将P点固定下来，并树立观测标志；然后，在A点安置经纬仪，同时在B点竖立观测标志，测出水平角α；最后，在B点安置经纬仪，同时在A点竖立观测标志，测出水平角β。《工程测量规范》（GB 50026—2007）中规定：交会角应在30°~150°，观测误差应满足表7-15的要求。

表7-15　极坐标法图根点测量限差

半测回归零差（″）	两半测回角度较差（″）	测距读数较差（mm）	正倒镜高程较差（m）
≤20	≤30	≤20	$\leq h_d/10$

（二）未知点P坐标的计算

前方交会计算待定点P坐标的方法有按光电测距导线的计算方法和用余切公式计算两种，下面分别予以介绍。

1. 按光电测距导线的计算方法推算P点的坐标

1）已知边方位角和边长的反算

根据两已知点A、B的平面坐标，用式（7-9）、式（7-11）计算两点间的边长D和坐标方位角α_{AB}，见图7-28。

$$D = \sqrt{(x_B - x_A)^2 + (y_B - y_A)^2} \tag{7-47}$$

$$\alpha_{AB} = \arctan \frac{y_B - y_A}{x_B - x_A} \tag{7-48}$$

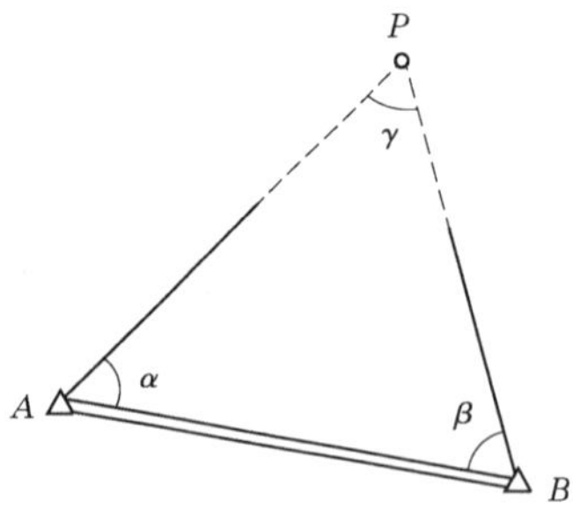

图7-27　前方交会

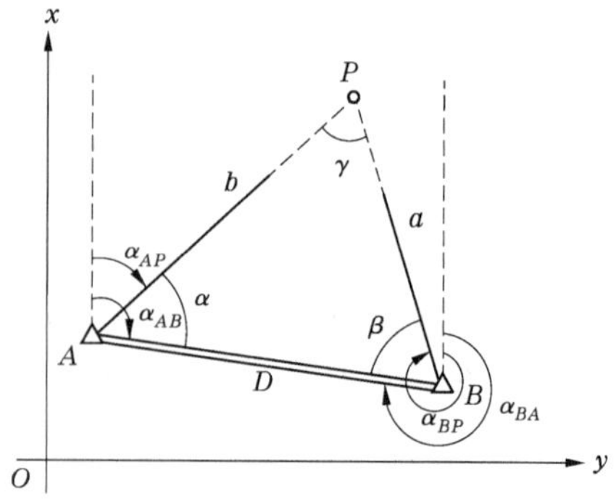

图7-28　光电测距导线法

2）待定边边长和坐标方位角的计算

按正弦定理计算已知点至待定点的边长a、b，计算公式为

$$\left.\begin{aligned} a &= \frac{D\sin\alpha}{\sin\gamma} = \frac{D\sin\alpha}{\sin(\alpha+\beta)} \\ b &= \frac{D\sin\beta}{\sin\gamma} = \frac{D\sin\beta}{\sin(\alpha+\beta)} \end{aligned}\right\} \tag{7-49}$$

按下式计算待定边的坐标方位角

$$\left.\begin{aligned} \alpha_{AP} &= \alpha_{AB} - \alpha \\ \alpha_{BP} &= \alpha_{BA} + \beta = \alpha_{AB} + \beta \pm 180^\circ \end{aligned}\right\} \tag{7-50}$$

3)待定点坐标的计算

首先,根据已算得的待定边的边长和坐标方位角,计算已知点 A、B 至待定点 P 的坐标增量为

$$\left.\begin{aligned} \Delta x_{AP} &= b\cos\alpha_{AP} \\ \Delta y_{AP} &= b\sin\alpha_{AP} \end{aligned}\right\} \tag{7-51}$$

$$\left.\begin{aligned} \Delta x_{BP} &= a\cos\alpha_{BP} \\ \Delta y_{BP} &= a\sin\alpha_{BP} \end{aligned}\right\} \tag{7-52}$$

然后分别从 A、B 点计算待定点 P 的坐标,两次算得的坐标可作为相互检核

$$\left.\begin{aligned} x_P &= x_A + \Delta x_{AP} \\ y_P &= y_A + \Delta y_{AP} \end{aligned}\right\} \tag{7-53}$$

$$\left.\begin{aligned} x_P &= x_B + \Delta x_{BP} \\ y_P &= y_B + \Delta y_{BP} \end{aligned}\right\} \tag{7-54}$$

2. 用余切公式计算 P 点的坐标

1)余切公式及其推导

使用该方法计算时,为了检核,还需要在 P 点安置仪器测出 γ 角,计算出角度闭合差

$$\omega = \alpha + \beta + \gamma - 180^\circ$$

然后将闭合差反号平均分配到 α、β、γ 三个角值中,按下式可直接算出 P 点坐标

$$\left.\begin{aligned} x_P &= \frac{x_A\cot\beta + x_B\cot\alpha - y_A + y_B}{\cot\alpha + \cot\beta} \\ y_P &= \frac{y_A\cot\beta + y_B\cot\alpha + x_A - x_B}{\cot\alpha + \cot\beta} \end{aligned}\right\} \tag{7-55}$$

式(7-55)称为余切公式,该式推导如下:

从图 7-29 中可以看到

$$\left.\begin{aligned} x_P - x_A &= \Delta x_{AP} = D_{AP}\cos\alpha_{AP} \\ y_P - y_A &= \Delta y_{AP} = D_{AP}\sin\alpha_{AP} \end{aligned}\right\}$$

$$\alpha_{AP} = \alpha_{AB} - \alpha$$

可得

$$\begin{aligned} x_P - x_A &= D_{AP}\cos(\alpha_{AB} - \alpha) \\ &= D_{AP}(\cos\alpha_{AB}\cos\alpha + \sin\alpha_{AB}\sin\alpha) \\ y_p - y_A &= D_{AP}\sin(\alpha_{AB} - \alpha) \\ &= D_{AP}(\sin\alpha_{AB}\cos\alpha - \cos\alpha_{AB}\sin\alpha) \end{aligned}$$

因

$$\cos\alpha_{AB} = \frac{x_B - x_A}{D_{AB}}, \quad \sin\alpha_{AB} = \frac{y_B - y_A}{D_{AB}}$$

故 $$x_P - x_A = D_{AP}\frac{\sin\alpha}{D_{AB}}[(x_B - x_A)\cot\alpha + (y_B - y_A)]$$

$$y_P - y_A = D_{AP}\frac{\sin\alpha}{D_{AB}}[(y_B - y_A)\cot\alpha - (x_B - x_A]$$

又 $$\frac{D_{AP}}{D_{AB}} = \frac{\sin\beta}{\sin(\alpha+\beta)}$$

将上式两端同乘以 $\sin\alpha$,得

$$\frac{D_{AP}\sin\alpha}{D_{AB}} = \frac{\sin\beta\sin\alpha}{\sin(\alpha+\beta)} = \frac{\sin\beta\sin\alpha}{\sin\alpha\cos\beta + \cos\alpha\sin\beta} = \frac{1}{\cot\beta + \cot\alpha}$$

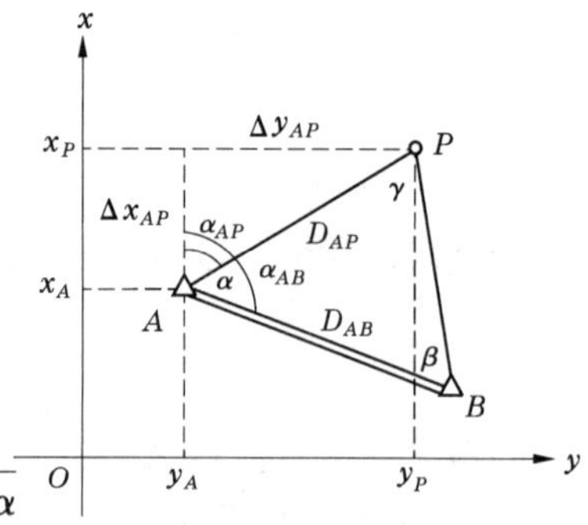

图 7-29 余切公式法

故 $$x_P - x_A = \frac{(x_B - x_A)\cot\alpha + (y_B - y_A)}{\cot\alpha + \cot\beta}$$

$$y_P - y_A = \frac{(y_B - y_A)\cot\alpha - (x_B - x_A)}{\cot\alpha + \cot\beta}$$

移项

$$x_P = \frac{(x_B - x_A)\cot\alpha + (y_B - y_A)}{\cot\alpha + \cot\beta} + \frac{x_A(\cot\alpha + \cot\beta)}{\cot\alpha + \cot\beta} = \frac{x_A\cot\beta + x_B\cot\alpha - y_A + y_B}{\cot\alpha + \cot\beta}$$

$$y_P = \frac{(y_B - y_A)\cot\alpha - (x_B - x_A)}{\cot\alpha + \cot\beta} + \frac{y_A(\cot\alpha + \cot\beta)}{\cot\alpha + \cot\beta} = \frac{y_A\cot\beta + y_B\cot\alpha + x_A - x_B}{\cot\alpha + \cot\beta}$$

式(7-55)在测量计算中得到广泛的应用。应用该公式时,A、B、P 点应为逆时针编排,α、β、γ 角也须与 A、B、P 三点按图 7-27 的规律对应编排,否则将会导致计算错误。

2)正切公式

如果将 $\cot\alpha = 1/\tan\alpha$,$\cot\beta = 1/\tan\beta$ 代入式(7-55),则得前方交会直接计算待定点坐标的又一公式,又称正切公式

$$\left.\begin{aligned} x_P &= \frac{x_A\tan\alpha + x_B\tan\beta + (y_B - y_A)\tan\alpha\tan\beta}{\tan\alpha + \tan\beta} \\ y_P &= \frac{y_A\tan\alpha + y_B\tan\beta + (x_A - x_B)\tan\alpha\tan\beta}{\tan\alpha + \tan\beta} \end{aligned}\right\} \qquad (7\text{-}56)$$

3)检核计算

同样,按余切公式计算已知点 B 的坐标,如果计算出的 B 点坐标与其已知的坐标一致,则说明计算无误。B 点坐标使用下式计算

$$\left.\begin{aligned} x_B &= \frac{x_P\cot\alpha + x_A\cot\gamma - y_P + y_A}{\cot\alpha + \cot\gamma} \\ y_B &= \frac{y_P\cot\alpha + y_A\cot\gamma + x_P - x_A}{\cot\alpha + \cot\gamma} \end{aligned}\right\}$$

【例 7-6】 表 7-16 为前方交会计算示例。其中,新桥、凤鸣山为已知坐标点,马鞍山为未知点。

二、测边交会

(一)外业工作

如图 7-30 所示,A、B 为已知坐标点,P 为坐标待求点。首先,根据地形情况和已知点 A、B 的位置情况选择确定出 P 点位置,用标志将 P 点固定下来,并树立观测标志;然后,在未知点 P 安置全站仪,在 A、B 两点安置反光镜,对边长 b、a 各进行一测回的观测。同样,测边交会要求在已知点 A、B 的交会角应在 30° ~150°,观测误差应满足表 7-15 的要求。

表 7-16　前方交会计算示例

示意图	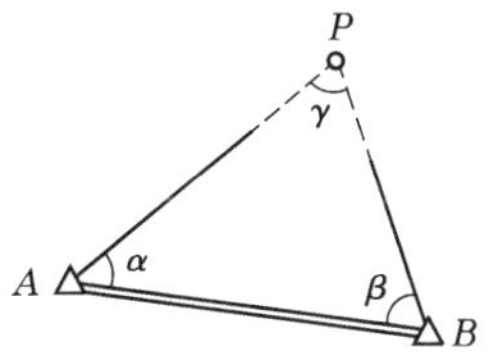			略图	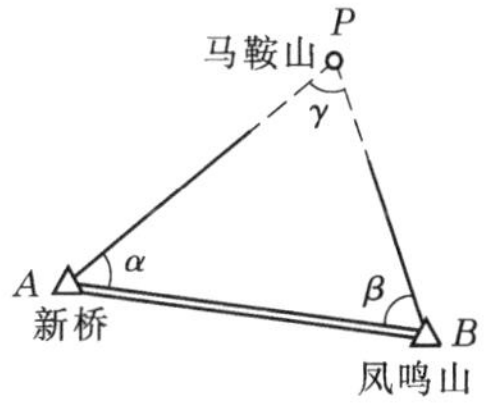		说明	马鞍山的坐标计算及计算编号见略图中
点号	点名	角号	观测角值 (°　′　″)	改正值 $-w/3$(″)	平差角值 (°　′　″)	角之余切 Σ	坐标	
							x(m)	y(m)
						1. 272 825		
P	马鞍山	γ	54　34　24	−8	54　34　16	0. 711 422	82 499. 774	18 353 080. 152
A	新　桥	α	60　41　32	−8	60　41　24	0. 561 403	82 230. 095	18 353 153. 696
B	凤鸣山	β	64　44　28	−8	64　44　20	0. 471 868	82 406. 822	18 353 333. 132
Σ			180　00　24	−24	180　00　00	1. 033 271		

(二)待定点 P 的坐标计算

1. 将测边交会化为前方交会的方式计算

1)计算三角形两内角

根据三角形 ABP 的三边长度 a、b、c,用余弦定理计算三角形的两个内角 α 和 β。

$$\alpha = \arccos\left(\frac{b^2 + c^2 - a^2}{2bc}\right) \tag{7-57}$$

$$\beta = \arccos\left(\frac{a^2 + c^2 - b^2}{2ac}\right) \tag{7-58}$$

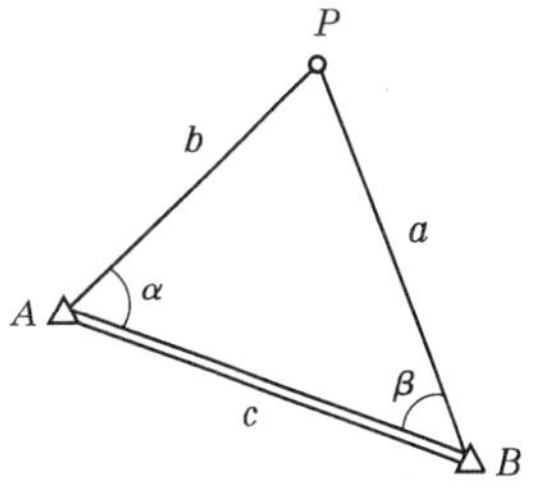

图 7-30　测边交会

2)计算等定边的坐标方位角

$$\left.\begin{aligned} \alpha_{AP} &= \alpha_{AB} - \alpha \\ \alpha_{BP} &= \alpha_{BA} + \beta \end{aligned}\right\} \tag{7-59}$$

3)计算未知点 P 的坐标

首先根据观测边长 a、b 和坐标方位角计算坐标增量,然后再计算未知点 P 的坐标,即

$$\left.\begin{aligned} \Delta x_{AP} &= b\cos\alpha_{AP} \\ \Delta y_{AP} &= b\sin\alpha_{AP} \end{aligned}\right\},\quad \left.\begin{aligned} x_P &= x_A + \Delta x_{AP} \\ y_P &= y_A + \Delta y_{AP} \end{aligned}\right\} \tag{7-60}$$

2. 用公式计算待定点的坐标

1) 反算已知点间边长和坐标方位角

$$D_{AB} = c = \sqrt{(x_B - x_A)^2 + (y_B - y_A)^2}$$

$$R_{AB} = \arctan\left|\frac{\Delta y_{AB}}{\Delta x_{AB}}\right|$$

再根据坐标增量的正负，确定 $A \sim B$ 所在的象限，根据所在象限坐标方位角与象限角的关系计算出坐标方位角 α_{AB}。

2) 辅助线段 h、e 的计算

根据三角形的边角关系，可以推导得直接计算待定点坐标的公式。图 7-31 中，过 P 点作 AB 边的垂线，交 AB 于 D 点，得辅助线段 $AD(e)$，$PD(h)$，则

$$b^2 - e^2 = h^2 = a^2 - (c - e)^2, \quad 2ce = b^2 + c^2 - a^2$$

辅助线段的长度为

$$e = \frac{b^2 + c^2 - a^2}{2c} \tag{7-61}$$

$$h = \sqrt{b^2 - e^2} \tag{7-62}$$

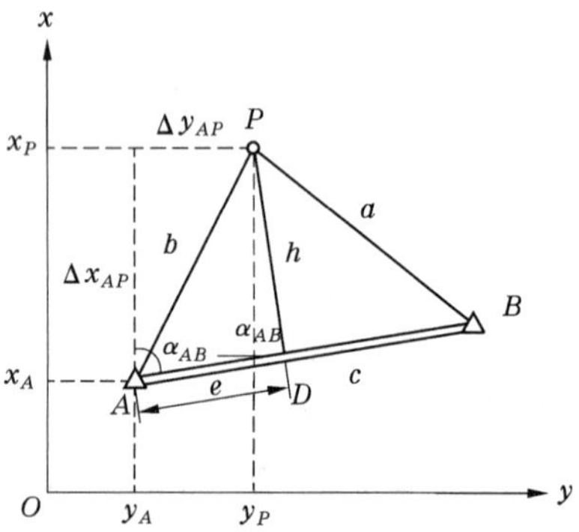

图 7-31 测边交会计算

3) 待定点 P 的坐标的计算

由图 7-31 可见，A、P 间的坐标增量可表达如下

$$\left.\begin{aligned}\Delta x_{AP} &= e\cos\alpha_{AB} + h\sin\alpha_{AB}\\ \Delta y_{AP} &= e\sin\alpha_{AB} - h\cos\alpha_{AB}\end{aligned}\right\} \tag{7-63}$$

待定点 P 的坐标可表达为

$$\left.\begin{aligned}x_P &= x_A + e\cos\alpha_{AB} + h\sin\alpha_{AB}\\ y_P &= y_A + e\sin\alpha_{AB} - h\cos\alpha_{AB}\end{aligned}\right\} \tag{7-64}$$

4) 检查计算

求得 P 点坐标以后，可用距离公式计算 D_{AP} 和 D_{BP}，并与测量距离 a、b 进行比较，达到检核计算的目的，即

$$\left.\begin{aligned}\sqrt{(x_P - x_B)^2 + (y_P - y_B)^2} &= a\\ \sqrt{(x_P - x_A)^2 + (y_P - y_A)^2} &= b\end{aligned}\right\} \tag{7-65}$$

【例 7-7】 测边交会用直接法计算待定点坐标的算例，见表 7-17。

表 7-17 测边交会坐标计算表格 （单位：m）

计算略图及计算公式	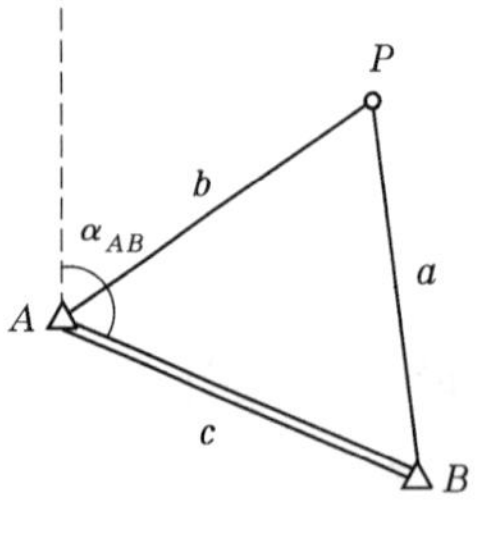	$e = \dfrac{b^2 + c^2 - a^2}{2c}$ $h = \sqrt{b^2 - e^2}$ $\left.\begin{aligned}x_P &= x_A + e\cos\alpha_{AB} + h\sin\alpha_{AB}\\ y_P &= y_A + e\sin\alpha_{AB} - h\cos\alpha_{AB}\end{aligned}\right\}$

续表 7-17

点号	A	B	坐标增量	反算已知边长和方位角		
x(m)	1 630.744	1 278.330	−352.414	α_{AB}	121°32′02″	
y(m)	834.560	1 408.885	574.325	c(m)	673.828	
e(m)	233.539 5	h(m)	274.074 6	观测边长		
$\cos\alpha_{AB}$	−0.523 002 8	$\sin\alpha_{AB}$	0.852 331 0	a(m)	518.624	
Δx_{AP}	111.460	Δy_{AP}	342.395	b(m)	360.080	
x_P(m)	1 742.204	y_P(m)	1 176.955	检核计算	a(m)	518.624
Δx_{BP}	463.874	Δy_{BP}	−231.930		b(m)	360.080

思考与练习题

1. 测量控制网点的布设原则是什么？

2. 控制网分为哪几种？

3. 什么叫图根导线？它有哪几种布设形式？各在什么情况下使用？

4. 导线测量的外业工作包括哪些？现场选点时应注意哪些问题？

5. 什么叫连接角？它有什么用处？

6. 计算导线坐标时，需要哪些观测数据和起算数据？

7. 什么叫坐标正算和坐标反算？

8. 已知 $x_A = 515.98$ m，$y_A = 972.14$ m，$\alpha_{AB} = 313°46'12''$，$D_{AB} = 179.38$ m，试求 x_B、y_B 的值。

9. 利用 8 题中的 x_A、y_A 和计算的 x_B、y_B 反算求 D_{AB} 和 α_{AB}。

10. 闭合导线和附合导线在计算中有哪些异同点？有哪些检核手续？如何进行检核？

11. 图 7-32 为一闭合导线，已知数据和观测值均标注于图中，请按闭合导线的计算方法计算出导线各点的坐标。

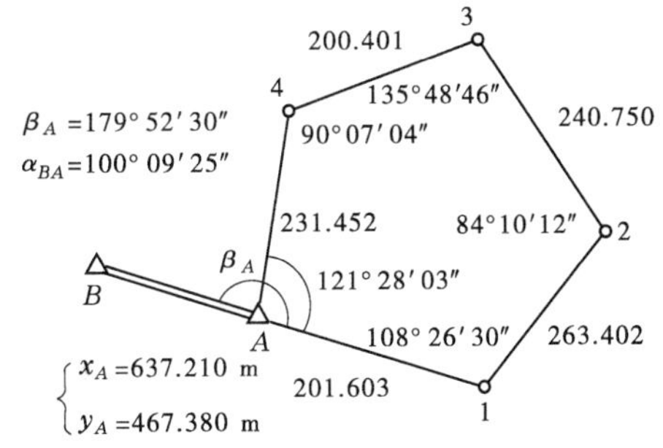

图 7-32　闭合导线计算

12. 图 7-33 为一附合导线，已知数据和观测值均标注于图中，请按附合导线的计算方法计算出各未知点的坐标。

13. 图 7-34 为一附合导线，表 7-18 为已知点坐标和观测值，请按附合导线的计算方法计算附合导线中各点的坐标。

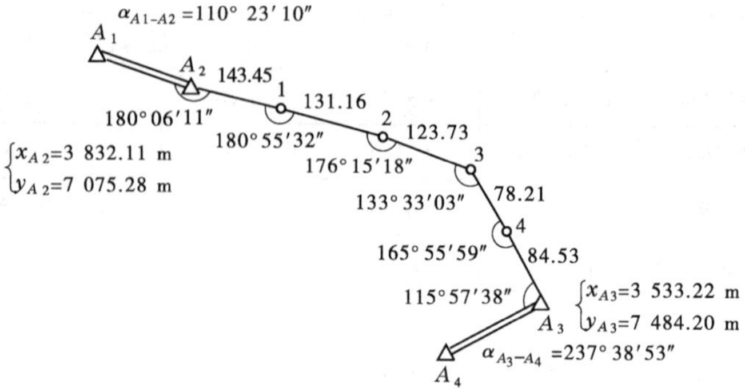

图 7-33　附合导线计算

表 7-18　附合导线计算

点号	观测角值 (° ′ ″)	观测边长 (m)	已知点坐标 x	已知点坐标 y
A	99　01　00		2 507.70	2 215.83
		225.85		
1	167　45　00			
		139.03		
2	123　11　24			
		172.57		
3	189　20　11			
		100.07		
4	179　59　18			
		107.48		
C	129　27　24		2 224.84	2 795.36

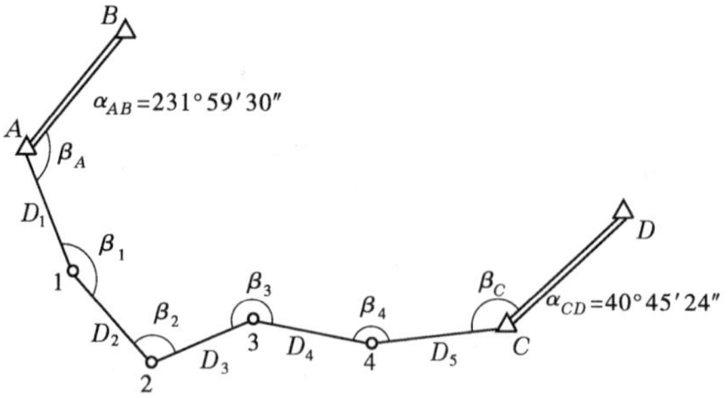

图 7-34　附合导线计算

14. 图 7-35 为 3 个已知点的前方交会，其中 *A*、*B*、*C* 为已知坐标点，已知数据列入表 7-19 中，试求未知点 *P* 的坐标。

15. 图 7-36 为测边交会，网中 *A*、*B* 为已知坐标点，*a*、*b* 为观测边长，*P* 为待求点，请计算未知点 *P* 的平面坐标。

表 7-19

已知数据			观测数据	
点名	x(m)	y(m)	角号	水平角度值 (° ′ ″)
A	3 646.35	1 054.54	α_1	64 03 30
B	3 873.96	1 772.68	β_1	59 46 40
C	4 538.45	1 862.57	α_2	55 30 36
			β_2	72 44 47

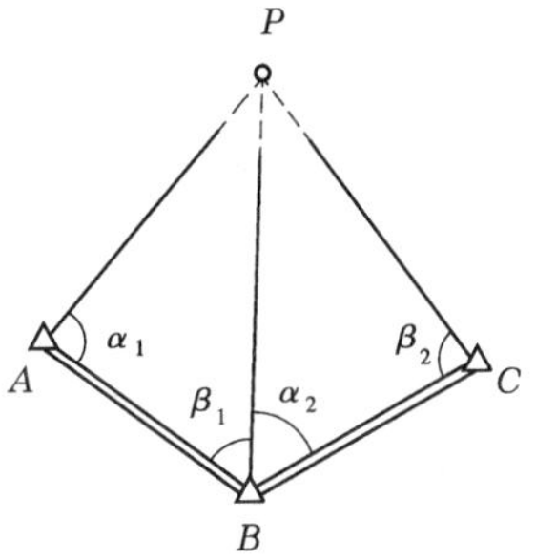

图 7-35　前方交会计算

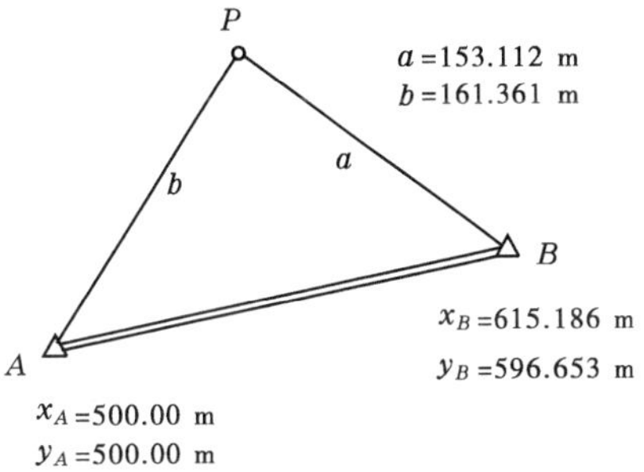

图 7-36　测边交会计算

第八章　大比例尺地形图的测绘

教学内容：

主要介绍大比例尺地形图的基本知识，地物和地貌在地形图上的表示方法，大比例尺地形图测绘的原理、方法和要求，地形图的拼接与整饰，地形图检查、验收与质量评定的程序与方法。

知识目标：

能正确陈述大比例尺地形图分幅与编号方法和流程、地形地貌在大比例尺地形图上的表示方法、大比例尺地形图测绘的内容与取舍方法，能基本正确陈述地形图的检查、验收程序与质量评定的标准。

技能目标：

能进行大比例尺地形图的分幅和编号，能用对角线法与格网尺法进行方格网的绘制，能用经纬仪测绘法进行地形图的野外测绘，能熟练进行等高线的勾绘，能熟练地对图面各种要素进行清绘，能进行地形图的拼接与整饰。

第一节　地形图的基本知识

一、地形图的概念

在地面上进行测量工作时，可以得到一系列数据，如点的平面坐标、高程等，通常根据不同目的将这些数据绘制成各种表示地面情况的图形。按图的内容和成图方法的不同，可分为地图、地形图、平面图、专题图及断面图等。

（一）地图

当在较大范围内测绘地面图形时，就不能将水准面看做平面，必须考虑地球曲率的影响。通常采用地图投影的方法，将参考椭球面上的图形编绘成平面图形，这种图称为地图。它有严格的数学基础、科学的符号系统和完善的文字注记规则。地图上的图形，因投影的关系都有一定的变形。

（二）地形图

把地面上的房屋、道路、河流、耕地、植被等一系列固定物体及地面上各种高低起伏的形态，经过综合取舍，按一定比例尺缩小，以专门的图式符号加注记描绘在图纸上的正射投影（投影线与投影面垂直相交的正投影）图，都可称为地形图。地形是地物和地貌的总称。地物是指地面天然或人工形成的各种固定物体，如河流、森林、房屋、道路、农田等；地貌是指地表面的高低起伏形态，如高山、丘陵、平原、洼地等。地形图上一般以图式符号加注记表示地物，用等高线表示地貌。

无论哪种比例尺的地形图，图上均包括以下基本内容。

1. 数学要素

数学要素，即图的数学基础，诸如坐标格网、投影关系、图的比例尺和控制点等，以保证地形图具有必要的精度。

2. 自然地理要素

自然地理要素，即表示地球自然形态所包含的要素，诸如水系、地貌、植被等。

3. 社会经济要素

社会经济要素，即地面上人类活动所包含的要素，诸如居民地、道路网、通信设备、工业设施、经济文化和行政标志等。

4. 注记

注记，即对地物与地貌加以说明的文字、数字或特定符号等。

5. 整饰要素

整饰要素，即图名、图号、测图日期、测绘单位、成图方法、坐标系统和高程系统等。

（三）平面图

当测区范围较小时，可将水准面看做水平面，将地面上的地物点按正射投影的原理垂直投影到水平面上，并将投影在水平面上的地物的轮廓按一定的比例尺缩绘到图纸上去，这种图称为平面图。其特点是，平面图上的图形与地面上相应地物的图形是相似的，即它们的相应角度相等，边长成比例。

地形图与平面图的区别主要是：地形图既测量地物，也测量地貌；平面图只测量地物，不测量地貌。

（四）专题图

专题图以普通地图为底图，着重表示自然地理和社会经济各要素中的一种或几种，反映主要要素的空间分布规律、历史演变和发展变化等。专题图又称专门地图、主题地图、专业地图等。专题图的种类很多，但大体上可分为自然地图、社会经济图和工程技术图三类，如地质图、气候图、人口分布图、交通图、工程布局图等。

（五）断面图

为了了解某一方向的地面起伏情况，而把该方向的起伏状况按一定比例尺缩绘成的带状图，称为断面图（假想用剖切面将物体的某处切断，把仅画出该剖切面与物体接触部分的图形称做断面图）。

二、地形图比例尺

地面上各种要素不可能按其真实的大小描绘在有限面积的图纸上，必须缩小若干倍。地形图上经缩小后的任意一线段的长度与地面上相应线段的实际水平长度之比，称为该地形图的比例尺。

（一）比例尺的种类

根据比例尺表示方法的不同，一般可分为数字比例尺和图示比例尺两种。

1. 数字比例尺

数字比例尺一般用分子为 1 的分数形式表示。设图上某一直线的长度为 l，地面上相应线段的水平长度为 L，则地形图的比例尺为

$$\frac{l}{L}=\frac{1}{M}$$

式中　M——比例尺分母，也表示缩绘的倍数，一般为整数，如1∶500、1∶1 000。

比例尺的大小是以比例尺的比值来衡量的，分数值越大(分母 M 越小)，比例尺越大。

2. 图示比例尺

为了在测图或用图时减少数字换算上的麻烦及减弱由于图纸伸缩而引起的误差，在绘制地形图时，常在图上绘制图示比例尺。直线比例尺是最常见的图示比例尺。图 8-1 为1∶500的图示比例尺，在两条平行线上分成若干 2 cm 长的线段，称为比例尺的基本单位；把左端一段基本单位细分成10 等份，每等份相当于实地2 m，每一基本单位相当于实地10 m。图示比例尺标注在图纸的下方，便于用分规直接在图上量取直线段的水平距离，可以基本消除由于图纸伸缩而产生的误差影响。

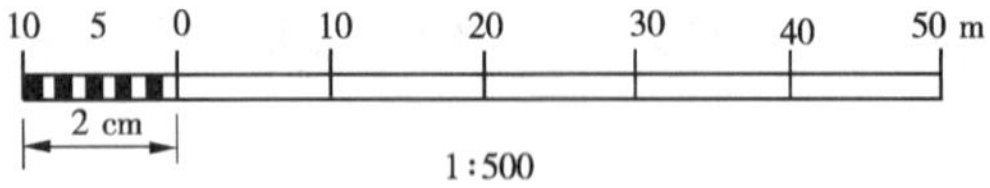

图 8-1　直线比例尺

(二)地形图按比例尺分类

为了满足经济建设和国防建设的需要，人们测绘和编制了各种不同比例尺的地形图。通常把1∶500、1∶1 000、1∶2 000、1∶5 000 的地形图称为大比例尺地形图，将1∶1万、1∶2.5 万、1∶5万、1∶10 万的地形图称为中比例尺地形图，将比例尺小于 1∶10 万的地形图称为小比例尺地形图(如1∶20 万、1∶50 万、1∶100 万的地形图)。

不同比例尺的地形图有不同的成图方法与用途。比例尺为 1∶500 和 1∶1 000 的地形图一般用平板仪、经纬仪或全站仪测绘，这两种比例尺的地形图常用于城市详细规划、工程设计施工等。比例尺为 1∶2 000、1∶5 000 和 1∶10 000 的地形图一般用更大比例尺的图缩制，大面积的比例尺测图也可以用航空摄影测量方法成图。1∶2 000 地形图常用于城市详细规划及工程项目初步设计，1∶5 000 和 1∶10 000 的地形图则用于城市总体规划、厂址选择、区域布置、方案比较等。中比例尺地形图是国家的基本图，由国家测绘部门负责测绘，目前均用航空摄影测量方法成图。小比例尺地形图一般由中比例尺地形图缩小编绘而成。按照地形图图式的规定，数字比例尺标注在图幅下方正中处。

(三)比例尺精度

正常人眼能分辨的最短距离一般为0.1 mm，再短的距离就无法辨认了。因此，在地形图上0.1 mm所代表的地面上的实地距离称为比例尺精度。即比例尺精度 =0.1M(mm)，M为比例尺分母。表 8-1 为几种比例尺的比例尺精度。

表 8-1　比例尺精度

比例尺	1∶500	1∶1 000	1∶2 000	1∶5 000
比例尺精度(m)	0.05	0.1	0.2	0.5

根据比例尺精度，不但可以按已定的比例尺知道测图时量距的精度和对景物图形的概括程度；也可以按用图的要求来考虑多大的地物需在图上表示出来，进而决定测图的比例尺。例如，测绘 1∶1 000 比例尺地形图时，实地距离的测量精度只需精确到0.1 m；如果要求

在图上能反映出实地 0.2 m 的距离，则所选用的地形图比例尺不应小于 1∶2 000。采用的测图比例尺越大，地物和地貌反映得就越详细，但测图工作量和投入就会成倍地增加。因此，在测量地形图时究竟选用多大的比例尺，应从工作需要出发来考虑。

三、地形图的分幅与编号

为了地形图的生产、管理和使用上的方便，必须对各种比例尺地形图进行统一的分幅和编号。地形图的分幅方法分为两大类：一类是按经纬线分幅的梯形分幅法，它用于国家基本比例尺地形图的分幅；另一类是按坐标格网分幅的矩形分幅法，它适用于各种工程建设中的大比例尺地形图的分幅。

(一)梯形图幅的分幅与编号

为适应我国政治、经济和国防建设的需要，国家统一规划、测制了 7 种基本比例尺地形图，它们的比例尺分别是 1∶100 万、1∶50 万、1∶25 万(或 1∶20 万)、1∶10 万、1∶5万、1∶2.5 万、1∶1万。各基本比例尺地形图都是以 1∶100 万地形图为基础来进行分幅与编号的。根据测制时期的不同(以 1993 年 3 月为界)，国家基本比例尺地形图又有老的和新的两种分幅与编号方法。

1. 国家基本比例尺地形图老的分幅与编号

1)1∶100 万比例尺地形图的分幅与编号

为了使全球地形图统一，在 20 世纪初国际地理学会上通过了将 1∶100 万地形图作为国际性地图的决议，并对该图的规格、投影、表示方法、内容选择等作了一系列的规定，1∶100 万地形图也被称为国际地图。

1∶100 万地形图的标准分幅是经差 6°，纬差 4°；由于随着纬度的增大，地图面积逐渐缩小，所以规定在纬度 60° ~ 76°时双幅合并，即每幅图经差 12°，纬差 4°；在纬度 76° ~ 88°时由四幅合并，即每幅图经差24°，纬差 4°；纬度 88°以上单独为一幅。我国处于纬度 60°以下，故没有合幅的情况。

如图 8-2 所示，从赤道起，每隔纬差 4°为一列，至北(南)纬 88°，分为 22 横列，依次用英文字母 A，B，…，V 表示相应的列号，列号前分别加 N 或 S，以区别北半球和南半球。从 180°经线起，自西向东每隔经差 6°为一行，将全球分为 60 纵行，依次用 1，2，…，60 来表示。地形图图号采用行列式编号，即“列号 - 行号”。例如某地的经度为东经 117°54′18″，纬度为北纬 39°56′12″，则其所在的 1∶100 万比例尺图的图号为 J - 50(因我国地处北半球，图号前的 N 可以省略)。高纬度的双幅、四幅合并时，图号也合并写出，如 NP - 35，36；NT - 37，38，39，40。

2)1∶50 万、1∶25 万、1∶10 万地形图的编号

这三种地形图的编号都是在 1∶100 万地形图图号后分别加上自己的代号组成的，如图 8-3所示。

一幅 1∶100 万地图按纬差 2°、经差 3°划分为四幅1∶50万地图，分别用 A、B、C、D 表示，其编号是在 1∶100 万地形图的编号后加上它本身的序号，例如 J - 50 - A。

一幅 1∶100 万地图按纬差 1°、经差 1°30′划分为 16 幅 1∶25 万地图，分别用带括号的数字(1) ~ (16)表示，其编号是在 1∶100 万地形图的编号后加上它本身的序号，如 J - 50 - (2)。

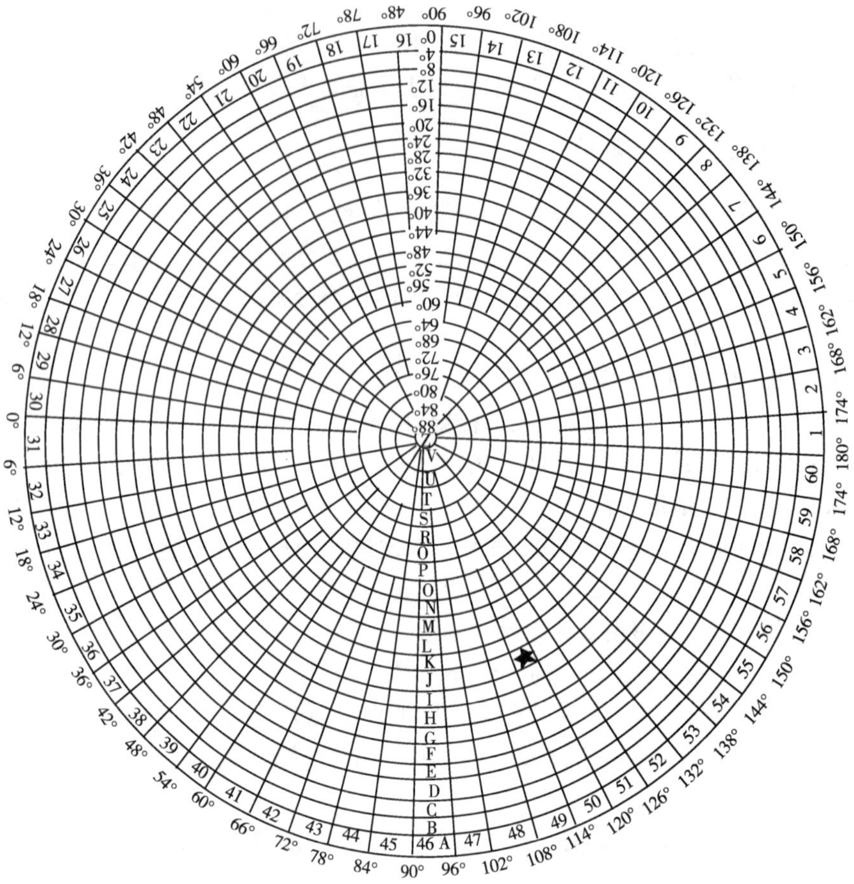

图 8-2　国际 1∶100 万地形图分幅与编号

一幅 1∶100 万地图按纬差 20′、经差 30′划分 144 幅 1∶10 万地图，分别用数字 1 ~ 144 表示，其编号是在 1∶100 万地形图的编号后加上它本身的序号，如 J－50－5（见图 8-3）。

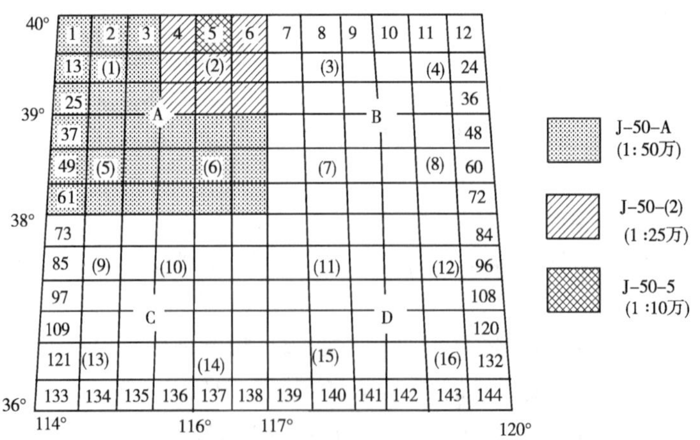

图 8-3　1∶50 万、1∶25 万、1∶10 万地形图分幅与编号

3)1∶5万、1∶2.5万、1∶1万地形图的编号

这三种比例尺地形图的图号是在1∶10万地形图图号的基础上延伸出来的，如图8-4所示。

将一幅1∶10万的地形图按纬差10′、经差15′的大小，将一幅1∶10万地图划分为四幅1∶5万地图，分别用A、B、C、D表示，其编号是在1∶10万地形图的编号后加上它本身的序号，如J－50－5－B。

将一幅1∶5万的地形图按纬差5′、经差7′30″划分为四幅1∶2.5万地形图，分别用1、2、3、4表示，其编号是在1∶5万地形图的编号后加上它本身的序号，如J－50－5－B－4。

1∶1万地形图的编号，是以一幅1∶10万地形图按纬差2′30″、经差3′45″的大小划分为8行8列64幅1∶1万地形图，分别以带括号的(1)～(64)表示，其编号是在1∶10万图号后加上1∶1万地图的序号，如J－50－5－(24)。

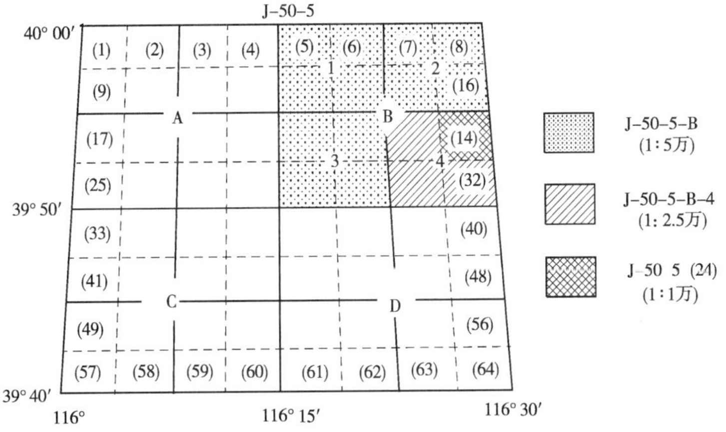

图8-4　1∶5万、1∶2.5万、1∶1万地形图分幅与编号

4)1∶5 000比例尺地形图的分幅与编号

1∶5 000地形图的分幅与编号是在1∶1万地形图的基础上进行的，如图8-5所示。

每幅1∶1万地形图分成四幅1∶5 000地形图，用a、b、c、d表示，其纬差是1′15″，经差是1′52.5″。1∶5 000地形图的编号，是在1∶1万地形图的编号后加上自身的代号。北京某点所在的1∶5 000地形图的编号为J－50－5－(24)－b。表8-2列出了上述各种比例尺地形图的图幅大小、图幅间的数量关系。

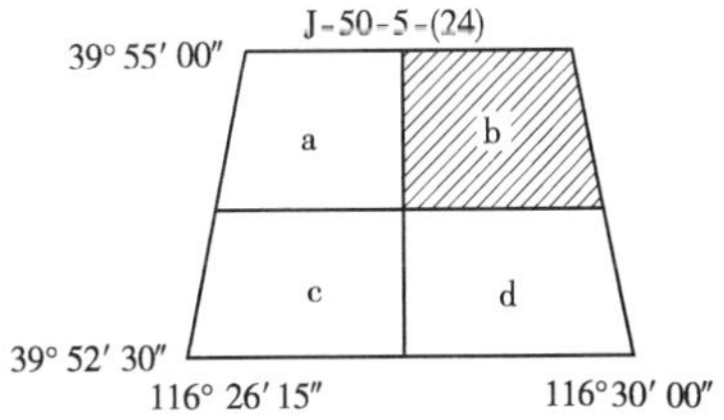

图8-5　1∶5 000地形图的分幅与编号

表8-2为老的国家基本比例尺地形图分幅与编号一览表。在20世纪50～90年代，我国出版的基本比例尺地形图都采用这种分幅和编号方法。

如果已知某地的经纬度，要求该地所在图幅的编号，可用图解法或计算法求得。

【例8-1】　已知某地的经度为117°54′18″(E)，纬度为39°56′12″(N)，试求该地所在国际地图的编号。

(1)图解法：

直接在图8-1中根据经度查得该地所在的行号为50，根据纬度查得该地所在的列号为

J,该地所在国际地图的编号为 J－50。

表 8-2 国家基本比例尺地形图的分幅与编号(老)

地形图比例尺	图幅大小		在一幅 1:100 万地形图中的幅数	某地所在图幅的编号示例
	经差	纬差		
1:100 万	6°	4°	1	J－50
1:50 万	3°	2°	4	J－50－A
1:25 万	1°30′	1°	16	J－50－(2)
1:10 万	30′	20′	144	J－50－5
1:5万	15′	10′	在一幅 1:10 万地形图中的幅数 4	J－50－5－B
1:2.5 万	7′30″	5′	在一幅 1:5万地形图中的幅数 4	J－50－5－B－4
1:1万	3′45″	2′30″	在一幅 1:10 万地形图中的幅数 64	J－50－5－(24)

(2)计算法:

$$\text{纵行号} = \mathrm{INT}\left(\frac{117°54'18''}{6°}\right) + 31 = 50$$

$$\text{横列号} = \mathrm{INT}\left(\frac{39°56'12''}{4°}\right) + 1 = 10 \quad (10\ \text{对应 J})$$

故编号为 J－50。

2. 国家基本比例尺地形图新的分幅与编号

1992 年 12 月我国颁布了新制订的国家标准《国家基本比例尺地形图分幅和编号》(GB/T 13989—92),自 1993 年 3 月起实行。从此,新测和更新的基本比例尺地形图均须按照新的标准进行分幅和编号。

新的分幅、编号标准与老的相比有以下不同:

(1)1:5 000 地形图被列入国家基本比例尺地形图系列。

(2)分幅虽仍以 1:100 万地形图为基础,经纬差没有改变,但划分的方法不同,即全部由 1:100 万地图逐次加密划分而成;此外,过去的纵行、横列改成了现在的横行、纵列。

(3)编号仍以 1:100 万地形图编号为基础,下接相应比例尺的行、列代码所构成,并增加了比例尺代码。因此,所有 1:50 万～1:5 000 地形图的图号均由 5 个元素 10 位代码组成。编码系列统一为一个根部,编码长度相同,便于计算机的识别和处理。

以 1:100 万地形图为基础,用新的分幅标准按各种基本比例尺地形图的经纬差划分的图幅,其行列数和图幅数成简单的倍数关系,见表 8-3。

新的 1:100 万地形图的编号是由该图所在的行号(字符码)和列号(数字码)组合而成的,如成都所在的 1:100 万地形图图号为 J50。

1:50 万～1:5 000 地形图编号均是在 1:100 万地形图图号的基础上采用行列式的编号方法。将 1:100 万地形图按所含各比例尺地形图的经差和纬差划分成若干行和列,行从上到下,列从左到右按顺序分别用阿拉伯数字(数字码)编号,如图 8-6 所示。图幅编号的行、列代码均采用三位十进制数字表示，不足三位时前面加 0，取行号在前、列号在后的排列形式标记，加在所在的 1∶100 万地形图的图号之后。

表 8-3　国家基本比例尺地形图的分幅与编号（新）

比例尺		1∶100 万	1∶50 万	1∶25 万	1∶10 万	1∶5万	1∶2.5 万	1∶1万	1∶5 000
图幅范围	经差	6°	3°	1°30′	30°	15°	7′30″	3′45″	1′52.5″
	纬差	4°	2°	1°	20′	10′	5′	2′30″	1′15″
行列数量关系	行数	1	2	4	12	24	48	96	192
	列数	1	2	4	12	24	48	96	192
图幅数量关系		1	4	16	144	576	2 304	9 216	36 864
			1	4	36	144	576	2 304	9 216
				1	9	36	144	576	2 304
					1	4	36	144	576
						1	4	36	144
							1	4	36
								1	4
									1

为了不至使各种比例尺混淆，分别用不同的英文字母作为各种比例尺的代码，其规定见表 8-4。

表 8-4　国家基本比例尺地形图的比例尺代码

比例尺	1∶50 万	1∶25 万	1∶10 万	1∶5万	1∶2.5 万	1∶1万	1∶5 000
代码	B	C	D	E	F	G	H

这样，1∶50 万～1∶5 000 比例尺地形图的图号就由 5 个元素 10 位码构成，其形式如图 8-7所示。

【例 8-2】　在 1∶100 万地形图 J50 中

西北角的 1∶50 万地形图图号为：J50B001001

西南角的 1∶10 万地形图图号为：J50D012001

东北角的 1∶2.5 万地形图图号为：J50F001048

东南角的 1∶5 000 地形图图号为：J50H192192

（二）矩形图幅的分幅与编号

1. 矩形图幅的分幅

大比例尺地形图是采用平面直角坐标的纵、横坐标线为界线来分幅的，图幅的大小通常为 50 cm×50 cm、40 cm×50 cm、40 cm×40 cm，每幅图中以 10 cm×10 cm 为基本方格。一般规定：对 1∶5 000 的地形图，采用纵、横各 40 cm 的图幅；对 1∶2 000、1∶1 000 和 1∶500 的地形图，采用纵、横各 50 cm 的图幅；以上分幅称为正方形分幅。也可以采用纵距 40 cm、横距 50 cm 的分幅，称为矩形分幅，图幅大小如表 8-5 所示。

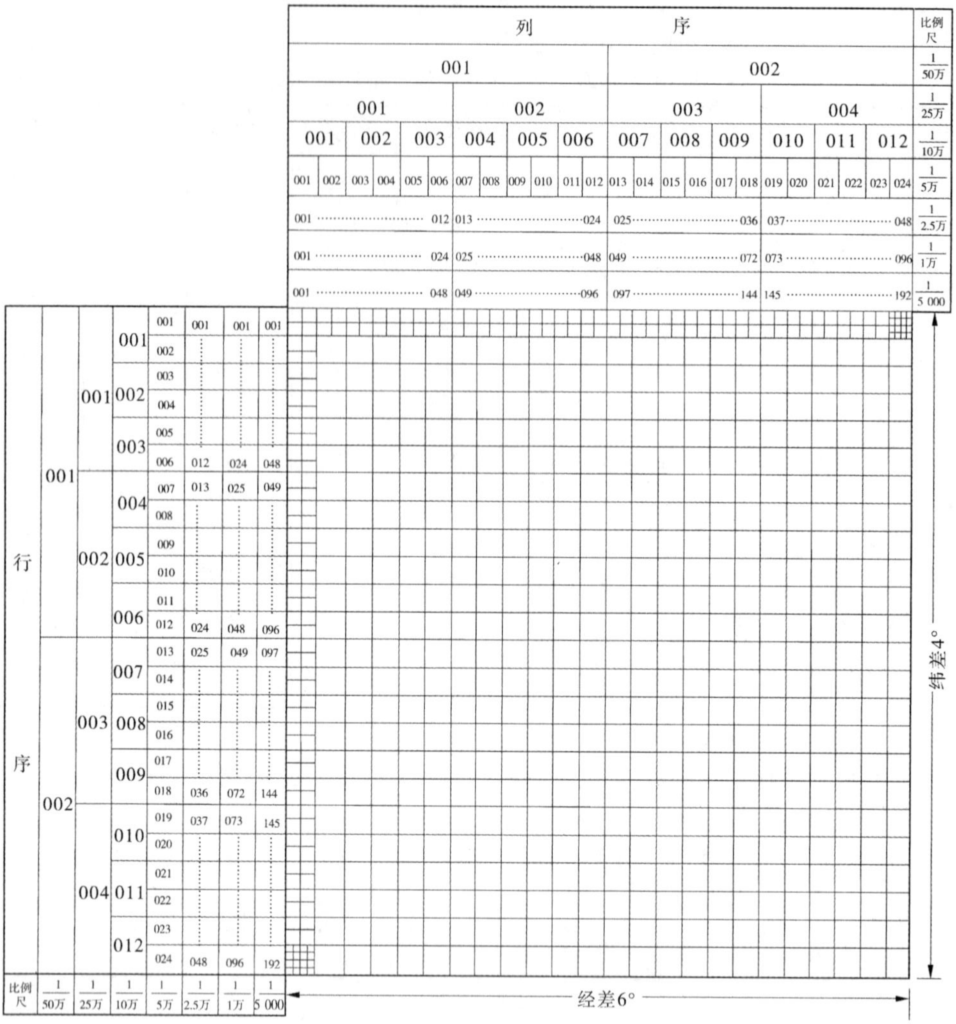

图 8-6　1∶100 万～1∶5 000 地形图的行、列编号(新)

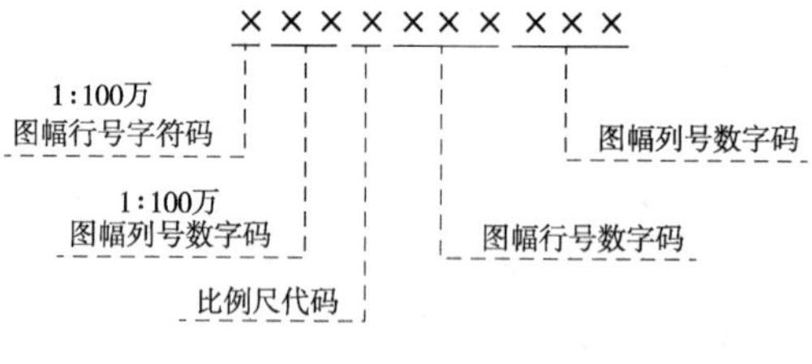

图 8-7　1∶50 万～1∶5 000 地形图新图号的构成

2. 矩形图幅的编号

正方形图幅号按坐标编号方法常见的有坐标编号法、数字顺序编号法、基本图号逐次编号法三种。

1) 坐标编号法

当测区坐标已和国家控制点联测时,矩形图幅的编号可由下列两部分组成:

表 8-5 矩形图幅的分幅及面积

比例尺	图幅大小（cm×cm）	实地面积（km^2）	格网线间隔（cm）	1 km^2 所含图幅数
1∶5 000	40×40	4	10	1/4
1∶2 000	50×50	1	10	1
1∶1 000	50×50	0.25	10	4
1∶500	50×50	0.062 5	10	16
1∶200	50×50	0.01	10	100

(1)以图幅所在投影带的中央子午线经度＋图幅西南角的纵横坐标值（以 km 为单位）组成。例如编号 117°－3 810.0－43.0，即表示该图幅所在投影带的中央子午线经度为 117°，图幅西南角坐标 X＝3 810 km，Y＝43 km，图 8-8 所示为 1∶5 000 地形图图幅号。

(2)图幅西南角坐标编号法。

以每幅图的图幅西南角坐标值 X、Y 的千米数作为图幅的编号，如图 8-9 所示为 1∶1 000 比例尺的地形图，按图幅西南角坐标编号法分幅，其中画阴影线的两幅图的编号分别为 3.0－1.5，2.5－2.5。

这种方法的编号和测区的坐标值联系在一起，便于按坐标查找。

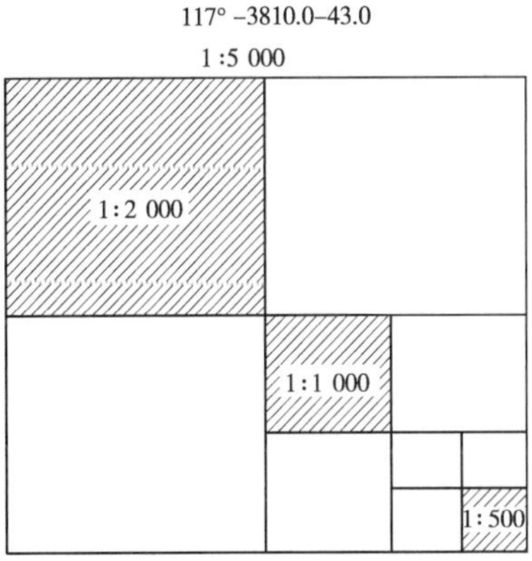

图 8-8 正方形分幅与编号

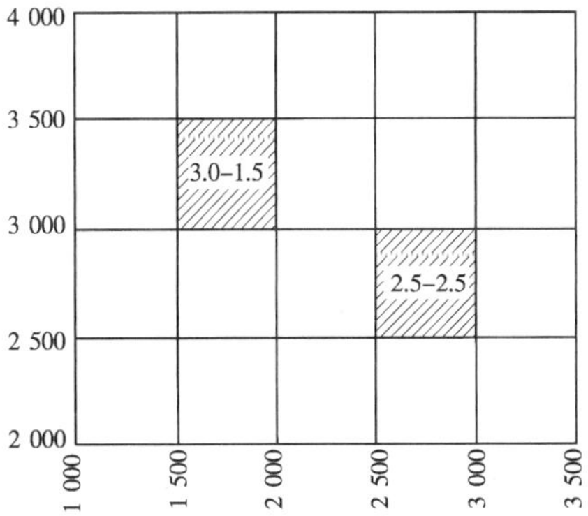

图 8-9 图幅西南角坐标编号法分幅

2）顺序编号法

对于小面积测区，可按数字、字母或两者相结合的方法顺序进行编号。一般有两种形式：流水编号法，即在整个测区内按从上到下、从左到右的顺序，按阿拉伯数字进行编号，见图 8-10(a)；行列式编号法，是将测区内所有的图幅，以英文字母为行号，以阿拉伯数字为列号，以图幅所在行的英文字母与所在列的阿拉伯数字组成本幅图的编号，见图 8-10(b)。

3）基本图号逐次编号法

1∶5 000～1∶500 比例尺地形图采用正方形分幅时，1∶5 000 图幅大小为 40 cm×40 cm，其他比例尺图幅大小则为 50 cm×50 cm。其编号方法如下：

以 1∶5 000 比例尺图的图幅西南角的坐标数字（用阿拉伯数字，以 km 为单位）作为它

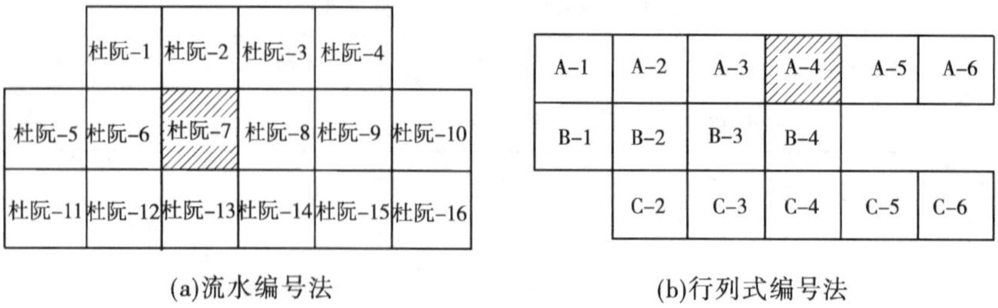

图 8-10　顺序编号法

的图号,并且作为包括于本图幅中的 1∶2 000 ~ 1∶500 比例尺图的基本图号。

1∶2 000 比例尺图的图号是在 1∶5 000 比例尺图的基本图号末尾,附加一个罗马数字Ⅰ、Ⅱ、Ⅲ、Ⅳ为子号形成。

1∶1 000 比例尺图的图号是在 1∶2 000 比例尺图的基本图号末尾,附加一个罗马数字Ⅰ、Ⅱ、Ⅲ、Ⅳ为子号形成。

1∶500 比例尺图的图号是在 1∶1 000 比例尺图的基本图号末尾,附加一个罗马数字Ⅰ、Ⅱ、Ⅲ、Ⅳ为子号形成。

例如,某 1∶5 000 图幅西南角的坐标值 $X = 32$ km, $Y = 56$ km,则其图幅编号为 32 - 56。这个图号将作为该图幅中的其他较大比例尺所有图幅的基本图号。图 8-11 中,在1∶5 000 图号的末尾分别加上罗马字数Ⅰ、Ⅱ、Ⅲ、Ⅳ,就是 1∶2 000 比例尺图幅的编号,即甲图幅编号 32 - 56 - Ⅰ。同样,在 1∶2 000 图幅编号的末尾分别再加上Ⅰ、Ⅱ、Ⅲ、Ⅳ,就是1∶1 000图幅的编号,即乙图幅编号 32 - 56 - Ⅳ - Ⅱ。在 1∶1 000 比例尺的图号末尾再加上Ⅰ、Ⅱ、Ⅲ、Ⅳ,就是 1∶500 图幅的编号。即丙图幅编号 32 - 56 - Ⅳ - Ⅲ - Ⅲ。

这种方法的编号也能将测区的坐标值联系在一起,便于按坐标查找。

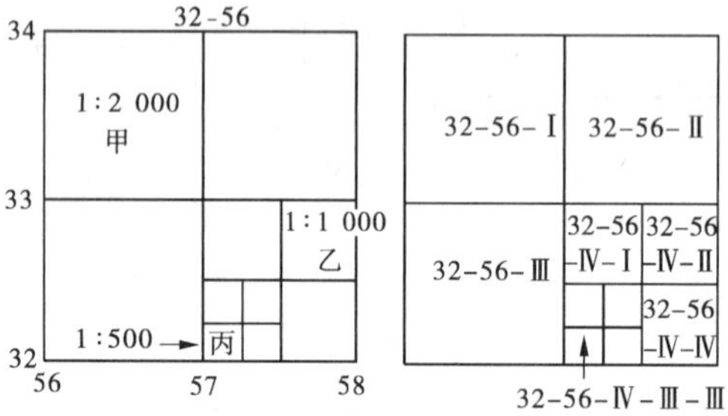

图 8-11　基本图号逐次编号法

四、地形图图廓和图廓外注记

在地形图的图框外标绘有许多注记和图表,如图 8-12 所示,它们是地形图上必不可少的内容。

(一)图廓

地形图的图廓分内图廓和外图廓。

内图廓是图幅范围的边界线。由经纬线分幅的国家基本比例尺地形图,其内图廓是经线和纬线,在内图廓的四角注有该图廓点的经纬度。矩形图幅的内图廓线由纵横坐标线构

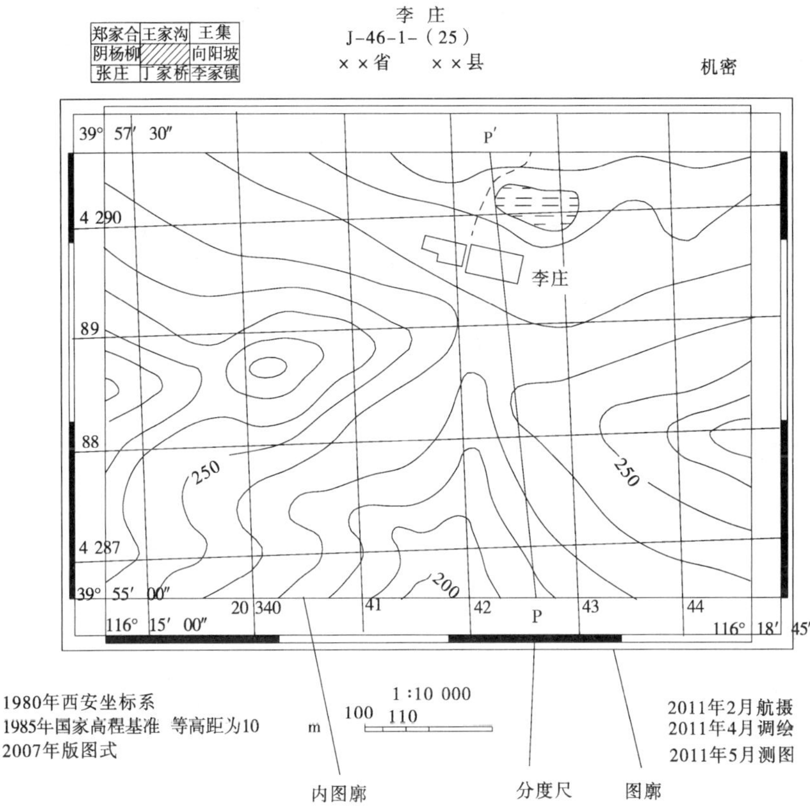

图 8-12 地形图图廓和图廓外注记

成,其四角注有该图廓点的平面直角坐标值。

外图廓是绘制在内图廓外边的加粗线,它把图廓线内外的内容分开并起到装饰作用。由经纬线分幅的地形图,在内外图廓之间还绘有分度尺,分度尺是经纬线图廓的加密分划,它是将图廓四边的经纬线长度分别按 1′的经差和纬差进行划分并用单双线或黑白相间线段绘出。利用分度尺可构成经纬线格网,借助格网可以更方便、更精确地量算出图内任一点的大地坐标。

(二)图名和图号

图名和图号标注于北图廓外的中央。图名是本幅图的名称,一般用图内最著名或重要的地名命名。图号就是图的编号,注在图名的下面。在地形图的图号下面还注有本图幅范围所属的行政区划名。

(三)接图表和接合图号

在图廓外左上角绘有接图表,中央阴影部分为本幅图,四周为相邻图幅的位置和图名。为了便于查找相邻图幅,有些地形图还在四条图廓边的中部注有相邻图幅的图号,即接合图号。

(四)平面直角坐标网

图内由相互垂直的两组直线所组成的方格网就是高斯平面直角坐标格网,在内、外图廓之间注有每条坐标格网线的纵横坐标值。根据坐标格网及其坐标值,可以确定图上任一点的高斯平面直角坐标。

在高斯投影中,由于相邻投影带的中央子午线不平行,以致两相邻投影带的纵横坐标线均斜交成一夹角。为了用图、拼图方便,规定我国基本比例尺地形图中位于投影带边缘相邻投影带重叠区内的图幅,在外图廓的外侧用短线绘制出邻带坐标格网,并注出其坐标值。

(五)比例尺

在南图廓线的下方中央,绘有直线比例尺和数字比例尺,用于图上量算距离。

(六)坡度尺

有些比例尺地形图,在比例尺的左侧绘有坡度尺,如图 8-13 所示,坡度尺的纵线表示等高线间的平距,横线自左向右注有 1°~30°的地面坡度,用来量取相邻两条或六条等高线之间的坡度。利用坡度尺在图上求坡度的方法是,用尺子在图上量取所要求的等高线之间的平距,然后在相应的坡度尺的纵线上找出同高的位置,在横线上读出坡度值。

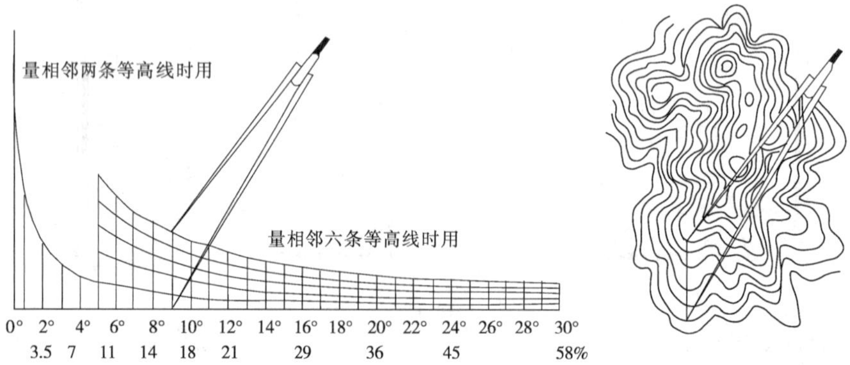

图 8-13 坡度尺

(七)三北方向图

在南图廓线的右下方,绘有表示真子午线、磁子午线和坐标纵线(中央子午线)之间角度关系的三北方向图,如图 8-14 所示。

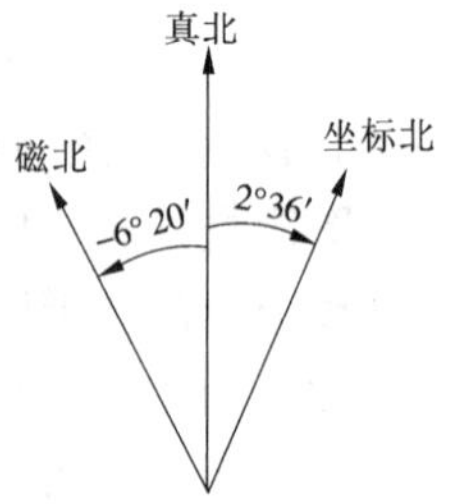

图 8-14 三北方向图

我国基本比例尺地形图中的东西内图廓线以及南、北分度尺对应端点所连成的线都是真子午线,真子午线可用来标定地图的真北方向。

在南北内图廓线上标有磁北点 P' 和磁南点 P,其连线表示该图幅范围内的平均磁子午线方向。

内图廓中平面直角坐标格网的纵线就是坐标纵线,它们平行于本图幅投影带的中央子午线,纵坐标值递增的方向就是坐标北方向(北半球)。

三北方向中两两之间的夹角有坐标纵线偏角(子午线收敛角)、磁偏角和磁坐偏角。偏角均有正有负。常用的子午线收敛角和磁偏角均是以中央子午线为标准线,东偏为正,西偏为负。处于投影带中央子午线以东区域的子午线收敛角均是东偏,角值为正;以西区域均是西偏,角值为负。6°带的子午线收敛角最大值约为 ±3°。在我国范围内,磁偏角一般是西偏,只有在发生磁力异常的地区才会出现东偏。

(八)坐标系统和高程系统

在外图廓的左下角注有本图幅所采用的坐标系统和高程系统。我国基本比例尺地形图 1980 年前一直采用 1954 年北京坐标系和 1956 年黄海高程系,以后改用 1980 年(西安)大地坐标系和 1985 国家高程基准。其他地形图也有采用城市坐标系、独立平面直角坐标系及独立高程系的情况。

（九）成图方法

在外图廓的右下角注有本图的成图方法。一般分航测成图、平板仪测图、经纬仪测图和数字化测图。

（十）其他

除以上内容外，图上还标注有制图所依据的图示、测图单位、成图日期、出版日期、等高距及地形图的密级等。

第二节　地物和地貌在地形图上的表示

一、地形图符号的概念

地面上各种地物和地貌都可以用不同颜色不同大小的点、线和各种图形表示在地图上，这些点、线和图形统称为地形图符号。

地形图符号是目前表示地图内容的主要形式。就单个地形图符号而言，它具有两个基本功能：第一，它能指出目标的种类及其数量和质量的特征；第二，能确定对象的空间位置和现象的分布。而一幅地形图中地形图符号的总和，能表达这个地区的物体和现象的分布规律、空间组合和相互联系，它不仅可以描述实际存在的目标，还能够表达一些抽象的概念，从而在地图平面上建立起一个具有客观和思维意义的地理环境形象。

地形图符号的形成过程是一个约定的过程，即被地形图的作者和读者逐渐熟悉、承认和遵守的过程。为了交流和使用方便，国家测绘部门制定了各种比例尺地形图的图式，在图式中对地形图符号的图形、大小、颜色及注记均作了统一的规定，以此作为我国地形图内容表示的标准和规范。随着测绘技术的不断进步，地形图图式也经过了多次更新和修订，其内容更加完善和成熟，逐渐形成了目前的地形图符号系统。我国目前使用的大比例尺地形图图示是由国家测绘局组织制定，中华人民共和国国家质量监督检验检疫总局与中国国家标准化管理委员会发布，2007 年 12 月 1 日实施的《1∶500、1∶1 000、1∶2 000 地形图图式》（GB/T 20257.1—2007）。

二、地形图符号的分类

按所表示的地形图内容来划分，地形图符号分为地物符号、地貌符号和注记符号三类。

（一）地物符号

地面固定性的物体称为地物。地物一般分为两类：一类是自然地物，如河流、湖泊、森林、草地等；另一类是经过人类物质生产活动改造的人工地物，如房屋、管线、道路、水渠、桥梁等。所有地物在地形图上都用地物符号来表示，表 8-6 为一些常用的地物符号。

按其与地物的比例关系，地物符号可分为比例符号、半比例符号和非比例符号。

1. 比例符号

能将地物按地形图比例尺缩绘到图上以表达其轮廓特征的符号称为比例符号或真形符号。在符号的轮廓线内可填绘一定的颜色、网纹或文字以表示地物的性质。这类符号可以表示地物的位置、形状、大小和方向。表 8-6 中，1 ~ 12 号都是比例符号。

表 8-6　常用地物符号

编号	符号名称	图例	编号	符号名称	图例
1	坚固房屋 4–房屋层数	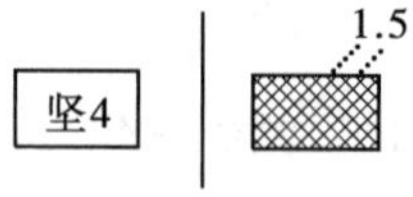	11	灌木林	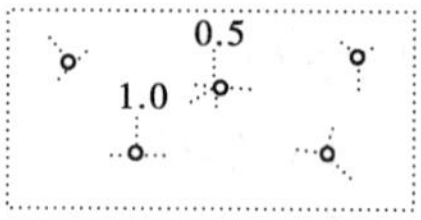
2	普通房屋 2–房屋层数	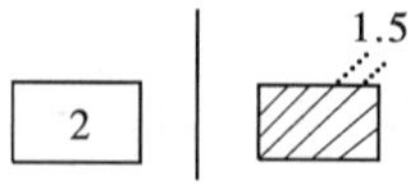	12	菜地	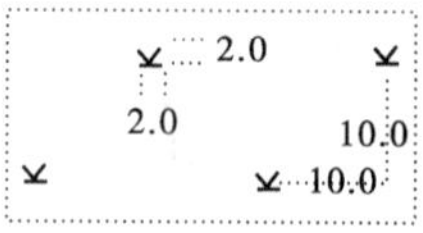
3	窑洞 1.住人的 2.不住人的 3.地面下的	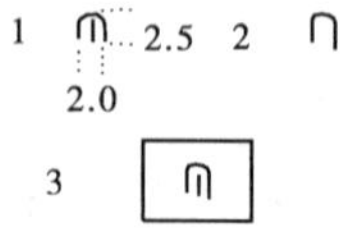	13	高压线	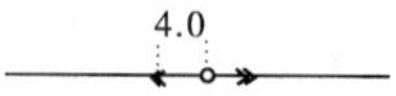
4	台阶	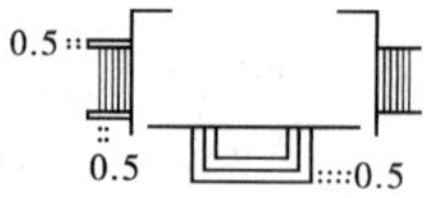	14	低压线	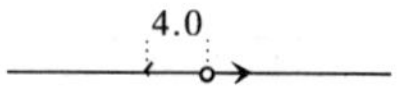
5	花圃	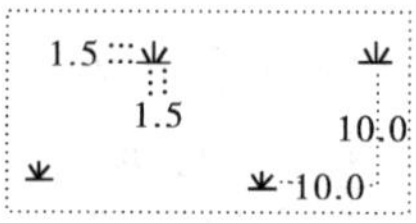	15	电杆	
6	草地	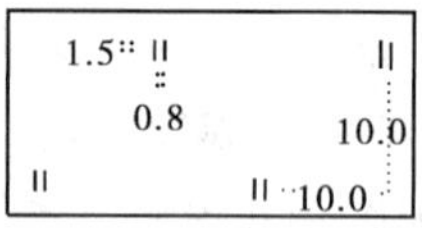	16	电线架	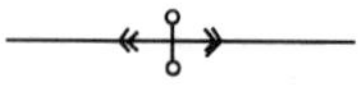
7	经济作物地	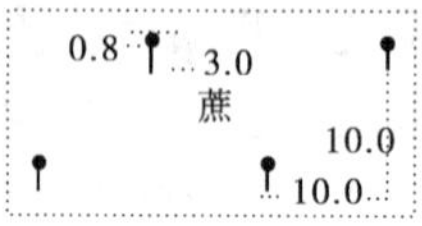	17	砖、石及混凝土围墙	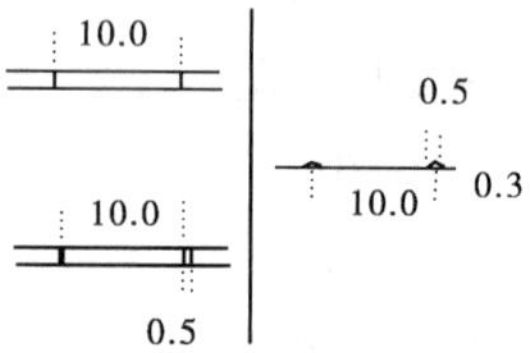
8	水生经济作物地	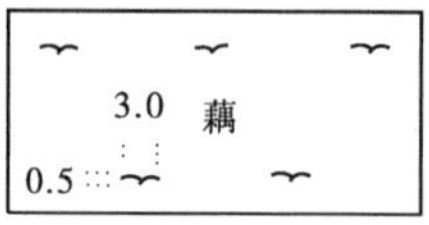	18	土围墙	
9	水稻田	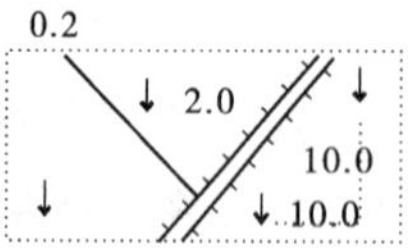	19	栅栏、栏杆	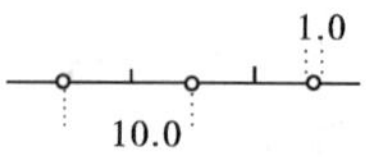
10	旱地	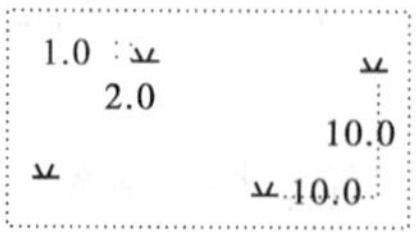	20	篱笆	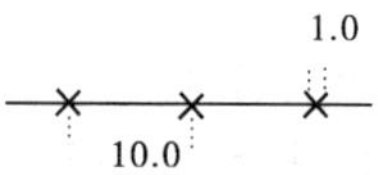

续表 8-6

编号	符号名称	图例	编号	符号名称	图例
21	活树篱笆	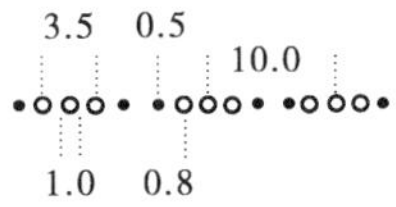	31	水塔	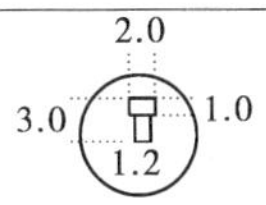
22	沟渠 1.有堤岸的 2.一般的 3.有沟堑的	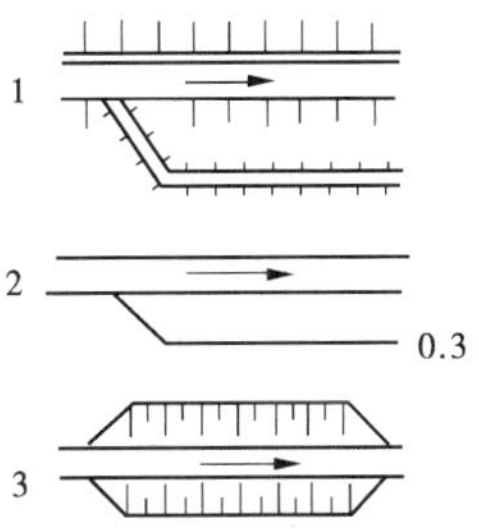	32	烟囱	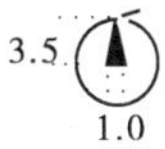
			33	气象站(台)	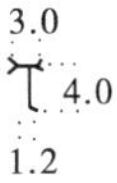
			34	消火栓	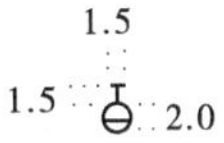
23	公路	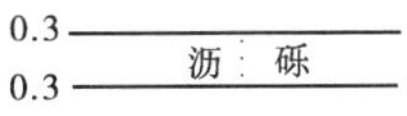	35	阀门	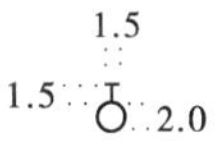
24	简易公路	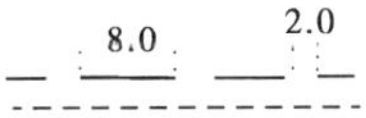	36	水龙头	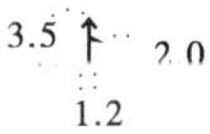
25	大车路	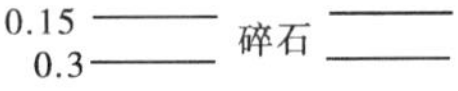	37	钻孔	
26	小路	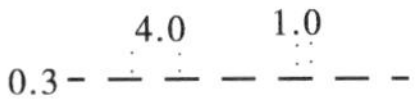	38	路灯	
27	三角点 凤凰山-点名 394.468-高程	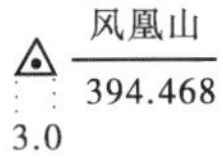	39	独立树 1.阔叶 2.针叶	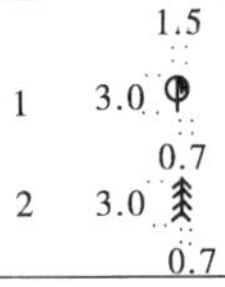
28	图根点 1.埋石的 2.不埋石的	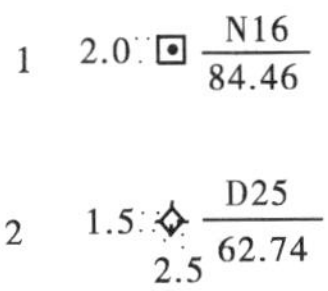	40	岗亭、岗楼	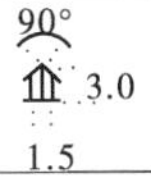
			41	等高线 1.首曲线 2.计曲线 3.间曲线	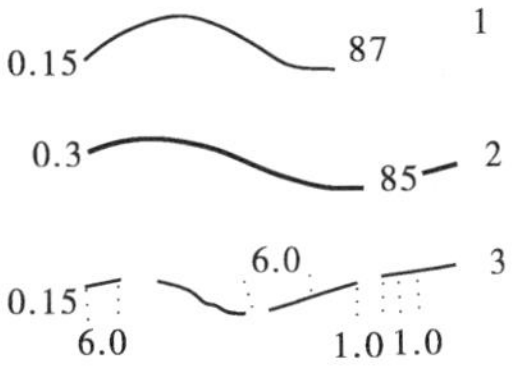
29	水准点	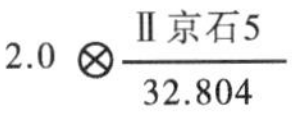			
30	旗杆	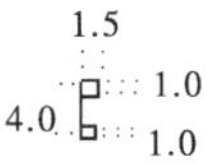	42	高程点及其注记	

2. 半比例符号

实地上有些线状和狭长的带状地物，按地形图比例尺缩小后，其长度能按比例缩绘，而宽度或粗度无法按比例表示的符号称为半比例符号，如铁路、管道、通信线、单线河等。半比例符号能表示地物的长度、方向，不能反映地物的宽度或粗度。表 8-6 中，13 ~ 26 号都是半比例符号。这种符号的中心线，一般表示其实地地物的中心位置，但是城墙和垣栅等的地物中心位置在其符号的底线上。

3. 非比例符号

实地较小的重要地物或目标显著的物体，按地形图比例尺缩小后的轮廓形状太小，无法绘制在图上，只能用具有一定象征意义的记号性符号来表示，这种符号称为非比例符号。例如三角点、水准点、烟囱、塔、井等。非比例符号只表示地物的位置，不能反映地物的形状、大小和方向。表 8-6 中，27 ~ 40 号都为非比例符号。非比例符号均按直立方向描绘，即与南图廓垂直。

非比例符号的中心位置与该地物实地的中心位置关系，随各种不同的地物而异，在测图和用图时应注意下列几点：

(1)规则的几何图形符号，如圆形、正方形、三角形等，以图形几何中心点为实地地物的中心位置。

(2)底部为直角形的符号，如独立树、路标等，以符号的直角顶点为实地地物的中心位置。

(3)宽底符号，如烟囱、岗亭等，以符号底部中心为实地地物的中心位置。

(4)几种图形组合符号，如路灯、消火栓等，以符号下方图形的几何中心为实地地物的中心位置。

(5)下方无底线的符号，如山洞、窑洞等，以符号下方端点连线的中心为实地地物的中心位置。

对于地物的表示，究竟是采用比例符号、非比例符号还是半比例符号，不是绝对的，而是随地物本身大小的差异和地形图比例尺大小的变化而变化的。同类地物由于大小相差悬殊，因此在同一幅图上就有可能存在着比例符号、非比例符号和半比例符号。例如，同一条河流，上游河床较窄，只能用半比例符号(单线河)表示；而下游河床较宽可采用比例符号(双线河)表示。同时，随着地形图比例尺的缩小，对同一地物的表示，也会出现比例符号向半比例符号或非比例符号的转化，如道路、居民地、桥梁等。

(二)地貌符号

1. 地貌的基本形态

地貌是地面高低起伏的自然形态的总称。由于地壳成因与结构的不同(内力作用)以及自然侵蚀作用(外力作用)，形成了如今比较复杂的地表自然形态。按地貌的起伏形态可归纳为如下四类：

平地：地面平坦，起伏无显著变化，坡度一般在 0 ~ 2°。

丘陵地：地面起伏不大，但变化复杂，坡度一般在 2 ~ 6°。

山地：地面起伏较大，坡度一般在 6° ~ 25°。

高山地：地面起伏大，坡度一般在 25°以上。

地貌的表现形态主要包括山头、洼地、山脊、山谷和鞍部。在地形图上，地貌的基本形态一般用等高线表示。在一些地区还有一些特殊的地貌形态,如陡崖、冲沟、溶洞等,在地形图上,当这些特殊地貌形态不能用等高线表示时,可用特殊地貌符号来表示(见图 8-15)。因此,地貌符号包括等高线和各种特殊地貌符号。

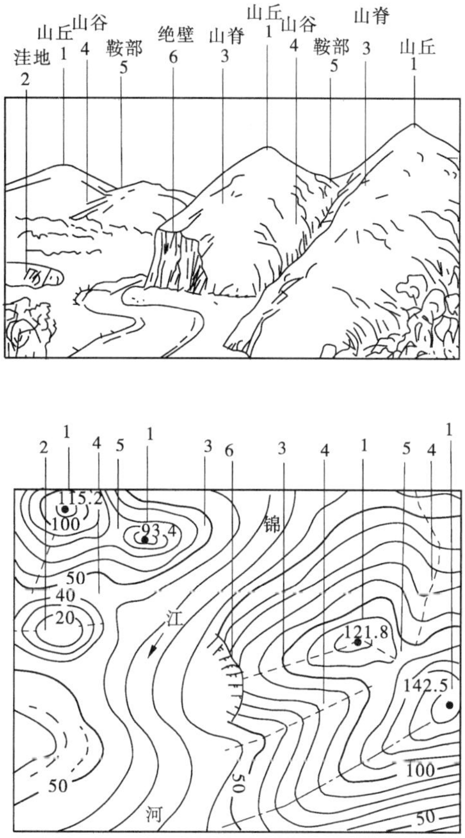

图 8-15　综合地貌及其等高线表示

2. 等高线

1) 等高线的定义

设想用若干间距相等的水平面切割地面,将各平面与地面的交线垂直投影在一个水平面上,就得到一圈套一圈的能反映该区地貌状况的闭合曲线,因为同一条曲线上各点的高程相同,故称为等高线。所以,等高线就是地面上高程相同的相邻各点连成的闭合曲线(见图 8-16)。

2) 等高距、等高线平距及示坡线

在地形图上,相邻两条等高线的高程之差称为等高距,常用 h 表示(见图 8-16)。在同一幅地形图中等高距应相同。等高距的大小决定着所表示地貌形态的精度,同时也影响着地形图的负载量,所以等高距的大小应根据测区内大部分地面坡度的大小以及地形图的比例尺和用途来确定。表 8-7 是各种大比例尺地形图的等高距参考值。

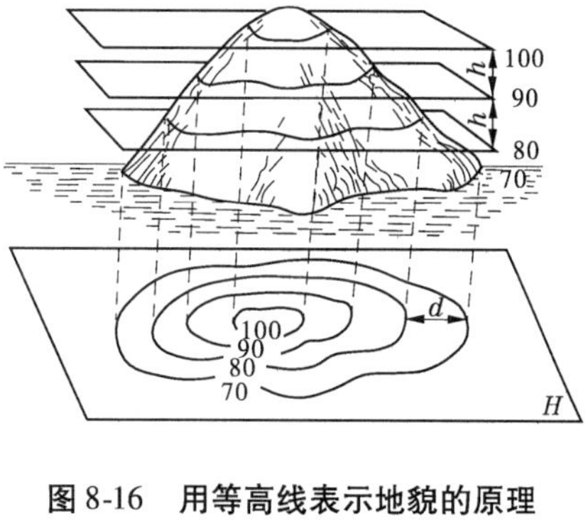

图 8-16　用等高线表示地貌的原理

表 8-7　大比例尺地形图的基本等高距

比例尺	地形类别			
	平原(m)	丘陵(m)	山地(m)	高山地(m)
1:500	0.5	0.5	0.5、1	1
1:1 000	0.5	0.5、1	1	1、2
1:2 000	0.5、1	1	2	2

图上两条相邻等高线之间的水平距离称为等高线平距,常用 d 表示(见图 8-16)。

由于同一幅地形图中的等高距相同,所以等高线平距 d 的大小与地面坡度有关。等高线平距越小,地面坡度越大;平距越大,坡度越小;坡度相等,则平距相等。因此,由地形图上等高线的疏密可判定地面坡度的陡缓。

示坡线是加绘在等高线上指示斜坡降落方向的小短线,它能帮助读者判读地势的走向。地形图中,在表示的山头、洼地、鞍部和图幅边缘地势走向不易辨别的等高线上,均应加绘示坡线,如图 8-17 中所示,"1"处的示坡线绘于等高线外侧为山头,"2"处的示坡线绘于等高线内侧为洼地。

3)等高线的种类

地形图中的等高线一般有首曲线和计曲线,有时也用间曲线和助曲线,如图 8-18 所示。

图 8-17　示坡线

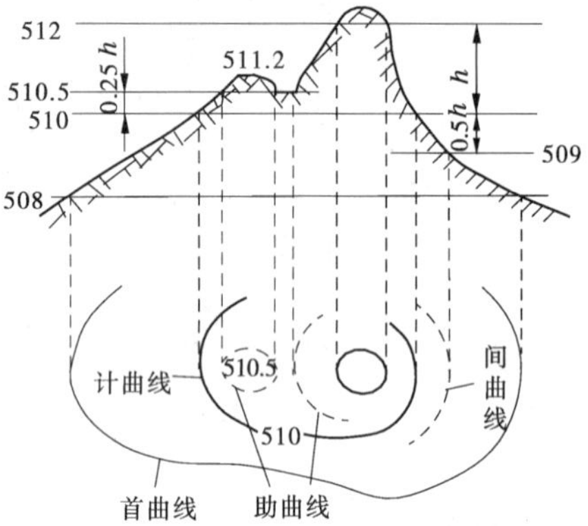

图 8-18　等高线的种类

(1)首曲线。

按规定的基本等高距 h 描绘的等高线称为首曲线或基本等高线,用线粗 0.15 mm 的实线描绘。

(2)计曲线。

为了读图方便,规定从高程起算面开始,当等高距为整米时,每隔 4 条首曲线加粗一条等高线,这些加粗的等高线称为计曲线或加粗等高线。在图中计曲线的适当位置处需加注高程,计曲线用线粗 0.3 mm 的实线描绘。

(3)间曲线。

为了表示首曲线显示不出的局部地貌形态,按 1/2 基本等高距加绘的等高线称为间曲线或半距等高线,用线粗 0.15 mm 的长虚线描绘。

(4)助曲线。

为了表示首曲线和间曲线显示不出的局部地貌形态，按 1/4 基本等高距加绘的等高线称为助曲线或辅助等高线，用线粗 0.15 mm 的短虚线描绘。

4）典型地貌的等高线形状

地貌的形态虽然多种多样，但它们都是由山头、洼地、山脊、山谷、鞍部、斜坡等几种典型地貌构成的。

（1）山头。

山体的最高部位叫山头。山头的等高线图形是一组闭合曲线，示坡线向外，如图 8-19 所示。

（2）洼地。

洼地是指中间低、四周高的地形。其等高线图形也是一组闭合曲线，示坡线在等高线的内侧，如图 8-20 所示。

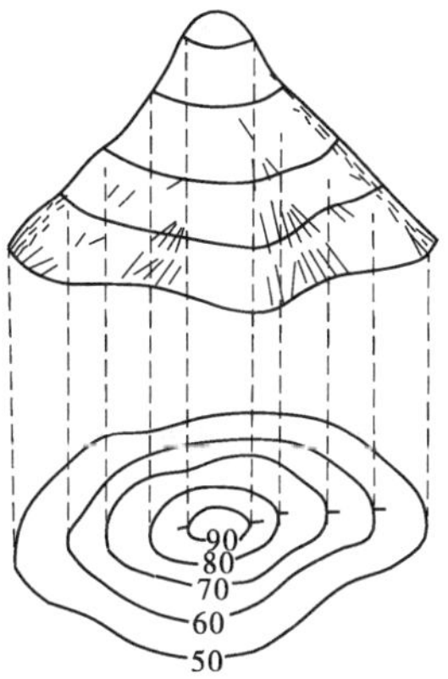

图 8-19　山头等高线

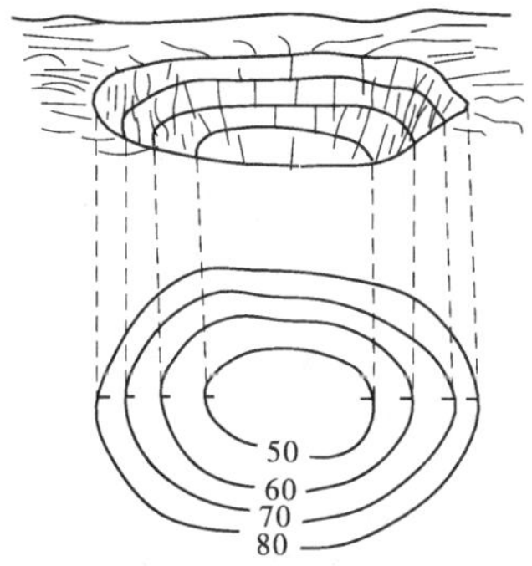

图 8-20　洼地等高线

（3）山脊。

山脊是山体延伸的最高棱线，它的最高部分的连线称为山体的分水岭。山脊的等高线图形是一组凸向下坡方向的曲线，两侧对称，如图 8-21 所示。

（4）山谷。

山谷是两山脊间的向一定方向倾斜延伸的低凹部分，它的最低部分的连线叫合水线。山谷的等高线图形是一组凸向上坡方向的曲线，两侧对称，如图 8-22 所示。

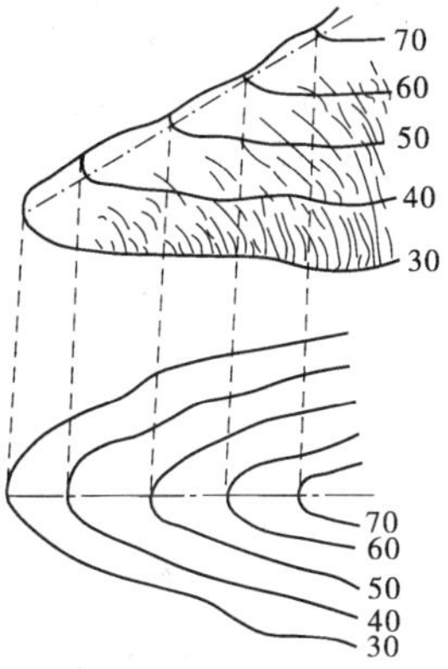

图 8-21　山脊等高线

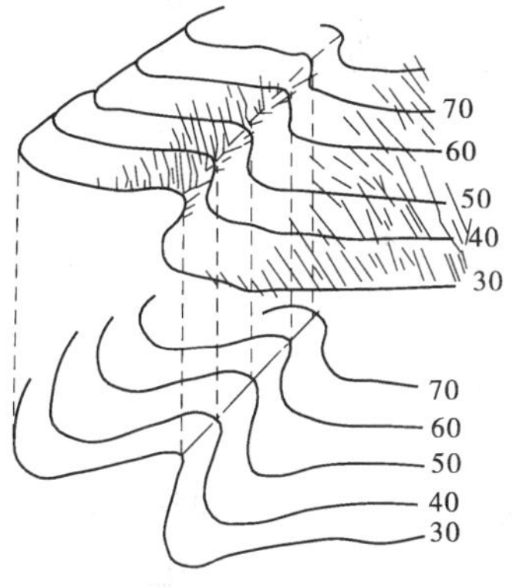

图 8-22　山谷等高线

(5)鞍部。

鞍部是连接两个山顶之间的低凹部分，形如马鞍。鞍部的等高线图形由两组凸向鞍部中心的对称曲线组成，如图8-23所示。

(6)斜坡。

斜坡是山体的坡面(见图8-24)。其坡形可分为四种：等齐坡，等高线的间隔大致相等；凹形坡，等高线间隔自低向高由疏变密；凸形坡，等高线的间隔自低向高由密变疏；阶状坡，等高线疏密交替，陡坡密，缓坡疏。

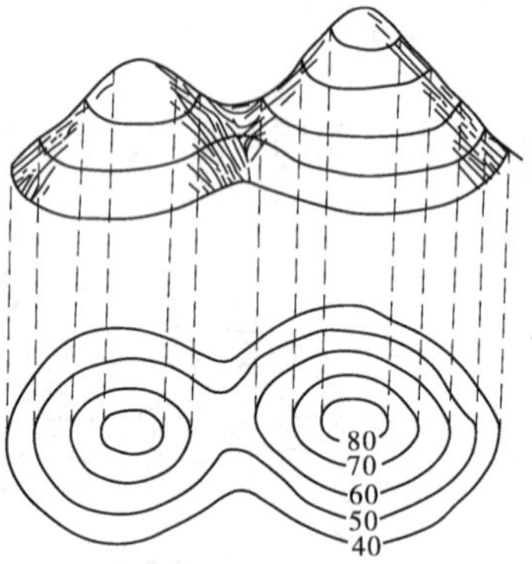

图8-23　鞍部等高线

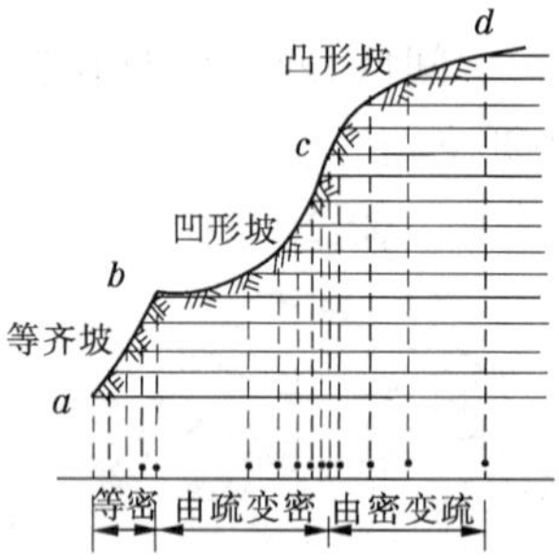

图8-24　斜坡等高线疏密与坡度的关系

5)等高线的特性

认识等高线的特性有助于正确勾绘等高线和使用地形图。等高线主要有以下特性：

(1)同一条等高线上各点高程相等。

(2)等高线是闭合曲线，除遇其他符号或注记外，不能中断(间曲线和助曲线除外)。

(3)当等高距相同时，等高线越稀，地面坡度越缓；等高线越密，地面坡度越陡。

(4)等高线经过山脊和山谷时，转弯处的顶点必在山脊和山谷线上。

(5)等高线与等高线不能相交。

(6)通过河流的等高线不会直接横穿河谷，而应逐渐向上游交河岸线而中断，并保持与河流岸线成正交，然后向彼岸折向下游。

3.特殊地貌的表示

由于特殊的地质和气候条件或因地壳变动、人工改造而形成的局部地区特殊的地表形态，如陡崖、冲沟等，在地形图上不能用等高线表示时，可用专门的地貌符号表示，如图8-25所示。

1)陡崖

陡崖是指坡度在70°以上的陡壁，有土质和石质两种，分别用相应符号表示。陡崖符号的基线应定位在陡壁的上缘，短线指向坡降方向。

2)冲沟

冲沟是由暂时性流水侵蚀而成的壁陡底窄的沟壑，我国黄土地区最为常见。当图上宽度小于0.5 mm时，用中间粗两头尖的单线符号表示；宽度0.5～2 mm的用双线依比例表示；宽度2～5 mm的沟壁用陡坎符号表示；宽度大于5 mm时，应在沟壁内加绘沟底等高线。

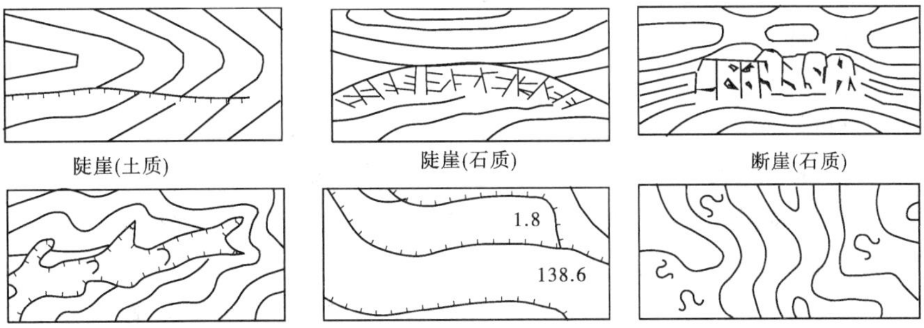

图 8-25　特殊地貌的表示

3)梯田坎

梯田坎是依山坡由人工修成的阶梯状农田陡坎。坎高 0.5 m 以上的在大比例尺图上应用陡坎符号表示,并注出坎高。

4)陡石山

陡石山是岩石裸露的陡峻山岭,表面很少有土壤覆盖,坡度大于 70°的石山,在图上用相应符号表示,并适当标注高程。当石山坡度小于 70°时,用等高线配合陡石山符号表示。

5)石灰岩溶斗

石灰岩溶斗是石灰岩地区受水的溶蚀或岩层的崩塌作用形成的洞穴,面积小的用相应符号表示,面积大的按实际情况用陡崖符号和等高线配合表示。

(三)注记符号

地物和地貌符号只能表示各类地物和地貌的位置、大小及形态,但不能反映其名称、属性、高度等特征,因此必须用文字和数字对这些特征加以说明。这些在地形图上起补充和说明作用的文字和数字称为地形图注记,如居民地名称、道路名称、植被种类、河流的流速、等高线的高程等。在各种比例尺的地形图图式中,对各种地形图注记的字体、字号大小及其使用均作了明确的规定。

第三节　测图前的准备工作

一、编写技术设计书

技术设计的目的是制定切实可行的技术方案,保证测绘产品符合技术标准和用户要求,并获得最佳的社会效益和经济效益。其主要内容如下。

(一)任务概述

说明任务来源、测区范围、地理位置、行政隶属、成图比例尺、任务量和采用的技术依据。

(二)测区自然地理概况

说明测区的高程、相对高差、地形类别、困难类别和居民地、道路、水系、植被等要素的分布与主要特征;说明测区的气候、风雨季节及生活条件等情况。

(三)已有资料的分析、评价和利用

说明已有资料采用的平面和高程基准、比例尺、等高距、测制单位和年代,采用的技术依据,对已有资料的质量评价和可以利用的情况。

(四)设计方案事项

(1)测图规格和成图精度。

(2)根据项目设计要求和地形类别,说明成图方法和图幅等高距。

(3)平面和高程控制点的布设方案以及有关的技术要求。

(4)平面和高程控制测量的施测方法、技术要求、限差规定和精度估算。

(5)根据成图的方法和特点,说明对地物和地貌的综合取舍原则。

若采用新技术、新仪器测图时,需要写明具体的作业方法、技术要求、限差规定和必要的精度估算与说明。

施测方案确定后,应根据测图方法准备测量仪器、工具和所需材料物品,并配备技术人员,对主要的仪器应进行检验和校正。

二、图根控制点的布设

图根控制点是直接供测图使用的平面和高程控制点,是在城市各等级控制点下加密的控制点。图根控制点一般用图根导线、GPS 测量和交会定点等方法进行加密布设。图根控制点的密度应根据测图比例尺和地形条件而定,平坦地区的图根控制点密度不宜小于表 8-8 中的规定。

表 8-8　一般地区解析图根控制点密度

测图比例尺	图幅尺寸(cm)	解析图根点数量(个)		
		全站仪测图	GPS - RTK 测图	平板测图
1:500	50×50	2	1	8
1:1 000	50×50	3	1~2	12
1:2 000	50×50	4	2	15
1:5 000	40×40	6	3	30

三、抄录控制点的平面及高程成果及相关资料的准备

测图前应收集有关测区的自然地理和交通情况资料,了解对所测地形图的专业要求,抄录测区内各级平面和高程控制点的成果资料,并对抄录的各种成果资料应仔细核对,确认无误后,方可使用。测图前还应取得有关测量规范、图式等。

四、图纸准备

过去是将高质量的绘图纸裱糊在胶合板或铝板上,以备测图之用。目前,常规模拟测图所用的图纸一般为毛面聚酯薄膜,厚度为 0.07 ~ 0.1 mm,经过热定型处理,变形率小于 0.2‰。这种材料的优点是透明度好,伸缩性小,坚韧耐湿,可直接在图上着墨清绘,然后直接晒蓝或制版印刷,其缺点是易燃、易折和易老化。所以,在使用和保管中应注意防火和防折。

为了测绘、保管和使用方便,大比例尺地形图的图幅尺寸一般规定为 50 cm×50 cm 或 40 cm×50 cm、40 cm×40 cm 三种,可根据测区情况选择所需的图幅尺寸。

五、绘制坐标格网

为了将控制点准确地展绘在图纸上，也为了便于在地形图上进行距离量算，大比例尺地形图需要预先在图纸上绘制出直角坐标格网，又称为方格网，每个方格为 10 cm × 10 cm。目前，在市面上可以买到印制好坐标格网的聚酯薄膜图纸，也可用下述方法自己绘制。

绘制坐标格网的方法因所使用的工具不同而有很多种，这里介绍对角线法和坐标格网尺法。

（一）对角线法

如图 8-26 所示，在图纸上沿图纸对角线方向用一支约 1 m 长的直尺和铅笔轻轻地画出两条对角线并交于 *O* 点，以 *O* 为起点，以大约等于所绘图廓对角线 1/2 的长度在对角线上截取线段 *OA*、*OB*、*OC*、*OD*，用直线连接 *ABCD* 四点得到矩形框；分别从 *A*、*D* 两点起沿 *AB* 和 *DC* 边向上每隔 10 cm 截取线段得到分点 1、2、3、4、5；再从 *A*、*B* 两点起沿 *AD* 和 *BC* 边分别向右每隔 10 cm 截取线段得到分点 1′、2′、3′、4′、5′；将上下和左右相应的同名分点连接起来，便构成了图纸上的方格网。

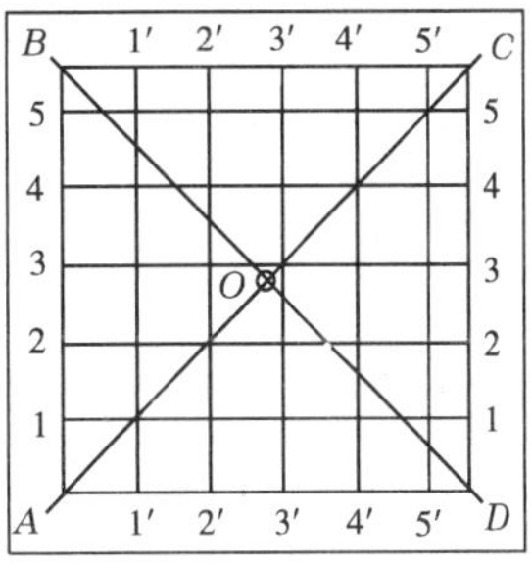

图 8-26 对角线法绘制方格网

方格网绘好之后，必须严格地检查其绘制精度，检查的内容和限差规定见表 8-9。

当 1、2、3 项检查均合格之后，将对角线和多余的图形部分擦去，根据测图比例尺在纵横坐标线旁注记坐标值，即得到该图幅的内图廓和直角坐标格网。在市面上购买的现成坐标格网聚酯薄膜图纸也应做 1、2、3 项的检查。

表 8-9 方格网展绘的检查内容与限差

序号	图廓和坐标格网的检查内容	限差值(图上 mm)
1	内图廓边、图廓对角线的图上长度与理论长度之差	≤0.3
2	坐标格网边长与理论长度之差	≤0.2
3	坐标格网交点位于同一直线上的偏差	≤0.2
4	控制点间图上长度与其坐标反算长度之差	≤0.3
5	控制点的刺点孔径和坐标格网线粗	≤0.1

（二）坐标格网尺法

坐标格网尺是一支金属的直尺，如图 8-27 所示。尺上有 6 个方孔，每隔 10 cm 为一孔，起始孔是直线，中间刻一细指标线表示零点，其他各孔的斜边是以零点为圆心，分别以 10 cm，20 cm，…，50 cm，为半径的圆弧，尺端的圆弧的半径为 50 cm × 50 cm，正方形的对角线长度为 70.711 cm。

用坐标格网尺绘制坐标格网的方法如下：

（1）将尺子放在图纸的下边缘（见图 8-28（a）），沿直尺边画一直线作为图廓边，并在直线左适当位置取一点 *o*，将尺子指标零线和 *o* 点重合，并使尺上各孔的斜边中心通过该直线。用铅笔沿各孔的斜边画弧线与直线相交，尺子右端第 5 条弧线与直线相交点即为 *p* 点。

（2）将尺竖放在图 8-28（b）的位置，并将尺子指标线和 *p* 点重合，用铅笔沿各孔的斜边

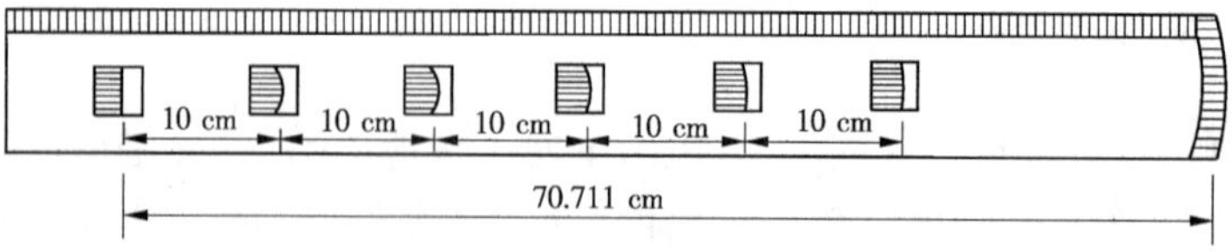

图 8-27　坐标格网尺

画 5 条弧线。

(3)然后把尺子放到图 8-28(c)的位置,尺子指标线再对准 *o* 点,在尺子末端斜边上画弧线,与尺子在图 8-28(b)处所画的最后一条弧线相交得到 *m* 点,连接 *pm* 即得图框右边线。

(4)再以同法可得图框左边线 *on*。然后将尺放在图 8-26(e)的位置,检验 *mn* 的长度应等于 50 cm,并沿尺上各孔的斜边分别画出 10 cm,20 cm,30 cm,40 cm 的弧线,再画出直线 *mn*。

(5)最后连接图上相对各点,就得到 50 cm×50 cm 的坐标格网(见图 8-28(f))。

同样,方格网绘好之后,必须严格地检查其绘制精度,检查的内容和限差规定见表 8-9。

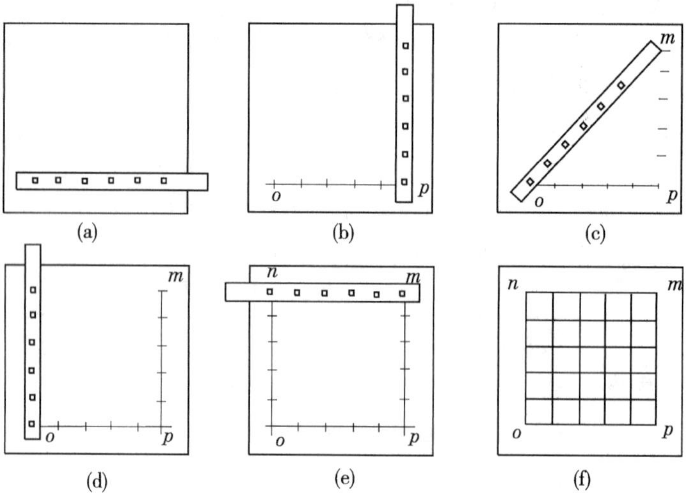

图 8-28　坐标格网尺法

坐标线旁的坐标值注记方法有两种情况,如果是在具有若干图幅的大测区,由于控制点是统一布置的,图幅又是统一划分的,则应先从测区的分幅中找出该图的图廓点坐标,并根据它进行坐标网格注记。如果只是单一图幅的小测区,坐标线的坐标值应根据控制点中最大和最小的 *x*、*y* 值及测区范围考虑,使所有的控制点及整个测区范围都能展绘到图廓内,见图 8-29。

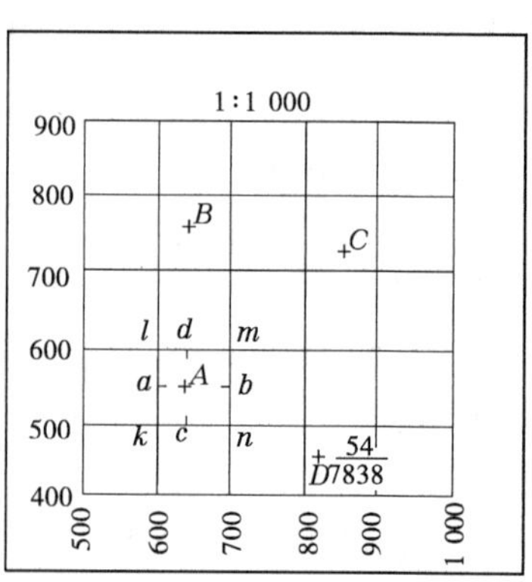

图 8-29　控制点展绘

六、控制点展绘

展绘控制点就是根据控制点的坐标值,确定并标注出该点在图纸上的位置。

例如，现要将控制点 $A(548.06,636.78)$ 展绘到测图比例尺为 1∶1 000 的图纸上，其方法如下：

首先根据 A 点的坐标值找出它所在的方格 $klmn$（$x=500\sim600$ m，$y=600\sim700$ m），并用 A 点的坐标减去该方格的西南角 k 点的坐标，求出坐标差值 Δx 和 Δy

$$\begin{cases}\Delta x = x_A - 500 = 548.06 - 500 = 48.06(\text{m}) \\ \Delta y = y_A - 600 = 636.78 - 600 = 36.78(\text{m})\end{cases}$$

根据测图比例尺求出 Δx 和 Δy 的图上长度为 48.06 mm 和 36.78 mm；分别从 k 点和 n 点向上量取 48.1 mm 得到 a、b 两点，再从 k 点和 l 点向右量取 36.8 mm 得到 c、d 两点；连接 ab 和 cd，两线交点即为 A 点在图纸上的位置。

控制点展好后，应检查相邻控制点之间的长度是否与该两点的实测距离按比例换算后的图上长度相等，如果误差超过表 8-9 中第 4 项的规定，则应重新展绘。展绘合格后，应在控制点位绘出相应的控制点符号，并在旁边用分式注记点号和高程，分式的分子为点号，分母为高程，如图 8-29 所示。

第四节　碎部测量的方法

地形图测绘的目的就是将地面上的地物和地貌经测量后按一定的比例表示在图纸上。这个工作过程包括两个环节：第一，碎部测量，即测定地物、地貌特征点（又称碎部点）的平面位置和高程；第二，根据这些碎部点，对照实地情况，用相应的符号在图上描绘出各种地物和地貌。在实际操作过程中，这两个环节是相互配合交叉进行的。下面仅以经纬仪测图法为例，对碎部测量作一简述。

一、测定碎部点的方法

观测员在测站点上安置经纬仪，进行对中、整平、定向并量出仪器高；记录员在计算器中输入计算平距和高程的计算程序；绘图员在记录员旁边安放好绘图小平板。一切就绪后，即可开始碎部测量。碎部测量常用的方法有极坐标法、方向交会法、距离交会法、直角坐标法、方向距离交会法。

（一）极坐标法

该法是测定碎部点最基本的方法，它是以架设仪器的测站点到另一已知控制点（称为后视点）的方向线作为定向线，测定测站点至碎部点方向与定向线之间的水平夹角和测站点至碎部点之间的水平距离，从而确定碎部点位置的一种方法。

如图 8-30 所示，A、B 为实地两个已知控制点，在图上的相应点为 a、b，房子为待测地物。将经纬仪安置在 A 点，经对中、整平并以 AB 方向为定向线进行仪器定向后，以盘左位置瞄准 B 点，将水平度盘读数调至 0°00′00″后，用望远镜瞄准房角 1，测量并计算出水平角 β_1 和水平距离 D_1；在图纸上绘出 $a1'$ 的方向线并根据测图比例尺在此方向线上截取图上长度 $a1'$，则图上 $1'$ 点就是实地房角 1 的位置。用同样方法可测得房角 $2'$、$3'$，根据房子的形状，在图上连接 $1'$、$2'$、$3'$ 各点便可得到房子在图上的位置。

（二）方向交会法

方向交会法又称角度交会法，是分别在两个已知点上对同一个碎部点进行方向交会以确定碎部点位置的一种方法。

如图 8-31 所示,A、B 为地面上两个已知测站点,在图上的相应点为 a、b,河岸为待测地物。先将仪器安置在 A 点,经对中、整平并以 AB 线定向后,用望远镜瞄准河岸点 1 测得角度 β_1,依此在图上绘出 $a1'$方向线,然后测量 2、3 点,在图上依次绘出 $a2'$、$a3'$方向线。再将仪器迁移至 B 点,对中、整平,以 BA 线定向后,用同样的方法测量 1、2、3 点,在图上绘出 $b1''$、$b2''$、$b3''$各方向线。由 $a1'$和 $b1''$两方向线交得 1 点,用同样方法得 2、3 点,根据河岸的形状,在图上连接 1、2、3 点即得到河岸线在图上的位置。此法适合在无法接近碎部点而不能测距或当测站点离碎部点较远而测距不便时使用。

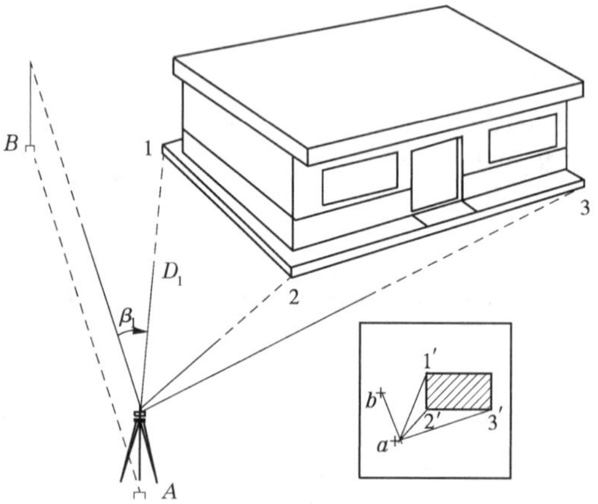

图 8-30　极坐标法测绘地物点

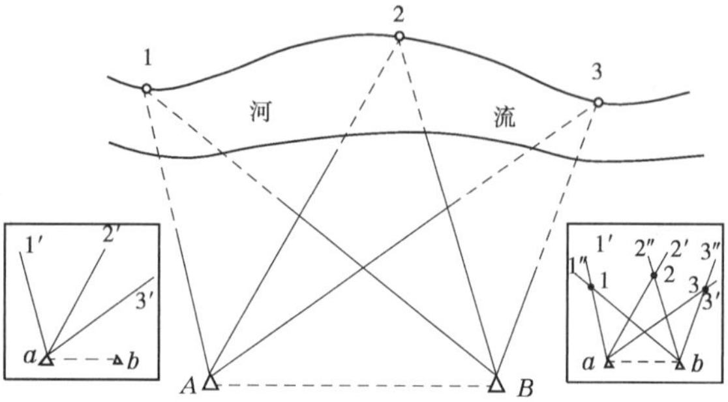

图 8-31　方向交会法

(三)距离交会法

在测完主要房屋后,再测定隐蔽在建筑群内的一些次要的地物点,特别是这些点与测站不通视时,可按距离交会法测绘这些点的位置。如图 8-32 所示,图中 P、Q 为已测绘好的地物点,若欲测定 1、2 点的位置,具体测法如下:用皮尺量出水平距离 $P1$、$P2$ 和 $Q1$、$Q2$,然后按测图比例尺算出图上相应的长度。在图上以 P 为圆心,用两脚规按 $P1$ 长度为半径作圆弧,再在图上以 Q 为圆心,用 $Q1$ 长度为半径作圆弧,两圆弧相交可得点 1;再按同法交会出点 2。连接图上的 1、2 两点即得地物一条边的位置。如果再量出房屋宽度,就可以在图上用推平行线的方法绘出该地物。

(四)直角坐标法

如图 8-33 所示，P、Q 为已测建筑物的两房角点，以 PQ 方向为 y 轴，找出地物点在 PQ 方向上的垂足，用皮尺丈量 y_1 及其垂直方向的支距 x_1，便可定出点 1。同法可以定出 2、3 等点。在与测站点不通视的次要地物靠近某主要地物，地形平坦且在支距 x 很短的情况下，适合采用直角坐标法来测绘。

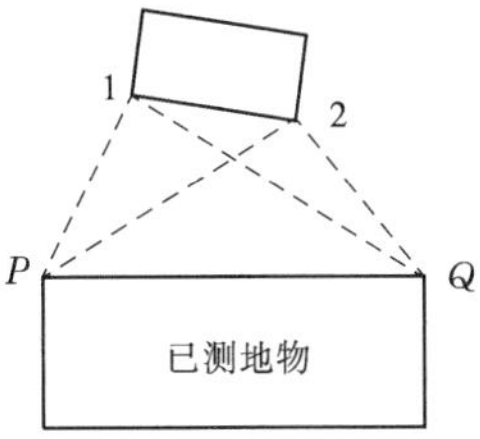

图 8-32　距离交会法测绘地物

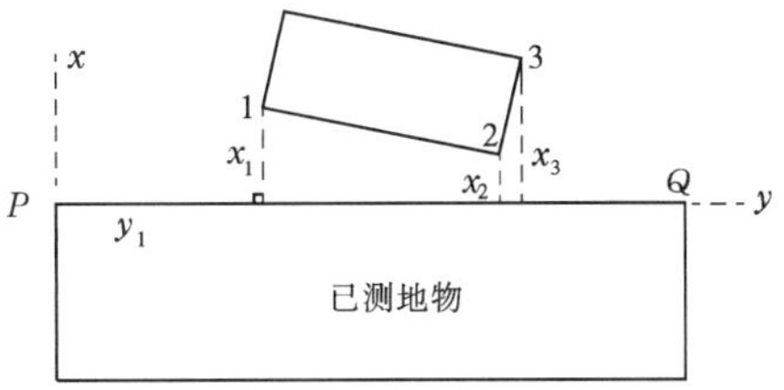

图 8-33　直角坐标法测绘地物

(五)方向距离交会法

有些地物点不能从测站直接量取距离，但可通视，此时可采用方向距离交会法。方向线仍从测站点出发来描绘，距离则从图上已测定的地物点出发至该待测地物点来量取，距离按比例尺缩小后，从已测定地物点与方向线相交，即得待测定的地物点，这种方法称为方向距离交会法。如图 8-34 所示，1、2 为已测定的地物点，M、N 为待测定的地物点。从测站点 A 照准 M、N，画出方向线。从 1 点到 M、N 点，分别量取水平距离 $1M$、$1N$，按比例尺得到图上长度，从图上 1 点量取该长度，与方向线分别相交于 m、n 点，得出 M、N 点在图上的位置。

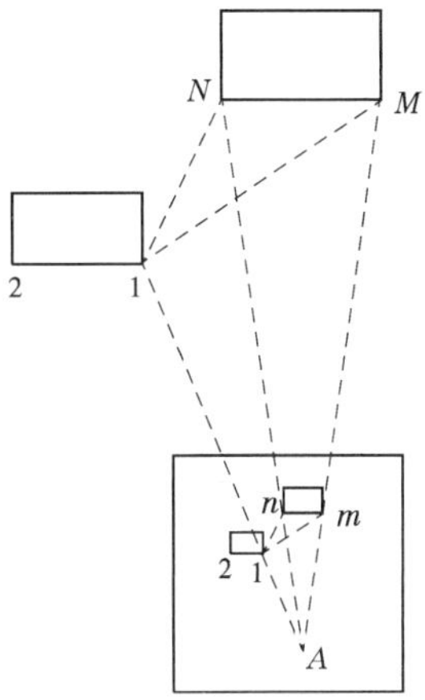

图 8-34　方向距离交会法

二、经纬仪测绘法

(一)碎部点的选择与跑尺

测站点是碎部测量过程中安置仪器的点位，应尽量利用各级控制点作为测站点，并注意与周围待测绘地物地貌的通视情况。当测区地物密集或地形复杂，原有的控制点不能满足碎部测量的需要时，可用支导线法、交会法等加密控制点。

测站点选好后，全组人员应先观察测站周围地物、地貌的分布情况，决定跑尺路线和联络方式等，使全组人员心中有数，工作有序。

在碎部点测量中，需要跑尺员在地物、地貌特征点上竖立标尺以便进行观测，所以碎部点也被称为立尺点。跑尺员应按预定路线去碎部点立尺。测定地物时，其立尺点应选在地物轮廓线的转折、弯曲等变化处及地物的交叉、交汇点，如房角，农田边界转折点，河流、道路、管线等的交汇点及转折点。地貌的测绘，其立尺点应选在地性线上以及能反映地貌基本形态的特征点上，如山脊线、山谷线、山脚线、山顶、谷口、鞍部、坡度变换点和方向变换点等。

为了能真实地表示实地情况，在地面平坦或坡度无显著变化地区，碎部点(地形点)的间距和测碎部点的最大视距，应符合表 8-10 的规定。城市建筑区的最大视距，应符合表 8-11 的规定。

表 8-10　地形点的间距及最大视距

测图比例尺	地形点最大间距(m)	最大视距(m)	
		主要地物点	次要地物点和地形点
1∶500	15	60	100
1∶1 000	30	100	150
1∶2 000	50	180	250

表 8-11　城市建筑区测量地形点的最大视距

测图比例尺	地形点最大间距(m)	最大视距(m)	
		主要地物点	次要地物点和地形点
1∶500	15	50(量距)	70
1∶1 000	30	80	120
1∶2 000	50	120	200

在碎部测量中，跑尺是一项很重要的工作。立尺点和跑尺路线的选择对地形图的质量和测图的速度都有直接影响。一般地物点的跑尺最好沿地物轮廓逐点立尺，测完一个地物后再转向另一个地物，以方便绘图。地貌的测绘，在地性线明显的地区，可沿地性线跑尺，如沿山脊线从山顶到山脚，再沿山谷线从谷口到鞍部；在平坦地区，一般常用环形法和迂回路线法来跑尺。

应合理、适当地掌握碎部点的密度，其原则是少而精。应以最少的碎部点，能全面、准确、真实地确定出地物、等高线的位置。

地形测图时，碎部点太多，不仅测图效率不高，还影响图面清晰，不便用图；而碎部点过稀，则不能保证测图质量。

对于地物测绘来说，碎部点的数量取决于地物的数量及其形状的繁简程度。对于地貌测绘来说，碎部点的数量取决于地貌的复杂程度、等高距的大小及测图比例尺等因素。一般在地面坡度平缓处，碎部点可酌量减少，而在地面坡度变化较大、转折较多时，就应适量增多立尺点。在地形破碎地区应适当增加高程注记点，力求在图上分布均匀。

(二)经纬仪测绘法

测绘地形图的方法有白纸测图(手工测图)和数字化测图两种。白纸测图方法包括经纬仪测绘法、大平板仪法、小平板仪与经纬仪联合测绘法等。数字化测图包括利用全站仪或 RTK 采集数据的全野外数字化测图、航测与遥感测量以及老图数字化。下面介绍经纬仪测绘法。

经纬仪测绘法的实质是按极坐标定点进行测图，观测时先将经纬仪安置在测站上，绘图板安置于测站旁，用经纬仪测定碎部点的方向与已知方向之间的夹角、测站点至碎部点的距离和碎部点的高程。然后根据测定数据用量角器和比例尺把碎部点的位置展绘在图纸上，并在点的右侧注明其高程，再对照实地描绘地形。此法操作简单、灵活，适用于各类地区的地形图测绘。

经纬仪测绘法的具体操作步骤如下：

（1）安置仪器：如图 8-35 所示，安置仪器于测站点（控制点）A 上，量取仪器高 i_A，填入手簿（见表 8-12）。

（2）定向：后视另一控制点 B，置水平度盘读数为 0°00′00″。

（3）立尺：立尺员依次将标尺立在地物、地貌特征点上。立标尺前，立尺员应弄清实测范围和实地情况，选定立尺点，并与观测员、绘图员共同商定跑尺路线。

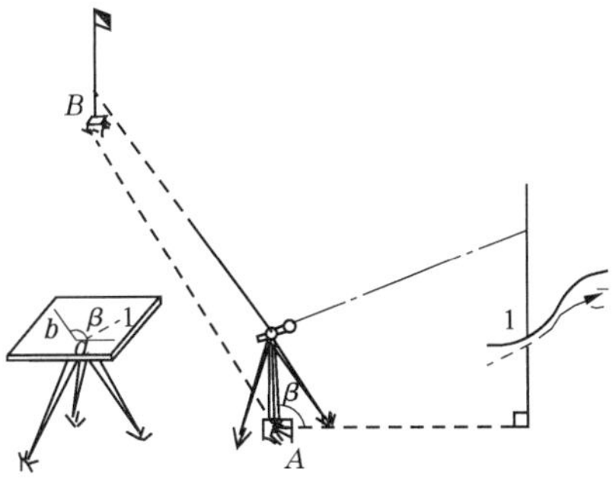

图 8-35　经纬仪测绘法

（4）观测：转动照准部，瞄准点 1 的标尺，读取视距间隔 l、中丝读数 v、竖盘盘左读数 L 及水平角 β。

（5）记录：将测得的视距间隔、中丝读数、竖盘读数及水平角依次填入手簿，如表 8-12 所示。对于有特殊作用的碎部点，如房角、山头、鞍部等，应在说明栏中加以注明。

表 8-12　碎部测量记录手簿

碎部测量记录手簿

测站：A　后视点：B　仪器高：i_A = 1.46 m　测站高程：H_A = 56.43 m　日期：　年　月　日

点号	视距 kl(m)	中丝读数 v(m)	水平角 β(°　′)	竖盘读数 L(°　′)	竖直角 δ(°　′)	水平距离 D(m)	高差 h(m)	高程 H(m)	说明
1	28.1	1.460	102　00	93　28	−3　28	28.00	−1.70	54.73	山脚
2	41.4	1.460	129　25	74　26	15　34	38.42	10.70	67.13	山顶
…	…	…	…	…	…	…	…	…	…
50	37.8	2.460	286　35	91　14	−1　14	37.78	−1.81	54.62	电杆

（6）计算：先由竖盘读数 L 计算竖直角 $\delta = 90° - L$，按平距公式 $D = kl\cos^2\delta$，高差公式为

$$h = \frac{1}{2}kl\sin 2\delta + i_A - v,$$

分别用计算器计算出碎部点的水平距离和高程。

（7）展绘碎部点：用细针将量角器的圆心插在图纸上测站点 a 处，转动量角器，将量角器上等于 β 角值（碎部点 1 为 102°00′）的刻划线对准起始方向线 ab（见图 8-36），此时量角器的零方向便是碎部点 1 的方向，然后用测图比例尺按测得的水平距离在该方向上定出点 1 的位置，并在点的右侧注明其高程。基本等高距为 0.5 m 时，高程注记至厘米，基本等高距大于 0.5 m 时，高程注记至分米。同法测出其余各碎部点的平面位置与高程，绘于图上并随测随绘等高线和地物。

为了检查测图质量，仪器搬到下一测站时，应先观测前站所测的某些明显碎部点，以检查由两个测站测得的该点平面位置和高程是否相符。如相差较大，则应查明原因，纠正错误，再继续进行测绘。

若测区面积较大，可分成若干图幅分别测绘，最后拼接成全区地形图。为了相邻图幅的

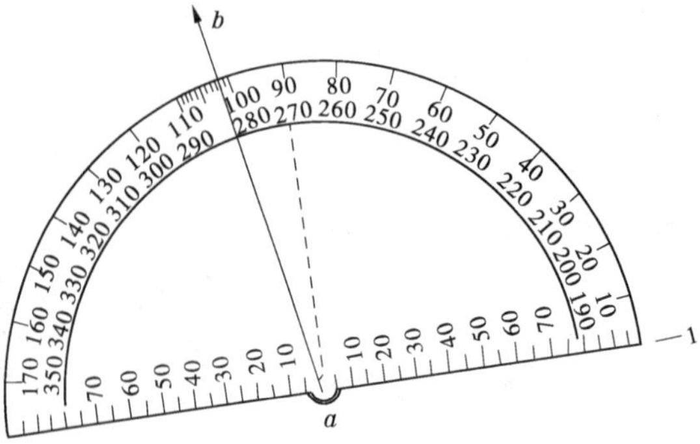

图 8-36 地形测量量角器

拼接,每幅图应测出图廓外 10 mm。

在测图过程中,应注意以下事项:

(1)为方便绘图员工作,观测员在观测时,应先读取水平角,再读取视距尺的三丝读数和竖盘读数;在读取竖盘读数时,要注意检查竖盘指标水准管气泡是否居中;读数时,水平角估读至 5′,竖盘读数估读至 1′即可,每观测 20 ~ 30 个碎部点后,应重新瞄准起始方向检查其变化情况,经纬仪测绘法起始方向水平度盘读数偏差不得超过 3′。

(2)立尺人员在跑点前,应先与观测员和绘图员商定跑尺路线;立尺时,应将标尺竖直,并随时观察立尺点周围情况,弄清碎部点之间的关系,地形复杂时还需绘出草图,以协助绘图人员做好绘图工作。

(3)绘图人员要注意图面正确、整洁,注记清晰,并做到随测点,随展绘,随检查。

(4)当每站工作结束后,应进行检查,在确认地物、地貌无测错或漏测时,方可迁站。

三、测站点的增设

在测图过程中,由于地物分布的复杂性,往往会发现已有的图根控制点还不够用,此时可以用支点法、图解交会方法等临时增设(加密)一些测站点。

(一)支点法

在现场选定需要增设的测站点,用极坐标法测定它在图上的位置,称为支点法。由于测站点的精度必须高于一般地物点,因此规定:增设支点前必须对仪器(经纬仪、平板仪、全站仪等)重新检查定向;支点的边长不宜超过测站定向边的边长;支点边长要进行往返丈量或两次测定,其差数不应大于 1/200。对于增设测站点的高程,则可以根据已知高程的图根点用水准仪或经纬仪视距法测定,其往返高差的较差不得超过 1/7 等高距。

(二)图解前方交会法

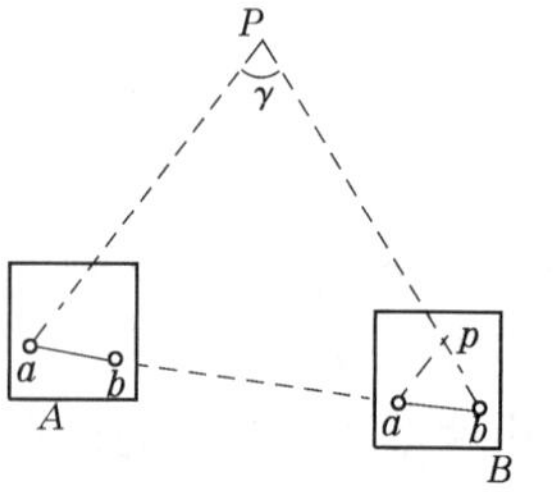

图 8-37 平板仪图解前方交会

图解前方交会测定站点和利用方向交会法测定地物点为同一原理,但规定较严格。如图 8-37 所示,A、B 为两个已知控制点,P 为要增设的测站点。P 点选定以后打一木桩,桩上立一视距尺。一般在 A 点上测图工作结束时,图板再次定向后,照准仪直尺边紧贴图上 a 点,瞄准 P 点沿尺子画方向线,并用视距方法测定其高程。然后将平板仪安置在 B 点,按同法在 B 点

上瞄准 P 点沿尺子画方向线，再用视距法测定其高程。两个方向线的交点 p，即为地面上 P 点在图纸上的位置。再自两个方向上分别算出 P 点的高程，取其平均值；两个高程较差，在平地不应超过 1/5 等高距，在丘陵、山地不应超过 1/3 等高距。交会角 γ 应为 30° ~120°。

（三）内、外分点法

内、外分点法是一种在已知直线方向上按距离定位的方法。这种方法主要用在通视条件好、便于量距和设站的任意两控制点连线（内分点）或其延长线（外分点）上增补测站点。利用已知边内、外分点建立测站，不需要观测水平角，控制点至测站点间的距离、高差的测定与检核均与支点法相同。

第五节　地形图测绘内容及取舍

当对某一片区测量了足够数量的地物地貌点，并将其按比例展绘到图纸上后，就可对照实地描绘地物和勾绘等高线了。

一、地物测绘的一般原则

地物测绘的质量和速度在很大程度上取决于立尺员能否正确合理地选择地物特征点。在某种意义上说，立尺员起指挥测图的作用。立尺员除须正确选择地物特征点外，还应结合地物分布情况，采用适当的跑尺方法，尽量做到不漏测、不重复。一般应遵循下述原则：

（1）地物较多时，应分类立尺，以免绘图员连错，不应单纯为了立尺员方便而随意立尺。例如，立尺员可沿道路立尺，测完道路后，再按房屋立尺。当一类地物尚未测完，不应转到另一类地物上去立尺。

（2）当地物较少时，可从测站附近开始，由近到远，采用半螺旋形跑尺路线跑尺。待迁测站后，立尺员再由远到近，以半螺旋形跑尺路线回到测站。

（3）若有多人跑尺，可以测站为中心，划成几个区，采取分区专人包干的方法跑尺，也可按地物类别分工跑尺。

地物特征点主要是其轮廓线的转折点，如房角点、道路边线的转折点以及河岸线的转折点等。主要的特征点应独立测定，一些次要的特征点可以用量距、交会、推平行线等几何作图方法绘出。

图 8-38（a）为某一测站 A 所视范围内的实地地形，在将测得的碎部点展绘到图上后，如图 8-38（b）所示，将有关的点连接起来，用规定的符号表示并加注名称即得到地物在图纸上的图形，如图 8-38（c）所示。在地形图上，凡是能依比例表示的地物，应将它们的边界位置准确地描绘出来，在边界内填绘出相应的地物符号或注记，如居民地、菜地、池塘等。对于不能依比例表示的地物，如烟囱、水塔、单线道路、单线河流等，应以相应的地物符号表示在其中心位置上。

一般规定，凡主要建筑物轮廓线的凹凸长度在图上大于 0.4 mm 时，都要表示出来。例如，对于 1∶1 000 测图，主要地物轮廓凹凸大于 0.4 m 时应在图上表示出来。

以下按 1∶500 和 1∶1 000 比例尺测图的要求提出一些取点原则：

（1）对于房屋，可只测定其主要房角点（至少 3 个），然后量取其有关的数据，按其几何关系用作图方法画出轮廓线。

（2）对于圆形建筑物，可测定其中心位置并量其半径后作图绘出；或在其外轮廓测定三点，然后用作图法定出圆心而作圆。

（3）对于公路，应实测两侧边线，而大路或小路可只测其一侧的边线，另一侧边线可按量得的路宽绘出；对于道路转折处的圆曲线边线，应至少测定3点（起点、终点和中点）。

（4）围墙应实测其特征点，按半比例符号绘出其外围的实际位置。

测绘地物时要注意根据地物的重要程度等因素对地物点进行综合、取舍。地物的测绘应随测随绘，以便将描绘的地物与地面的实体进行对照，发现错误和遗漏能及时予以修正和补测。

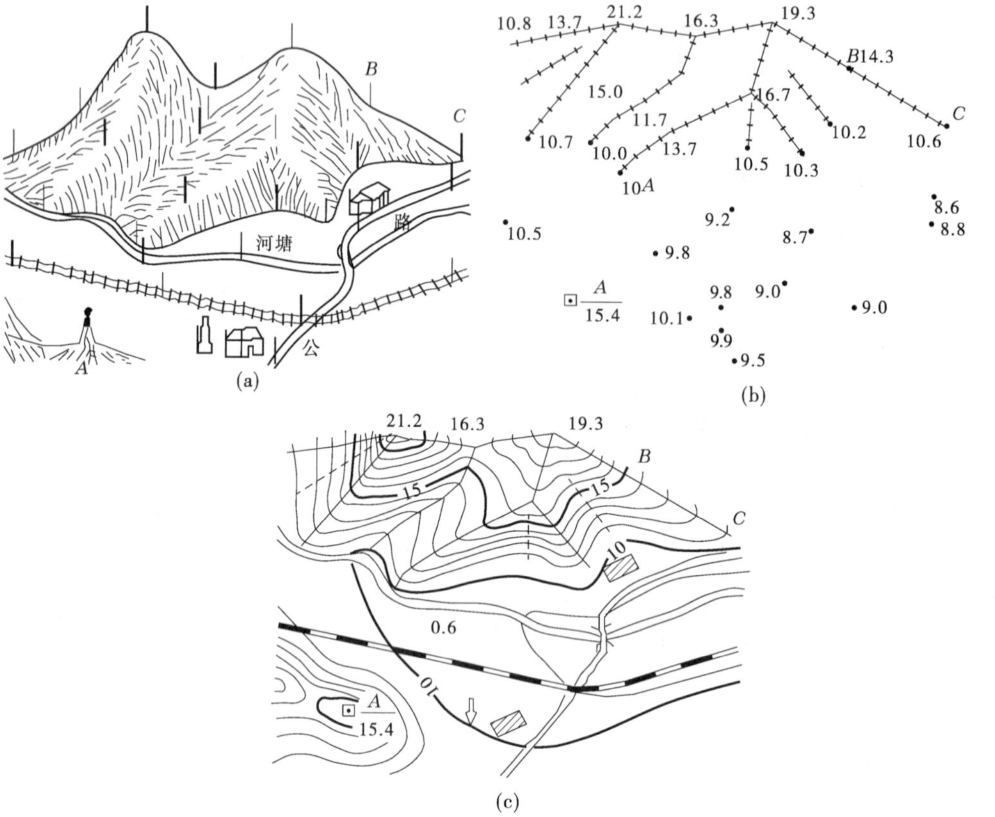

图 8-38　地形图绘制

二、地貌的测绘

地貌千姿百态，但从几何的观点分析，可以认为它是由许多不同形状、不同方向、不同倾角和不同大小的面组合而成。这些面的相交棱线，称为地性线。地性线有两种，一种是由两个不同走向的坡面相交而成的棱线，称为方向变换线，如山脊线和山谷线；另一种是由两个不同倾斜的坡面相交而成的棱线，称为坡度变换线，如陡坡与缓坡的交界线、山坡与平地交界的坡麓线等。在实际地貌测绘中，确定地性线的空间位置时，并不需要确定棱线上的所有点，而只需测定各棱交点的空间位置就够了，这些棱线交点称地貌特征点。测定地貌特征点，并以地性线构成地貌的“骨架”，地貌的形态就容易表示出来了。因此，地貌的测绘主要是测绘这些地貌特征点及其地性线。地貌主要是用等高线来表示，勾绘等高线在绘图过程中是最难、工作量最大的工作。

（一）地貌的测绘方法

1. 测绘地貌特征点

地貌特征点包括山的最高点、洼地的最低点、谷口点、鞍部的最低点、地面坡度和方向的变换点等。

测定地貌特征点，首先要恰当地选择地貌特征点。地貌特征点选择不当或漏测了某些重要地貌特征点，将会改变“骨架”的位置，这样就不能准确、真实地反映地表形态。如图 8-39（a）所示，设正确位置的地性线为 *MN*，由于地貌特征点选择不当而立于 *N′* 点，这样不仅 *N* 移至 *N′*，且高程也不同，随之由不当的地性线 *MN′* 所勾绘的等高线也产生了偏差和歪曲。又如图 8-39（b）所示，若漏测地性线 *EF* 上的坡度变换点 *Q*，就会把 *EF* 间当成等倾斜而勾绘出等高线，这就与正确的 *EQF* 间的状况大不一样了。为此，测绘人员应认真观察地貌变化，找出恰当的地貌特征点，用测定碎部点的方法测绘出特征点的图上位置，并在其点旁注记高程。

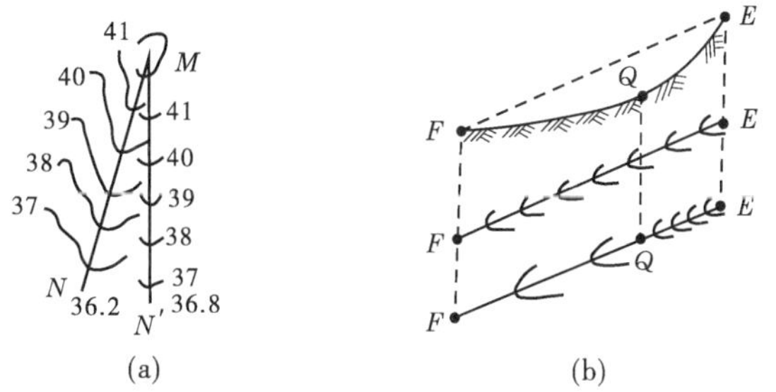

图 8-39　地貌特征点的测绘

2. 连接地性线

地性线是指山脊线、山谷线、坡缘线（不同倾角的坡面交界线）和山脚线。

根据图上展绘出的地貌点，对照实地将同一山体的地性线分别用实线或虚线连接起来，通常以实线连山脊线，虚线连山谷线，即构成了地貌形态的骨架，如图 8-40（a）所示。

3. 求等高线通过的点

等高线通过的地面点的高程一定是整米数或半米数，而测得的地貌点不一定恰好在等高线上，因此必须在图上相邻地貌点之间内插出高程为整米或半米的等高线通过的点，再将高程相同的相邻点用圆滑的曲线连接起来，即绘成等高线。

连接地性线后，即可在同一条地性线上的两相邻点之间内插出其他等高线所通过的点位。例如在图 8-40（b）中，地性线上有相邻的 *A*、*B* 两点，高程分别是 10.6 m 和 14.3 m，两点间的高差为 3.7 m，两点间的平距在图上量得为 2.8 cm，以平距为横轴，以高差为纵轴，绘成断面图，即恢复出 *AB* 两点间的实地坡形。若地形图的等高距为 1 m，根据 *A*、*B* 点的高程，可以判断出在 *AB* 之间能找出 11 m、12 m、13 m 和 14 m 等高线所通过的位置。在两相邻碎部点之间找等高线通过的点是根据相似三角形的原理，采用“先取头定尾，再中间等分”的方法内插分点。例如，求得 *B* 点到 14 m 等高线的高差为 0.3 m，由 11 m 等高线到 *A* 点的高差为 0.4 m，则 *B* 点到 14 m 等高线和 *A* 点到 11 m 等高线的平距 x_1 和 x_2 可以根据相似三角形

的比例关系得

$$\frac{x_1}{0.3}=\frac{0.028}{3.7} \qquad x_1=\frac{0.028\times 0.3}{3.7}=0.002\,3(\text{m})=2.3(\text{mm})$$

$$\frac{x_2}{0.4}=\frac{0.028}{3.7} \qquad x_2=\frac{0.028\times 0.4}{3.7}=0.003\,0(\text{m})=3.0(\text{mm})$$

在图上从 b 点开始沿 BC 地性线方向量取 2.3 mm，即得到 14 m 等高线通过的点 f；从 a 点开始沿 ab 方向量取 3.0 mm，即得到 11 m 等高线通过的点 c，然后将 11 m 到 14 m 等高线之间的长度 3 等分，就得到 12 m、13 m 等高线通过的点 d 和点 e。

用同样的方法，可以内插出地性线上所有相邻碎部点之间各条等高线通过的点位(见图 8-40(c))。在实际作业中，用此法求算等高线通过的点，将会大大降低测图的效率，因此整米高程点一般是用目估法内插求得的。

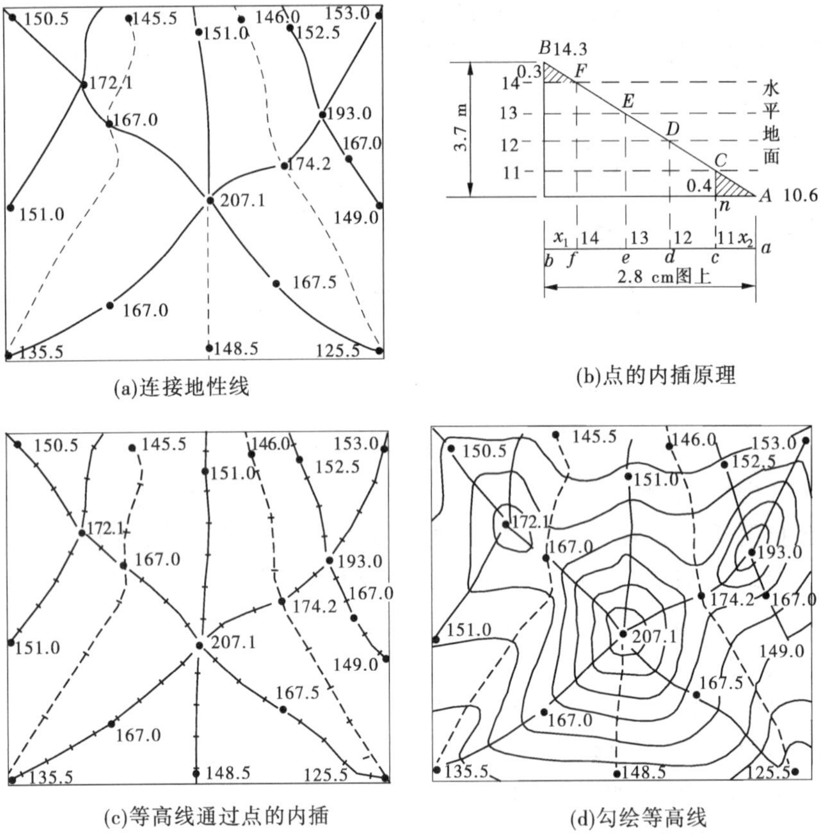

(a)连接地性线　　(b)点的内插原理

(c)等高线通过点的内插　　(d)勾绘等高线

图 8-40　勾绘等高线

实际作业时，如果用解析方法来确定等高线通过的点，就相当麻烦和费时。往往采用目估内插法来确定等高线通过的点。方法是先目估确定靠近两端点等高线通过的点，然后在所确定的等高线点之间目估等分其他等高线通过的点。这种方法十分简单和迅速，但初学者不易掌握，要反复练习才能熟练、准确。

4. 勾绘等高线

当在图上求得足够数量的等高线通过的点后，对照实地地形，将高程相同的相邻点用圆滑的曲线连接起来,即得到该片区地貌的等高线图形,如图 8-40(d)所示。最后将计曲线加粗,并选择适当位置在计曲线上加注高程。

在勾绘等高线时,应注意以下几点:

(1)应对照实地情况现场勾绘,这样绘制出的等高线才会更真实地逼近实际地形,并且应该一边求等高线通过点,一边勾绘等高线,不要等到把全部等高线通过点都求出后再勾绘等高线。

(2)等高线为光滑曲线,注意加粗计曲线。

(3)碎部点高程注记字头朝北,等高线在注记处应断开,计曲线的高程注记字头朝上坡方向。

实际作业时,决不是等到把全部等高线在地性线上的通过点确定下来后再勾绘等高线,而是一边求出两相邻地性线上的高程相等的点,一边依实际地貌勾绘等高线,即等高线是随测随绘的,但在时间紧迫、地形又不复杂的情况下,可先行插绘计曲线。勾绘等高线是一项比较困难的工作,因为勾绘时依据的图上点只是少量的地貌特征点和地性线上的等高线通过点。对于显示两地性线间的微型地貌来说,还需要一定的判断和描绘的实践技能,否则就不能更加客观地显示地貌的变化。待等高线勾绘完毕后,所有地性线应全部擦去。

(二)地貌测绘中立尺点的选择与密度

1. 正确选择地貌特征点

选错或漏测,将使绘出的等高线与实地不符。一般来说,地物特征点容易选择,而地貌特征点的选择比较困难。例如在山区,由远处从下往上看,很容易判认特征点的位置,而一走近时,就会难以辨认。因此,立尺者必须及早依斜坡由下而上地认定坡度变换点、方向变换点等位置,以免测错、漏测。

2. 注意地貌的综合取舍

地貌千姿百态、千变万化,我们不可能也不必要将地貌所有微小变化都测绘出来。为此,在保证地貌总体形态不变的情况下,根据测图比例尺和用图的目的,对一些小变化的地貌进行适当的综合取舍。例如,对于局部碎小地貌可以舍去不测,而对坎高小于半个基本等高距的地坎可以舍去或综合表示。

3. 合理测绘地貌特征点(立尺点)

地貌特征点(立尺点)测绘数目的多少,原则上是少而精。特征点的多少,取决于地貌繁杂程度、测图比例尺和等高距等。立尺点过少,将使描绘缺乏依据而影响成图质量;立尺点过多不仅影响测图进度,而且造成图面混乱,影响总体地貌的表现。在坡度平缓地区,即使没有明显的地性线,为表达地面高低情况,在图中每方格内应均匀测定一定数量的高程点。总之,恰当地选择立尺点,对地貌测绘有很大的实际意义。因此,平时就应结合实际情况,加以摸索、分析与研究,不断积累经验,以期测绘出高质量的地形图。

(三)测绘山地地貌时的跑尺方法

1. 沿山脊和山谷跑尺法

对于比较复杂的地貌,为了绘图连线方便和减少差错,立尺员应从第一个山脊的山脚,沿山脊往上跑尺,到山顶后,沿相邻的山谷线往下跑尺,直至山脚。然后跑紧邻的第二个山脊线和山谷线,直至跑完。这种跑尺方法,立尺员的体力消耗较大。

2. 沿等高线跑尺法

当地貌不太复杂，坡度平缓且变化较均匀时，立尺员按“之”字形沿等高线方向一排一排立尺。遇到山脊线或山谷线时顺便立尺。这种跑尺方法既便于观测和勾绘等高线，又易发现观测、计算中的差错。同时，立尺员的体力消耗也较小。但勾绘等高线时，容易判断错地性线上的点位，故绘图员要特别注意对地性线的连接。

第六节　地形图的拼接与整饰

一、地形图的拼接

测区较大时，地形图是分幅测绘的，各相邻图幅必须能互相拼接成为一体，由于测绘误差的存在，在相邻图幅拼接处，地物的轮廓线、等高线不可能完全吻合。若接合误差在允许范围内，可进行调整。否则，对超限的地方须进行外业检查，在现场改正。

为便于拼接，要求每幅图的四周均须测出图廓线外 5 ~ 10 mm 范围。线状地物应测至主要的转折点和交叉点，地物的轮廓应完整地测出。为保证图边拼接精度，在建立图根控制时，在图幅边附近应布设足够的解析图根点，相邻图幅均可利用它们来测图。

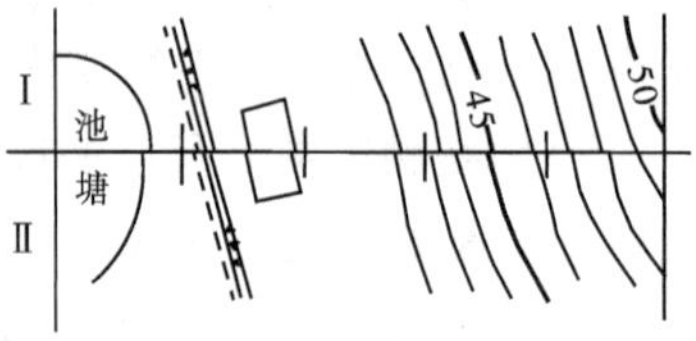

图 8-41　地形图的拼接

用聚酯薄膜测图时，可将相邻两幅图的图边上下重叠，进行透视接拼检查，如图 8-41 所示。当同一要素的拼接位移不超过规定的地物、地貌点位中误差的 $2\sqrt{2}$ 倍时，可在两幅图上各改正一半。地物点的点位中误差和等高线高程中误差限差规定见表 8-13。

表 8-13　地物、地貌测图中误差限差

地物点对于附近控制点的平面位置中误差（图上精度）		由高程点插求的等高线对于附近图根点的高程中误差			
主要地物	次要地物	平坦地	丘陵地	山地	高山地
0.6 mm	0.8 mm	1/3 等高距	1/2 等高距	2/3 等高距	1 个等高距

位于图幅四角，即相邻四个图幅邻接处的图边在拼接时应特别注意。

由于图纸本身性质不同，拼接时其做法也有所不同，常见的有聚酯薄膜测图的拼接方法和白纸测图的接图方法两种。

（一）聚酯薄膜测图的拼接方法

由于薄膜具有透明性，拼接时可直接将相邻图幅边上下准确地叠合起来，仔细观察接图边两边的地物和地貌是否互相衔接，地物有无遗漏，取舍是否一致，各种符号、注记是否相同等。接边误差如符合要求，即可按地物和等高线平均位置进行改正。具体做法是先将其中一幅图边的地物地貌按平均位置改正，而另一幅则根据改正后的图边进行改正。改正直线地物时，应按相邻两图幅中直线的转折点或直线两端点连接。改正后的地物和地貌应保持合理的走向。

(二)白纸测图的接图方法

用白纸测图时,需用约 5 cm 宽、比图廓边略长的透明纸作为接图边纸。在接图边纸上须先绘出接图的图廓线、坐标格网线,并注明其坐标值。然后将每幅图各自的东、南两图廓边附近 1 ~1.5 cm,以及图廓边线外实测范围内的地物、地貌及其说明符号、注记等摹绘于接图边纸上。再将此摹好的东、南拼接图边分别与相邻图幅的西、北图边拼接。拼接应注意的问题和改正要求,与上述聚酯薄膜图纸接图方法相同。

二、地形图的整饰

实测原图经过拼接和检查后,即可进行整饰,整饰的目的是使图面更加清晰、规范、合理。整饰应遵循先图内后图外,先地物后地貌,先注记后符号的原则进行。工作顺序为:内图廓、坐标格网,控制点、地形点符号及高程注记,独立物体及各种名称、数字的绘注,居民地等建筑物,各种线路、水系等,植被与地类界,等高线及各种地貌符号等。图外的整饰包括外图廓线、坐标网、经纬度、接图表、图名、图号、比例尺,坐标系统及高程系统、施测单位、测绘者及施测日期等。图上地物以及等高线的线条粗细、注记字体大小应按相应比例尺的地形图图式描绘。

第七节　地形图检查验收与质量评定

地形图及其有关资料的检查验收工作,是测绘生产一个不可缺少的重要环节,是测绘生产技术管理工作的一项重要内容。对地形图实行二级检查(测绘单位对地形图的质量实行过程检查和最终检查),一级验收制(验收工作由任务的委托单位组织实施,或由该单位委托具有检验资格的检验机构验收)。

地形图的检查验收工作,要在测绘作业人员自己作充分检查的基础上,提请专门的检查验收组织进行最后总的检查和质量评定。若合乎质量标准,则应予验收。地形图质量检验的依据是有关的法律法规,有关的国家标准、行业标准、设计书、测绘任务书、合同书和委托检验文件等。

一、基本要求

(1)被检验的地形图批成果应由相同技术要求下生产的同一测区、同一比例尺单位成果集合组成。

(2)检验使用仪器设备的精度指标不低于生产所使用仪器设备的精度指标。

(3)地形图检验的内容主要为自我检查、详查与概查。

(4)详查内容包括样本单位成果的数学精度、数据及结构正确性、地理精度、整饰质量、附件质量以及批成果的附件质量。

(5)概查内容包括成图范围、区域的符合性,基本等高距的符合性,图幅分幅与编号、测图控制覆盖面、密度的符合性,测图控制施测方法的符合性,详查以外图幅的重要或特别关注的质量要求或指标,或系统性的偏差、错误。

(6)质量问题应记载在检查意见记录表中。检验记录应整洁、清晰,质量问题应描述完整、指标明确,质量问题所属错漏类别应明确。

(7)当检验批划分为多个批次检验时,各批次分别进行质量检验与批成果质量判定。

二、工作流程

检验工作流程如图 8-42 所示。

三、自我检查

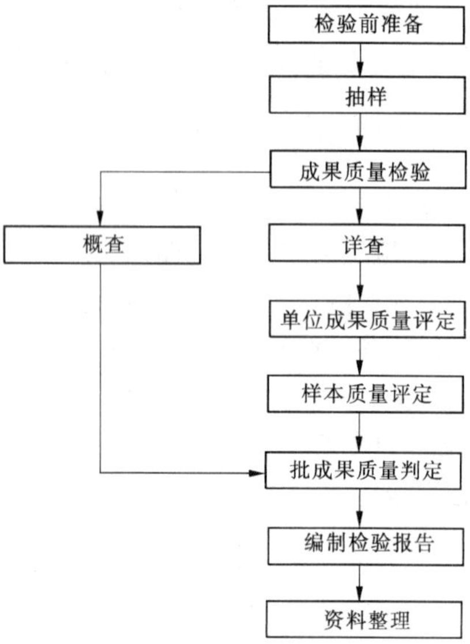

图 8-42　检验工作流程

在地形测量的全过程中,测绘作业人员应将自我检查贯穿测绘工作始终。自我检查的主要内容有:所用各种仪器工具是否定期检校并合乎精度要求;各级控制测量成果是否完全可靠;各种野外记录手簿、记录计算是否进行过认真的复核和检查;坐标格网的展绘是否准确;控制点平面位置及高程注记是否正确。在每一个测站上开始进行测图时,应在相邻测站已测的范围边沿附近,选择几个已测的特征点(又称重合点)进行重新测定,以检查它的精度;重合点的测定不仅有利于测站间的衔接,而且能检核测站本身的可靠性。在每个测站上,应随时检查本测站所测地物、地貌有无错误或遗漏。即使在迁站过程中,也应沿途进行一般性的检查,观察图上地物、地貌测绘是否正确,有无遗漏,如果发现错误,应随即改正。测绘人员一定要做到当站工作当站清,当天工作当天清,一幅测完一幅清。测图结束后,测绘作业人员还应进行全面系统的自查和互查。

四、提交资料

测图工作结束后,应将有关的测绘资料整理并装订成册,供最后的检查验收使用和甲方今后的保管与使用,提交的资料一般包括以下内容。

(一)控制测量部分

(1)所用测绘仪器的检验校正报告。

(2)测区的分幅及其编号图。

(3)控制点展点图、埋石点点之记。

(4)水准路线图。

(5)各种外业观测手簿。

(6)平面和高程控制网计算表册。

(7)控制点成果总表

(二)地形测图部分

(1)地形图原图。

(2)碎部点记载手簿。

(3)接图边。

(4)图历表或图历卡(记录地形图成图过程中的档案材料,包括对地形原图的内外业检查、图幅接边以及对成图质量的评定等)。

(三)综合资料

综合资料主要包括下列两部分。

1. 测区技术设计书

经对测区进行踏勘和收集有关测绘资料后编写的测区技术设计书,内容主要包括任务来源、测区范围、测图比例尺、等高距、对已有测绘资料的分析利用、作业技术依据、开工和完工日期以及地形测量平面、高程、地形测图的施测设计方案,各种设计图表等。

2. 技术总结

技术总结主要内容包括一般说明、对已有测绘资料的检查和实际使用情况、各级控制测量施测情况、地形测图质量等。

五、全面检查

(一)室内检查

地形图室内检查内容主要包括:应提交的资料是否齐全;控制点的数量是否符合规定,记录、计算是否正确;控制点、图廓、坐标格网展绘是否合格;图内地物、地貌表示是否合理,符号是否正确;各种注记是否正确、完整;图边拼接有无问题等。如果发现疑点或错误可作为野外检查的重点。

(二)室外检查

在室内检查的基础上进行室外检查。

1. 野外巡视检查

野外巡视检查指检查人员携带测图板到测区,按预定路线进行实地对照查看。主要查看原图的地物、地貌有无遗漏;勾绘的等高线是否逼真合理,符号、注记是否正确等。这是检查原图的方法,一般应在整个测区范围内进行,特别是应对接边时所遗留的问题和室内图面检查时发现的问题做重点检查。发现问题后应在当场解决,否则应设站检查。样本图幅野外巡视范围应大于图幅面积的3/4。

2. 野外仪器检查

对于室内检查和野外巡视捡查过程中发现的重点错误、遗漏,应进行更正和补测。对一些怀疑点,地物、地貌复杂地区,图幅的四角或中心地区,也需抽样设站检查。

平面、高程检测点位置应分布均匀,要素覆盖全面。检测点(边)的数量视地物复杂程度、比例尺等具体情况确定,一般每幅图应有20~50个,尽量按50个点采集。

平面绝对位置检测点应选取明显地物点,主要为明显地物的角隅点,独立地物点,线状地物交点、拐角点,面状地物拐角点等。同名高程注记点采集位置应尽量准确,当遇难以准确判读的高程注记点时,应舍去该点,高程检测点应尽量选取明显地物点和地貌特征点,且尽量分布均匀,避免选取高程急剧变化处;高程注记点应着重选取山顶、鞍部、山脊、山脚、谷底、谷口、沟底、凹地、台地、河川湖池岸旁、水涯线上等重要地形特征点。

仪器检查的方法有方向法、散点法与断面法。

方向法适用于检查主要地物点的平面位置有无偏差。检查时须在测站上安置平板仪(或经纬仪),用照准仪直尺边缘贴靠图上的该测站点,将照准仪瞄准被检查的地物点,检查已测绘在图上的相应地物点方向是否有偏离。

散点法与碎部测量一样，即在地物或地貌特征点上立尺，用视距测量的方法测定其平面位置和高程，然后与图板上的相应点比较，以检查其精度是否符合要求。

断面法是用原测图时采用的同类仪器和方法，沿测站某方向线测定的各地物、地貌特征点的平面位置和高程，然后与地形图上相应的地物点、等高线通过点进行比较。

对居民地密集且道路狭窄，散点法不易实施的区域，应采用平面相对位置精度的检验法。其基本思想为：以钢（皮）尺或手持测距仪实地量取地物间的距离，与地形图上的距离比较，再进行误差统计得出平面位置相对中误差。检查时应对同一地物点进行多余边长的间距检查，以保证检验的可靠性，统计时同一地物点相关检测边不能超过两条。检测边位置应分布均匀，要素覆盖全面，应选取明显地物点，主要为房屋边长、建筑物角点间距离、建筑物与独立地物间距离、独立地物间距离等。

检查结束后，对于检查中发现的错误和缺点，应立即在实地对照改正。如错误较多，上级业务单位可暂不验收，并将上缴原图和资料退回作业组进行修测或重测，然后检查和验收。

各种测绘资料和地形图，经全面检查符合要求，即可予以验收，并根据质量评定标准，实事求是地作出质量等级的评估。

六、地形图质量评定

地形测量的资料、图纸经检查验收后，应根据国家测绘局发布的《测绘成果质量检验与验收》（GB/T 24356—2009）中的有关规定进行质量评定。地形测量产品质量实行优级品、良级品、合格品和不合格品 4 级评定制。

地形测量产品按图根控制测量、地形测图、图幅质量 3 项内容进行质量评定。若产品中出现一个严重缺陷（如伪造成果、中误差超限、使用了误差超限的控制点进行测图等），则该产品为不合格品。合格品标准的统一规定是：符合技术标准、技术设计和技术规定的要求，但不满足良级品的全部条件；产品中有个别缺点，但不影响产品基本质量；技术资料齐全、完整。良级品、优级品的标准，除要满足合格品、良级品的全部条件外，还应满足各自的条件。它们的条件分述如下。

（一）图根控制测量质量等级评定

1. 良级品的品级标准

（1）控制点的点位和密度能较好地适合测图要求。

（2）各项边长、总长、角度和扩张次数等完全符合要求，各项主要测量误差有 60% 以上小于限差的 1/2，其余误差均在限差范围之内。

各项主要测量误差包括在平面方面为交会点平面移位差、各种图形的角度闭合差、锁（网）点的闭合差、线形锁重合点较差、导线方位角闭合差、全长相对闭合差。在高程方面为等外水准路线闭合差、三角高程路线闭合差、交会点高程较差。

（3）埋石点的分布良好，数量符合规定。

（4）各种手簿、图历簿项目填写、书写正规，成果正确，整饰较好。

2. 优级品的品级标准

（1）控制点分布均匀，密度合适，点位恰当，能很好地满足测图要求。

(2)各项主要测量误差有 60% 以上小于限差的 1/3，其余误差小于限差的 4/5。

(二)地形测图质量等级评定

1. 良级品的品级标准

(1)坐标网点、图廓点、控制点展绘准确。

(2)测站点的布设方法正确，密度和位置能较好地满足测图要求。高程注记点的密度符合规定，位置较恰当。

(3)地物、地貌的综合取舍较恰当，符号运用正确，能较完整地反映测区特征。主要地物、地貌位置准确，没有遗漏。

(4)各种注记正确，注记数量和位置较恰当。

(5)图历簿、手簿记载齐全、正确，整饰较好。

(6)接边精度良好，误差配赋合理。

(7)野外散点检查，地物点平面移位差和等高线的高程误差符合表 8-14 中相应品级的规定。

2. 优等品的品级标准

(1)测站点的密度和位置完全满足测图要求。

(2)地物、地貌综合取舍恰当，碎部逼真，符号配置协调，能正确完整地显示测区的地理特征。

(3)图面整洁、清晰，线条光滑，注记正确，能完全满足下一工序的要求。

(4)野外散点检查，地物点的平面移位差和等高线的高程误差与地形图品级评定参考表 8-14 的规定。

表 8-14　地形图品级评定

限差区间	各品级较差出现的比例		
	合格	良	优
小于或等于$\sqrt{2}m$	60%	70%	80%
大于$\sqrt{2}m$，小于或等于 2 m	30%	26%	18%
大于 2 m(其中大于 $2\sqrt{2}m$ 的不超过 2%)	6%	4%	2%

注：表中 m 为中误差。

(三)图幅质量的等级评定

图幅质量采用评分法评定，把图幅分成控制测量和碎部测量两个单项，先按百分制评出各单项的分数，然后依其所占图幅的百分比(权)，综合求出图幅的总分数，最后根据总分数所能达到的区间，确定图幅质量品级(计算方法参照现行的《测绘成果质量检查与验收》(GB/T 24356—2009)。

图幅(或单项)各等级的分数区间为

优级品:90 ~ 100 分;

良级品:75 ~ 89 分;

合格品:60 ~ 74 分;

不合格品:0 ~ 59 分。

地形图的质量评定,是对测绘人员劳动成果的全面评定。测绘工作者在地形测量全过程中应当兢兢业业,精益求精,不断提高作业的技术水平,为达到优级质量而努力。

思考与练习题

1. 某控制点的地理坐标为东经102°18′36″,北纬28°36′18″,该点所在1:5万比例尺梯形分幅的编号为多少?

2. 何谓比例尺精度?它在测绘工作中有何作用?

3. 地物符号中的比例符号、非比例符号和半比例符号各在什么情况下使用?

4. 何谓等高线?等高线有哪些特性?

5. 何谓等高距、等高线平距和地面坡度?三者之间的关系如何?

6. 测图前有哪些准备工作?控制点展绘后,怎样检查其正确性?

7. 简述经纬仪测绘法在一个测站测绘地形图的工作步骤。

8. 为了确保地形图质量,应采取哪些主要措施?

9. 根据图8-43上各碎部点的平面位置和高程,试勾绘等高距为1 m的等高线。图中点画线表示山脊线,虚线表示山谷线。

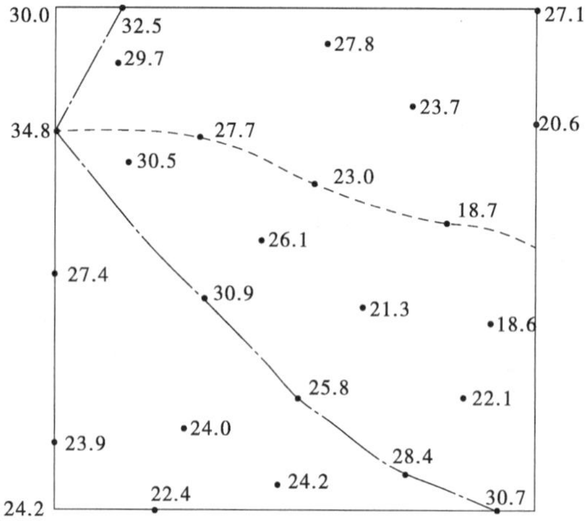

图8-43 勾绘等高线练习

第九章　地形图应用

教学内容：

主要介绍地形图的主要用途、地形图的阅读；地形图应用的基本内容和地形图在工程中的一些主要应用。

知识目标：

了解地形图阅读的基本方法；掌握应用地形图求点的坐标和高程、求直线的方位角及长度和坡度；掌握根据地形图绘制剖面图的方法；掌握在地形图上量算面积和计算土方量的基本方法。

技能目标：

能熟练地识读地形图；能在地形图上正确地量取点的平面坐标和高程及一条边的方位角；能利用地形图正确计算不规则图形的面积；能进行土方量的测量和计算；能处理场地平整中的设计问题。

第一节　地形图应用概述

一、地形图的主要用途

地形图是包含丰富的自然地理、人文地理和社会经济信息的载体，也是一种全面反映地面上的地物、地貌相互位置关系的图纸。它是进行工程建设项目可行性研究的重要资料，也是工程规划、设计和施工的重要依据。

在进行工程建设的规划和设计阶段，首先应对规划地区的情况做系统而周密的调查研究，其中，现状地形图是比较全面、客观地反映地面情况的可靠资料。因此，地形图是国土整治、资源勘察、城乡规划、土地利用、环境保护、工程设计、矿藏采掘、水利工程、军事指挥、武器发射等工作中不可缺少的重要资料，需要从地形图上获取地物、地貌、居民点、水系、交通、通信、管线、农林等多方面的信息作为设计的依据。

在地形图上，可以确定点位、点与点之间的距离和直线间的夹角；可以确定直线的方位，进行实地定向；可以确定点的高程、两点间的高差以及地面坡度；可以在图上勾绘出集水线和分水线，标出洪水线和淹没线；可以根据地形图上的信息计算出图上一部分地面的面积和一定厚度地表的体积，从而确定在生产中的用地量、土石方量、蓄水量、矿产量等；可以从图上了解到各种地物、地类、地貌等的分布情况，计算诸如村庄、树林、农田等数据，获得房屋的数量、质量、层次等资料；可以从图上决定各设计对象的施工数据；可以从图上截取断面，绘制剖面图，以确定交通、管线、隧道等的合理位置。利用地形图作底图，可以编绘出一系列专题地图，如地质图、水文图、农田水利规划图、土地利用规划图、建筑物总平面图、城市交通图和地籍图等。

二、地形图的阅读

大比例尺地形图是各项工程规划、设计和施工的重要地形资料，尤其是在规划设计阶段，不仅要以地形图为底图进行总平面的布设，而且要根据需要在地形图上进行一定的量算工作，以便因地制宜地进行合理的规划和设计。

为了能正确地应用地形图，首先要能看懂地形图。地形图用各种规定的符号和注记表示地物、地貌及其他有关资料，通过对这些符号和注记的识读，可使地形图成为展现在人们面前的实地立体模型，以判断其相互关系和自然形态。

(一)用图比例尺的选择

各种不同比例尺的地形图，所提供信息的详尽程度是不同的，要根据使用地形图的目的来选择。例如，对于一个城市的总体规划，一条河流的开发规划，涉及大片地区，需要的是宏观的信息，就得使用较小比例尺的地形图。对于居民小区和水利枢纽区的设计，则要用较大比例尺的地形图，以便在图上研究微地貌和安排各种各样的建筑物。

对于总体规划、厂址选择、区域布置、方案比较，多使用比例尺为1:10 000和1:5 000的图。详细规划和工程项目的初步设计，可以用1:2 000地形图。对于小区的详细规划、工程的施工图设计、地下管线和地下人防工程的技术设计、工程的竣工图、为扩建和管理服务的地形图、城镇建筑区的基本图，多使用比例尺为1:1 000和1:500的图。当同一地区需要用到多种比例尺图时，可测其中比例尺最大的一种，其余靠缩编成图。

(二)读图注意事项

1. 了解地形图的平面坐标系统和高程系统

对于国家基本图幅地形图，如1:500、1:1 000、1:2 000梯形分幅的国家基本图，一般采用国家统一规定的高斯平面直角坐标系。要注意区分其坐标系统是“1954年北京坐标系”，还是“1980年国家大地坐标系”，亦或是“2000年国家大地坐标系”。有些城市地形图使用的是城市坐标系，有些工程建设使用的地形图是独立坐标系。至于高程系统，要注意区分高程基准是采用“1956年黄海高程系统”还是“1985国家高程基准”，亦或是其他高程系、假定高程系等。

判定和了解这些坐标系对于图幅所在工程与图幅外工程或地域的相关位置关系具有重要的决策意义。

2. 熟悉图例，学会判读

地形图的信息是通过图例符号传达的，图例符号是地形图的语言。用图时，首先要了解该幅图使用的是哪一种图例，并对图例进行认真阅读，了解各种符号的确切含义。此外，若要正确判读地形图，还须在了解地形图符号的含义后，对其正确理解，将其具体化、形象化，使符号表达的地物、地貌在头脑中形成立体概念。

3. 了解图的施测时间等要素

地形图反映的是测绘地形现状，读图用图时要注意图纸的测绘时间。对于未能在图纸上反映的地物、地貌变化，应予以修测、补测，原则上以选择最近测绘的、现实性强的图纸为好。还要注意图的类别，是基本图、规划图，还是工程专用图；是详测图还是简测图等，注意区别这些图的精度和内容取舍的不同。

第二节　地形图应用的基本内容

地形图的应用十分广泛，而不同的专业对图的应用又有所侧重。下面介绍应用地形图解决问题的基本方法。

一、在地形图上确定任一点的平面坐标

在地形图上进行规划设计时，经常需要用图解的方法量测一些设计点位的坐标。例如，在地形图上设计一幢房屋，为了控制和图上已有房屋之间的最小距离，则需要确定图上已有房屋离设计房屋最近一角点的坐标。由于确定点的坐标的精度要求不高，故仅用图解法在图上求解点的平面坐标即可。

如图 9-1 所示，欲求图上 A 点的平面坐标，可先过 A 点分别作平行于直角坐标纵线和横线的两条直线 gh、fe，然后用比例尺分别量取线段 ae 和 ag 的长度，为了防止出错，以及考虑图纸变形的影响，还应量出线段 ed 和 gb 的长度进行检核，即

$$ag + gb = ae + ed = 10\ \text{cm}$$

若无错误，则 A 点的坐标等于

$$\left.\begin{aligned} x_A &= x_a + ag \times M \\ y_A &= y_a + ae \times M \end{aligned}\right\} \tag{9-1}$$

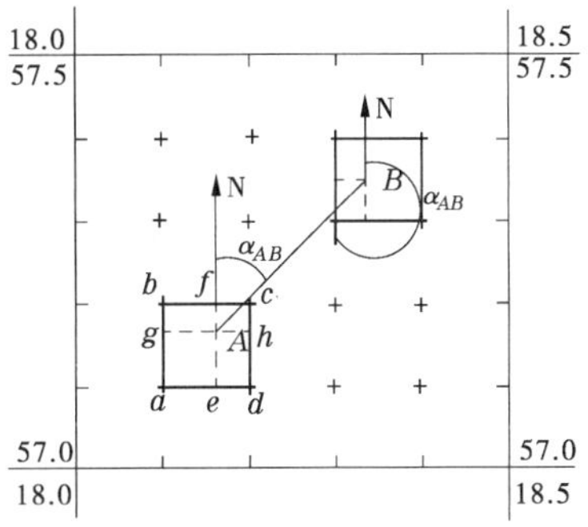

图 9-1　在 1∶1 000 地形图上求点的坐标

式中　x_a，y_a——A 点所在方格西南角点的坐标；

M——地形图比例尺的分母。

若图纸的伸缩过大，在图纸上量出方格边长（图上长度）不等于 10 cm 时，为提高坐标的量测精度，就必须进行改正。这时 A 点的坐标可按下式计算

$$\left.\begin{aligned} x_A &= x_a + \frac{10}{ab} \times ag \times M \\ y_A &= y_a + \frac{10}{ad} \times ae \times M \end{aligned}\right\} \tag{9-2}$$

使用式(9-2)时，注意右端计算单位的一致。

二、求图上两点间的距离

欲求图上两点间的距离，可用以下两种方法。

（一）图解法

在地形图上量测两点间的水平距离，可用直尺先量得图上两点间的长度，乘以比例尺分母即得相应实地水平距离。例如，在 1∶5万地形图上量得两点间的长度 $d = 32.2$ mm，则它的实地水平距离 $D = 32.2\ \text{mm} \times 50\ 000 = 1\ 610$ m。

在大比例尺地形图上可以直接用三棱比例尺量取两点间实地水平距离。为了消减图纸伸缩误差，在每幅小比例尺地形图的图廓下方都绘有直线比例尺，只要用卡规两脚在图上卡取两点位置，即可直接在直线比例尺上得出其对应的实地水平距离。

（二）解析法

若地形图上没有直线比例尺，且图纸变形较大，或是两点不在同一幅图内，此时，可用前述方法分别求出直线端点 A、B 的平面直角坐标，再运用坐标反算公式计算两点间的水平距离，即

$$D_{AB} = \sqrt{(x_B - x_A)^2 + (y_B - y_A)^2} = \sqrt{\Delta x^2 + \Delta y^2} \quad (9\text{-}3)$$

在实际工作中，有时需要确定曲线的距离。最简便的方法是用一细线使之与图上待测的曲线吻合，在细线上作出两端点的标记，然后量取细线两标记之间的长度，再按比例尺确定曲线的实地距离。

三、求图上直线的坐标方位角

如图 9-1 所示，欲求 AB 直线的坐标方位角，有图解法和解析法两种方法。

（一）图解法

过 A、B 两点精确地作平行于坐标纵线的直线，然后用量角器量出 AB 的坐标方位角 α_{AB} 和 BA 的方位角 α_{BA}。

同一直线的正、反方位角之差为 180°。但是，由于量测存在误差，设量测结果为 α'_{AB} 和 α'_{BA}，则可按下式计算 α_{AB}

$$\alpha_{AB} = \frac{1}{2}(\alpha'_{AB} + \alpha'_{BA} \pm 180°) \quad (9\text{-}4)$$

按图 9-1 的情况，上式 180°前符号应取“ − ”号。

（二）解析法

先求出 A、B 两点的坐标，然后再按下式计算 AB 的坐标方位角

$$\alpha_{AB} = \arctan \frac{y_B - y_A}{x_B - x_A} = \arctan \frac{\Delta y_{AB}}{\Delta x_{AB}} \quad (9\text{-}5)$$

当然，应根据 AB 直线所在的象限来确定坐标方位角的最后值（注：按式(9-5)求方位角时，在实践上很容易让学生搞不清楚，在本书第七章中有详细介绍）。

四、在地形图上确定点的高程

在地形图上的任一点，可以根据等高线及高程标记确定其高程。如图 9-2 所示，p 点正好在等高线上，则其高程与所在的等高线高程相同，从图上看为 27 m。如果所求点不在等高线上，如图中 k 点，则过 k 点作一条垂直于相邻等高线的线段 mn，量取 mn 的长度 d，再量取 mk 的长度 d_1，则 k 点的高程 H_k 可按比例类插求得

$$H_k = H_m + \Delta h = H_m + \frac{d_1}{d}h \quad (9\text{-}6)$$

式中 H_m——m 点的高程；

h——等高距，在图 9-2 中 $h = 1$ m。

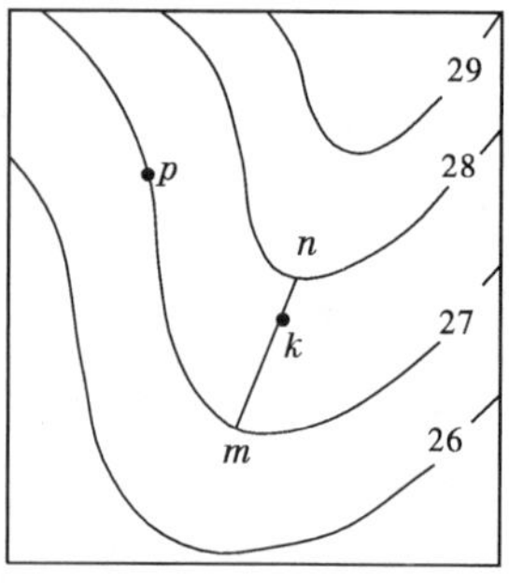

图 9-2　求图上某点的高程

在图上求某点的高程时，通常可以根据相邻两等高线的高程目估确定。例如，图 9-2 中的 k 点的高程可以估计为 27.7 m，因此其高程精度低于等高线本身的精度。规范规定，在平坦地区等高线的高程误差

不应超过 1/3 等高距；丘陵地区，不应超过 1/2 等高距。由此可见，如果等高距为 1 m，则平坦地区为 0.3 m，山区可达 0.5 m。所以，用目估法确定点的高程是允许的。

五、在地形图上确定两点间的坡度

欲求地形图上两点间的坡度，首先必须求得两点间的水平距离 d 和高差 h，然后按下式计算两点间的坡度

$$i = \tan\delta = \frac{h}{d} \tag{9-7}$$

式中 δ——地面的倾角。

坡度 i 一般用百分率或千分率表示，有正负之分，"+"为上坡，"-"为下坡。如果直线两端点间的各等高线平距相近，求得的坡度可以认为基本上符合实际坡度；如果两点间各等高线平距不等，则上式所求地面坡度为两点的平均坡度。

六、在地形图上按设计坡度选择最短路线

在道路、管线、渠道等工程设计时，都要求线路在不超过某一限制坡度的条件下，选择一条最短路线或等坡度线。

如图 9-3 所示，A、B 为一段线路的两端点，要求从 A 点起按 5% 的坡度选两条路线到达 B 点，以便进行分析、比较，从中选定一条便于施工、费用低的最短路线。

首先要按照限定的坡度 i、等高距 h、地形图比例尺分母 M，求得该路线通过图上相邻两等高线之间的平距 d，即

$$d = \frac{h}{iM} \tag{9-8}$$

设等高距为 2 m，图比例尺为 1∶5 000，则 $d = \frac{2}{0.05 \times 5\,000} = 0.008$。然后，以 A 点为圆心，d 为半径画弧，交 48 m 等高线于点 1，再以 1 点为圆心，d 为半径画弧，交 50 m 等高线于点 2，依次进行，直至 B 点。连接 A，1，2，…，B，便在图上得到符合限定坡度的路线。同法作出 A 点经 1′，2′，…，B 的另一条符合限定坡度的路线。

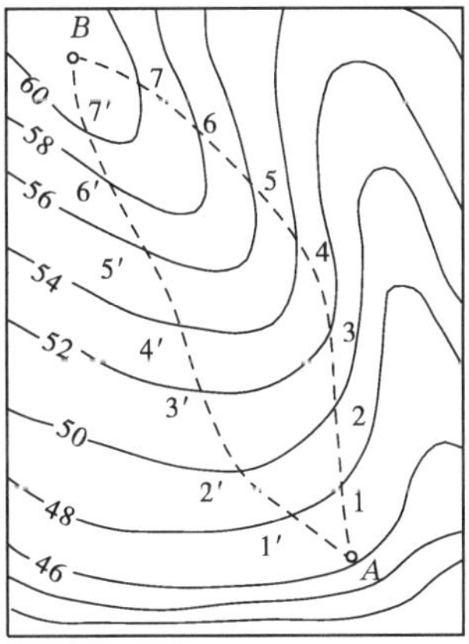

图 9-3 选择等坡度

如果图上等高距平距大于 d，表明实地坡度小于限定坡度，线路可按两点间最短路线的方向绘出。

第三节 地形图在工程建设中的应用

一、绘制地形断面图

断面图是表现沿某一方向的地面起伏情况的一种图。它是以距离为横坐标，高程为纵坐标绘出的。在工程设计中，特别是各种线路工程的规划设计中，为了进行填挖方量的概

算，以及合理确定线路的纵坡，都需要了解沿线路方向的地面起伏情况，为此，常需绘制沿指定方向的纵断面图，纵断面图可以在现场实测，也可以从地形图上获取资料而绘出。如图 9-4（a）所示，现要绘制 MN 方向的断面图，其步骤如下：

（1）绘制直角坐标轴线，横坐标轴 D 表示水平距离，比例尺与图上比例尺相同；纵坐标轴 H 表示高程，为能更好显示地面起伏形态，其比例尺是水平距离比例尺的 10 或 20 倍。并在纵轴上注明高程，高程的起始值选择要恰当，使断面图位置适中。

（2）确定断面点，先用分规在地形图上分别量取 $M1$，$M2$，…，MN 的距离，再在横坐标轴 D 上以 M 为起点量出长度 $M1$，$M2$，…，MN，以定出 M，1，2，…，N 点。通过这些点作垂线，就得到与相应高程线的交点，这些点为断面点。

（3）用光滑的曲线连接断面上的各点，即得 MN 方向的断面图，如图 9-4（b）所示。

二、确定汇水面积

在修建大坝、桥梁、涵洞和排水管道等工程时，都需要知道有多大面积的雨、雪水向这个河道或谷地里汇集，以便在工程设计中计算流量，这个汇水范围的面积亦称为汇水面积（或称集雨面积）。

由于雨水是沿山脊线（分水线）向两侧山坡分流，所以汇水范围的边界线必然是由山脊线及与其相连的山头、鞍部等地貌特征点和人工构筑物（如坝和桥）等线段围成。如图 9-5 所示，欲在 A 处建造一个泄水涵洞。AE 为一山谷线，泄水涵洞的孔径大小应根据流经该处的水量决定，而水量又与山谷的汇水范围大小有关。从图 9-5 中可以看出，由山脊线 BC、CD、DE、EF、FG、GH 及道路 HB 所围成的边界，就是这个山谷的汇水范围。量算出该范围的面积即得汇水面积。

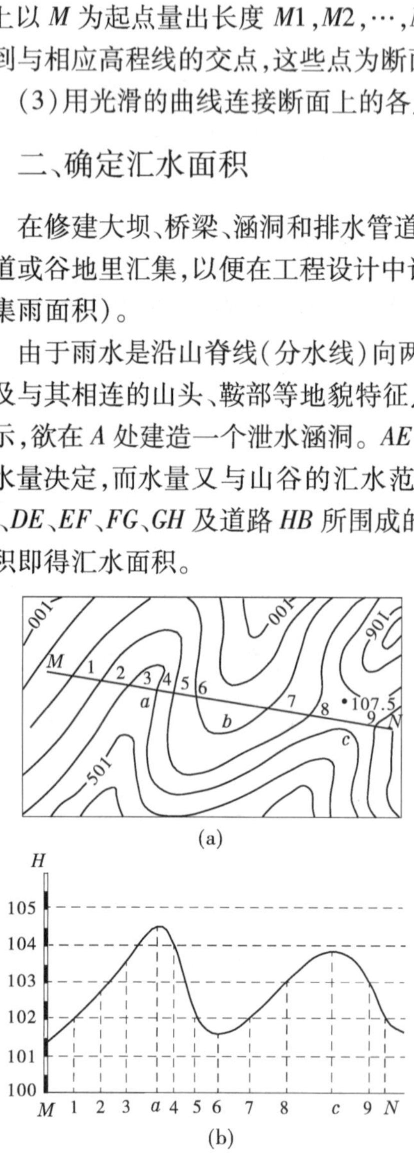

图 9-4　绘制断面图

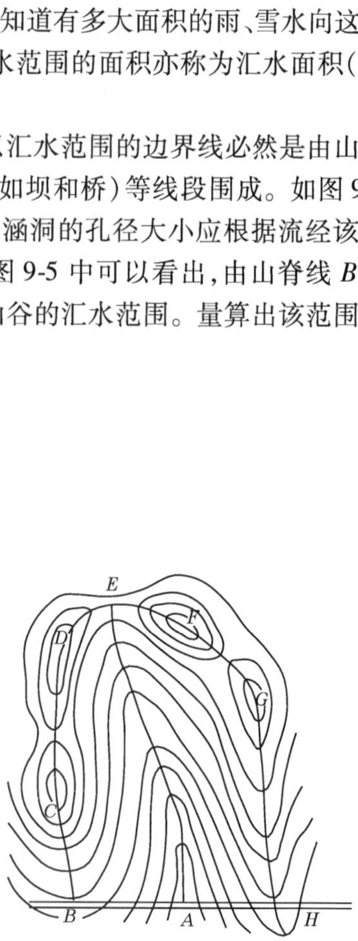

图 9-5　确定汇水面积边界线

在确定汇水范围时应注意以下两点：

（1）边界线（除构筑物 A 外）应与山脊线一致，且与等高线垂直。

（2）边界线是经过一系列山头和鞍部的曲线，并与河谷的指定断面（如图中 A 处的直线)闭合。

根据汇水面积的大小,再结合气象水文资料,便可进一步确定流经 A 处的水量,从而对拟建此处的涵洞大小提供设计依据。

三、填、挖土方量计算

在各种工程建设中,除对建筑物要进行合理的平面布置外,往往还要对原地貌进行必要的改造,以便适于布置各类建筑物,排除地面水以及满足交通运输和敷设底下管线等,这种地貌改造称为平整土地。在平整场地的工作中,常需估算土石方的工程量,其方法有多种,其中方格网法(或设计等高线法)是应用最广泛的一种。下面分两种情况介绍该方法。

(一)要求平整成水平面

假设要求将原地貌按挖填土石方量平衡的原则改造成水平面,如图 9-6 所示,其步骤如下。

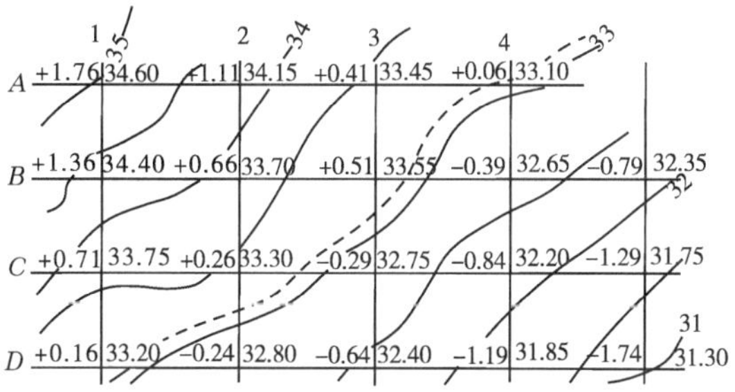

图 9-6　方格网法估算土石方量

1. 在地形图上绘制方格网

在地形图上拟建场地内绘制方格网。方格网的大小取决于地形复杂程度、地形图比例尺大小以及土石方量估算的精度要求,一般边长为实地 10 m 或 20 m。方格网绘制完后,根据地形图上的等高线,用内插法求出每一方格顶点的地面高程,并注记在相应方格顶点的右上方。

2. 计算设计高程

平整后场地的高程称为“设计高程”。先取每一方格四个顶点的平均地面高程,再取所有方格平均地面高程的平均值,得出的就是设计高程 H_0

$$H_0 = \frac{H_1 + H_2 + H_3 + \cdots + H_n}{n} \tag{9-9}$$

式中　H_n——第 n 方格的平均地面高程;

n——方格总数。

从计算过程中可以看出,由于是取方格四顶点高程的平均值,所以每点的高程要乘以 1/4。再从图中可以看出,A_1、A_4 等角点只用了一次,而像 A_2、B_1 等边点则用了两次,拐点 B_4 用了三次,而像 B_2、C_2 等中点要用四次,所以求设计高程 H_0 的计算公式可写成

$$H_0 = \frac{\sum H_{角} + 2\sum H_{边} + 3\sum H_{拐} + 4\sum H_{中}}{4n} \tag{9-10}$$

这样计算出的设计高程,可使填土和挖土的数量大致相等。将图 9-6 中各方格点高程代入式(9-10),求出设计高程为 33.04 m。在图上内插绘出 33.04 m 等高线(图中虚线),即

为不填不挖的边界线,也称为零线。

3. 计算挖(填)高度

用方格顶点的地面高程和设计高程,可计算出各方格顶点的挖(填)高度,即

挖(填)高度 = 地面高程 - 设计高程

将挖(填)高度注记在各方格顶点的左上方,正号为挖方,负号为填方。

4. 计算挖(填)土石方量

挖(填)土石方量可按角点、边点、拐点、中点分别按下列公式计算

$$\left.\begin{array}{ll}\text{角点:} & \text{挖(填)高度}\times\frac{1}{4}\text{方格面积}\\ \text{边点:} & \text{挖(填)高度}\times\frac{1}{2}\text{方格面积}\\ \text{拐点:} & \text{挖(填)高度}\times\frac{3}{4}\text{方格面积}\\ \text{中点:} & \text{挖(填)高度}\times 1\ \text{方格面积}\end{array}\right\}\qquad(9\text{-}11)$$

5. 计算总填、挖土方量

挖方量和填方量是否相等,若 $V_{总挖} = V_{总填}$,则满足挖、填平衡的要求。

如图 9-7 所示,设每一方格面积为 400 m,计算的设计高程是 25.2 m,每一方格的挖深或填高数据分别利用"挖(填)高度 = 地面高程 - 设计高程"计算出,并注记在方格顶点的左上方。于是,可按式(9-11)列表(见表 9-1)分别计算出挖方量和填方量。从计算结果可以看出,挖方量和填方量是相等的,满足挖、填平衡的要求。

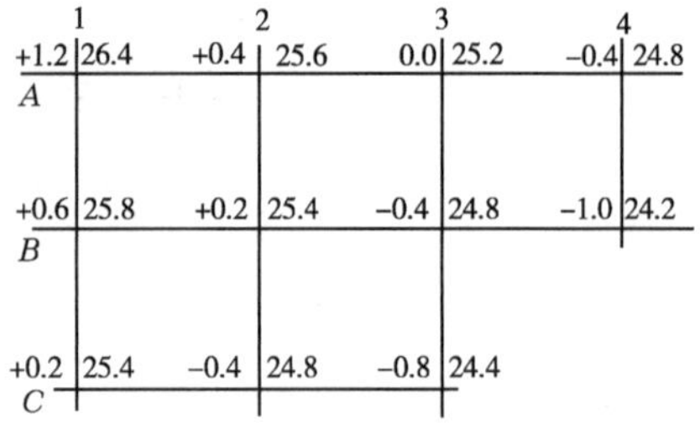

图 9-7 土方填、挖计算

表 9-1 挖、填土方计算表

点号	挖深(m)	填高(m)	所占面积(m^2)	挖方量(m^3)	填方量(m^3)
A_1	+1.2		100	120	
A_2	+0.4		200	80	
A_3	0.0		200	0	
A_4		-0.4	100		40
B_1	+0.6		200	120	
B_2	+0.2		400	80	
B_3		-0.4	300		120
B_4		-1.0	100		100
C_1	+0.2		100	20	
C_2		-0.4	200		80
C_3		-0.8	100		80
总计				420	420

（二）按设计要求整理成倾斜面

将原地形改造成某一坡度的倾斜面，一般可根据填、挖平衡的原则，绘出设计倾斜面的等高线。但是，有时要求所设计的倾斜面必须包含不能改动的某些高程点（称为设计斜面的控制高程点），例如，已有道路的中线高程点、永久性或大型建筑物的外墙地坪高程等。

（1）确定设计等高线的平距。

（2）确定设计等高线的方向。

（3）插绘设计倾斜面的等高线。

（4）计算填、挖土方量。

与前一方法相同，首先在图面上绘制方格网，并确定各方格顶点的挖深和填高高程。不同之处是，各方格顶点的设计高程是根据等高线内插求得的，并注记在方格顶点的右下方。其填高和挖深量仍记在各顶点的左上方。挖方量和填方量的计算和前一方法相同。

四、图形面积量算

在规划设计中，常需要在地形图上量算一定轮廓范围内的面积。下面介绍几种常用的方法。

（一）图解法

图解法是将欲计算的复杂图形分割成简单图形，如三角形、平行四边形、梯形等再量算。如果图形的轮廓线是曲线，则可把它近似当做直线看待，精度要求不高时，可采用透明方格网法、平行线法等计算。

1. 透明方格网法

如图9-8所示，在图纸上画出欲测面积的范围边界，用透明的方格纸蒙在欲测面积的图纸上，统计出图纸上所测面积边界所围方格的整格数和不完整格数，然后用目估法对不完整的格数凑整成整格数，再乘以每一小格所代表的实际面积，就可得到所测图形的实地面积，也可以把不完整格数的一半当成整格数参与计算。

2. 平行线法

如图9-9所示，将透明纸或透明膜片绘成1～2 mm间隔的平行线。量测时，将透明平行线膜片覆盖在欲量算的图斑（形）上，则所量图形的面积等于若干个等高梯形的面积之和。此法可以克服方格网膜片边缘方格的凑整太多的缺点。图中平行虚线是梯形的中线。量测出各梯形的中线长度，则图形面积为：$S = H(ab + cd + ef + \cdots + yz)$，$H$为平行线间隔长度。

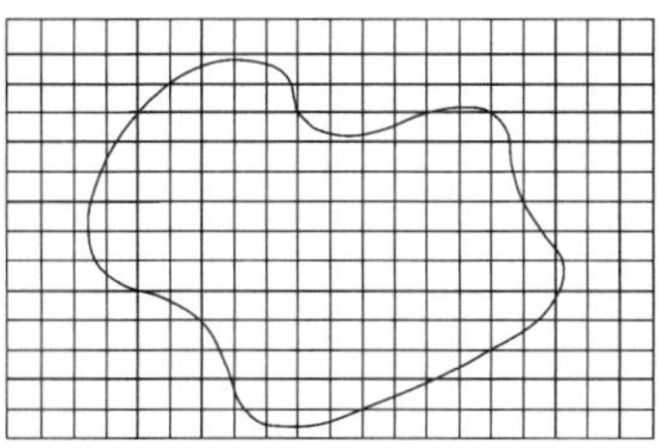

图9-8　透明方格纸法

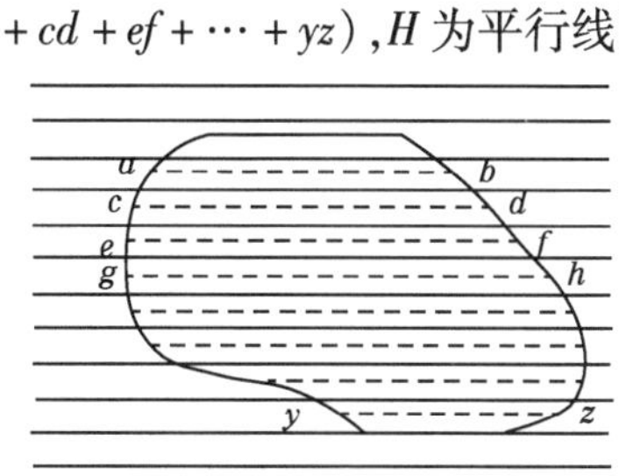

图9-9　平行线法求面积

（二）坐标解析法

如果图形为任意多边形，且各顶点的坐标已在图上量出或已在实地测定，可利用各点坐标以解析法计算面积。解析法是根据图形边界线转折点的坐标来计算图形面积的大小的。图形边界线转折点的坐标可以在地形图上通过坐标格网来量测,而有的图形边界线转折点的坐标是在外业实测的,可直接计算。

设四边形1234顶点的坐标为(x_1,y_1)、(x_2,y_2)、(x_3,y_3)、(x_4,y_4),由图9-10知其面积S为梯形122'1'加梯形233'2'减去梯形144'1'与梯形433'4',即

$$S=\frac{(y_2-y_1)}{2}(x_2+x_1)+\frac{(y_3-y_2)}{2}(x_3+x_2)-\frac{(y_4-y_1)}{2}(x_4+x_1)-\frac{(y_3-y_4)}{2}(x_3+x_4)$$

整理后得

$$S=\frac{1}{2}[x_1(y_2-y_4)+x_2(y_3-y_1)+x_3(y_4-y_2)+x_4(y_1-y_3)] \tag{9-12}$$

推广至n边形

$$S=\frac{1}{2}\sum_{i=1}^{n}x_i(y_{i+1}-y_{i-1}) \tag{9-13}$$

或

$$S=\frac{1}{2}\sum_{i=1}^{n}y_i(x_{i-1}-x_{i+1}) \tag{9-14}$$

式中,i为各顶点的序号,当$i=1$时,$i-1=0$,这时取$x_{i-1}=x_0=x_n$;当$i=n$时,$i+1=n+1$,这时取$x_{i+1}=x_{n+1}=x_1$。

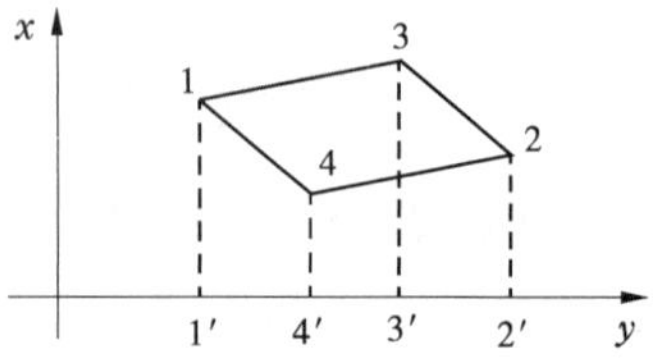

图9-10　解析法求面积

(三)求积仪法

求积仪法是面积计算工作中广泛采用的一种方法。它之所以被广泛采用,是因为计算速度快,方法简单,尤其便于计算各种不规则图形的地块面积。

电子求积仪是采用集成电路制造的一种新型求积仪,其性能优越,可靠性好,操作简便。图9-11所示为KP-90N型动极式电子求积仪。

若量测一不规则图形的面积(见图9-12),具体操作步骤如下:

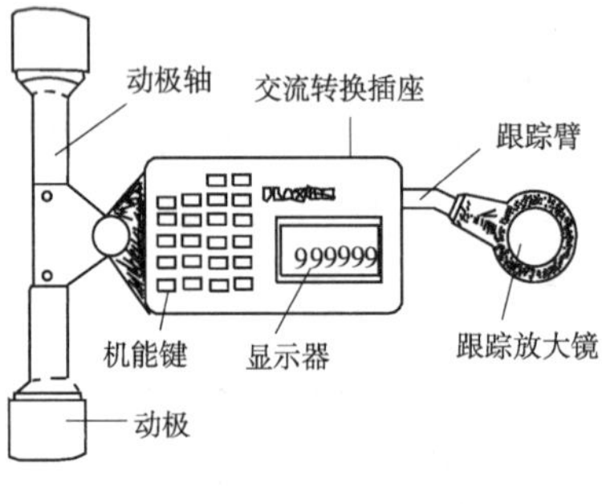

图9-11　KP-90N型电子求积仪

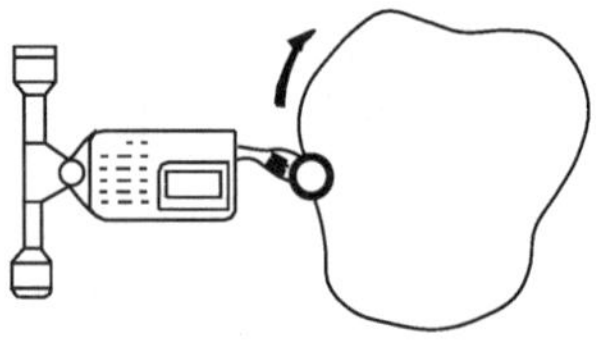
图9-12　KP-90N电子求积仪使用

(1)打开电源。按下ON键,显示窗立即显示。

(2)设定单位。用UNIT-1键及UNIT-2键设定。

(3)设定比例尺。用数字键设定比例尺分母,按SCALE键,再按R-S键即可。若纵横比例尺不同,某些纵断面的图形,设横比例尺为1∶x,纵比例尺1∶y时,按键顺序为x,SCALE,y,SCALE,R-S即可。

(4)面积测定。将跟踪放大镜十字丝中心,瞄准图形上一起点,按START即可开始,对

一图形重复测量两次取平均值,见表 9-2。

此外,面积量测设备还有光电面积扫描仪和图形数字转换仪等。对于数字地形图,目前的数字成图软件和 GIS 软件,都可以直接在软件中自动量取所选定图块的面积。在小范围的面积测定中,可以利用全站仪测量土地面积的功能进行测定。这里就不作具体介绍了。

表 9-2　KP－90N 型电子求积仪操作过程

键操作	符号显示	操作内容
START	cm^2 0.	蜂鸣器发生音响,开始测量
第一次测量	cm^2 3401.	脉冲计数表示
MEMO	MEMO　cm^2 340.1	符号 MEMO 显示,从脉冲计数变为面积值,第一次测定值 340.1 cm^2 被存储
START	MEMO　cm^2 0.	第二次测量开始,蜂鸣器发出音响,数字显示为 0
第二次测量	MEMO　cm^2 3399.	脉冲计数表示
MEMO	MEMO　cm^2 339.9.	从脉冲计数变为面积值,第二次测定值 339.9 cm^2 被存储
AVER	MEMO　cm^2 340.	重复二次的平均值是 340 cm^2

思考与练习题

1. 在地形图上如何确定点的坐标和高程?

2. 在地形图上如何确定直线的长度、坐标方位角和坡度?

3. 在地形图上如何确定汇水面的范围?

4. 试述用透明方格纸法和坐标解析法计算面积的方法。

5. 在 1:1 000 的地形图上,若等高距为 1 m,现要设计一条坡度为 2% 的等坡度最短路线,问路线上相邻等高线的最短间距应为多少?

6. 在绘制某一方向的断面图时,为什么要将高程方向的比例尺确定得大一些?

7. 设图 9-13 为 1:10 000 的等高线地形图,图下印有直线比例尺,用以从图上量取长度。根据地形图用图解法解决以下三个问题:

(1) 求 A、B 两点的坐标及 AB 连线的方位角;

(2) 求 C 点的高程及 AC 连线的坡度;

(3) 从 A 点到 B 点定出一条地面坡度 $i=5\%$ 的路线。

8. 图 9-14 所示的等高线地形图上设计一倾斜平面,倾斜方向为 AB 方向,要求该倾斜平面通过 A 点时的高程为 45 m,通过 B 点时的高程为 50 m,在图上作出填、挖边界线,并在填土部分画上斜阴影线。

9. 根据图 9-15 所示的等高线地形图,沿图上 AB 方向按图下已画好的高程比例作出其地形断面图(水平比例尺与地形图一致)。

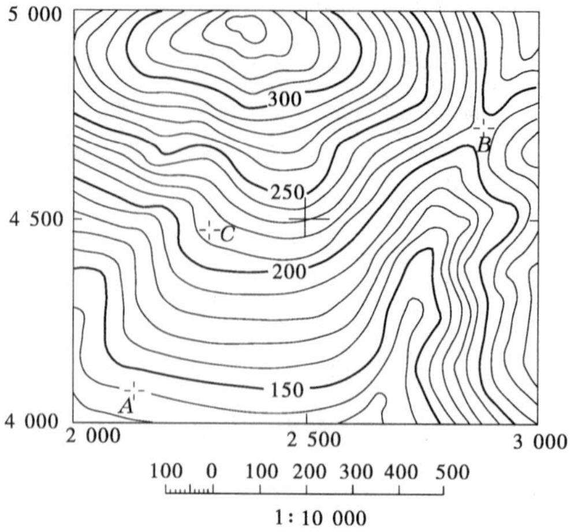

图 9-13　习题 9-7 图

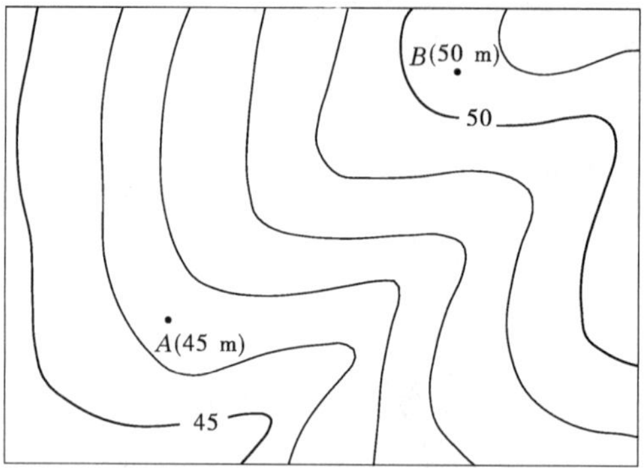

图 9-14　习题 9-8 图

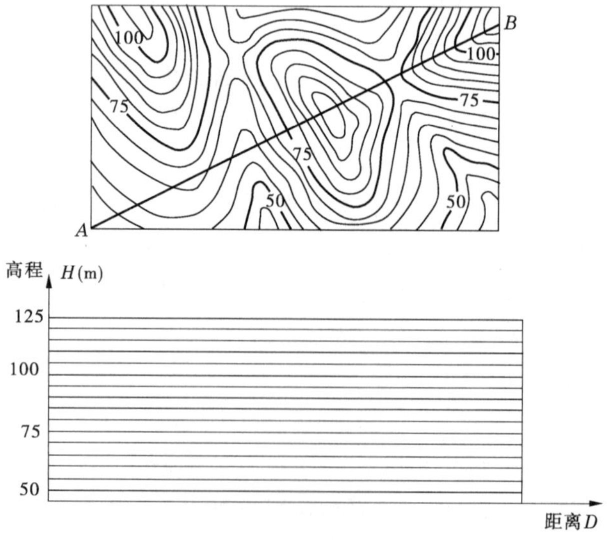

图 9-15　习题 9-9 图

附　录

附录一　地形测量技能训练须知

一、测量实训一般要求

（一）准备工作

（1）在课间实训之前，应做好预习，参阅教材中的有关部分，认真仔细地预习实训指导书，熟悉实训的步骤或实训过程，弄清实训的目的、要求、方法和注意事项，并准备好自备的文具用品，如铅笔、小刀等。

（2）实训分小组进行，组长负责组织协调工作，办理所用仪器工具的借领和归还手续。

（3）实训时间由任课教师根据教学大纲的要求统一安排；实训在指定的场地进行，同学们不得擅自改变实训地点。

（二）要求

（1）实训中的具体操作应按指导书的规定进行，如遇问题（如仪器出现故障），要及时向指导教师反映，不得自行处理。

（2）实训完毕后，各组组长应报告指导教师，实训记录经老师审查合格后方可收起仪器。

（3）在离开实训地点前，全组人员应一起清点一次所用的仪器、工具，如发现有遗失或损坏，应及时报告指导教师。

（4）每位同学须认真按照操作程序独立地完成各工序的实训，实训完成后，每人每次需提交1份书写工整、规范的实训报告。

（5）服从指导教师的指挥，任何人不得无故缺席或迟到早退。

二、课间实训仪器及工具借用办法

（1）每次实训，各小组每位同学均应于课前提前几分钟到测量仪器保管室，由小组长负责领取仪器，清点检查后在登记表上填明组号并签名，然后将所领仪器工具拿到实训场地。

（2）实训过程中各组仪器工具应妥善保护，各组不得任意调换，如有损坏和遗失，按规定进行赔偿。

（3）实训完毕后，应将所借的仪器工具清理好，交还测量仪器室由管理人员点收。

三、测量仪器、工具的正确使用和维护

测量仪器属精密仪器，若不按操作程序进行使用，就很容易损坏。如有损坏，将给同学们的实训和经济带来影响和损失，现将有关测量仪器的正确使用和维护注意事项叙述如下，请同学们认真领会、贯彻执行。

(一)光学经纬仪、水准仪及平板仪等常规仪器的使用要求

1. 领仪器时必须检查事项

(1)仪器箱盖是否关好,锁牢。

(2)背带、提手是否牢固。

(3)脚架与仪器是否相配,脚架各部分是否完好,要防止因脚架不牢而摔坏仪器,或因脚架不稳而影响作业。

2. 打开仪器箱时的注意事项

(1)仪器箱应平放在地上或其他平台上才能打开,不能托在手上或抱在怀里,以免将仪器摔坏。

(2)开箱后取出仪器前,要注意仪器安放的位置和方向,以免用毕装箱时因安放位置不正确而损坏仪器。

3. 自箱中取出仪器时的注意事项

(1)不论何种仪器,在取出前一定要先放松制动螺旋,以免取出仪器时因强行扭转而损坏制动、微动装置甚至损坏轴系。

(2)从箱中取出仪器时,应握住基座或双手握住望远镜的支架下部,决不允许提望远镜。

4. 架设仪器时的注意事项

(1)打开三脚架的制动螺旋,抽出架腿,再拧紧制动螺旋。三条腿拉出的长度要适中,应防止因螺旋未拧紧造成脚架自行收缩而摔坏仪器。

(2)架设脚架时,三条腿分开的跨度要适中,并得太拢,容易被碰倒,分得太开又容易滑倒,都会造成事故。若在斜坡上架设仪器,应使两条腿在坡下,一条腿在坡上,这样安放比较稳当。如在光滑的地面上架设仪器,要采取安全措施,防止脚架滑动,摔坏仪器。如用细绳将三脚架连起来,使脚架不会分开滑倒。

(3)在脚架安放稳妥并将仪器放到架头上后,要立即拧紧仪器和脚架间的连接螺旋,预防忘记拧上连接螺旋而摔坏仪器。

(4)仪器从箱中取出后要随即将仪器箱盖好,以免沙土进入箱中,并防止搬动仪器时丢失附件。

(5)仪器箱多为塑料或木质材料制成,不能承重。因此,不能坐仪器箱。

5. 仪器在使用过程中的注意事项

(1)防止烈日曝晒和雨淋,为此须打伞。

(2)旋转望远镜照准部时,注意是否松开了制动螺旋,若制动螺旋未打开,切勿用力转动任何部分。如遇到问题应及时向指导教师报告,不得自行处理。

(3)仪器在野外必须有人守护,决不允许将仪器靠于墙上或树上,也不许将仪器寄存在私人家中,以免损坏。

(4)禁止用手和手帕擦拭目镜、物镜,以免污损;仪器各部分的灰尘要用毛刷或绒布擦拭。

(5)操作仪器时,用力要均匀,动作要准确、轻捷,用力过大或动作太猛,都会对仪器造成损伤。

(6)装箱前要放松各部制动螺旋,装入箱后要试盖一下,在确认各部分平稳地放入箱中后，再将各制动螺旋拧紧（不能拧得过紧），以防止仪器在箱中自由转动而损坏某些部件。仪器箱关闭时，必须注意无挤压现象，然后扣紧扳手。

（7）仪器的附件用毕后，必须放回箱内的固定位置，不得随便放入衣袋里或其他地方，以防丢失。如有缺少，应立即寻找。

6. 仪器迁站时的注意事项

（1）在长距离迁站或通过行走不方便的地区时，应将仪器装入箱中搬迁，搬迁时切勿跑行，要双肩背仪器（不准单肩背）防止猛烈振动和摔坏仪器。

（2）在短距离且平坦地区迁站时，可先将脚架收拢，然后一手抱脚架，一手托扶仪器，保持仪器近于直立状态搬迁，严禁将仪器扛在肩上搬迁。

（3）在迁站搬动仪器前，对仪器各部的制动螺旋要稍微上紧，但不宜固定得太死。

（4）每次迁站都要清点所有仪器、附件，防止丢失。

（5）在野外作业时，仪器不得随意拆卸。

（二）对其他用具及附件的要求

（1）各种标尺的完好与否，直接影响测量工作的进行，立尺员要特别注意保护尺子的分划面及尺子底部，立尺时要双手扶尺，在观测间歇中，不要将尺子随便往树上、墙上立靠，这样尺子容易滑倒摔坏或磨伤尺面，应将尺子平放在地面上。但不准把尺子当坐垫和作跳跃支撑之用。标尺上的泥土，应随时擦干净。

（2）标杆、竹杆是用来做临时测量标志用的，不得用来抬东西、晒衣物等，杆脚的泥土应随时擦净，保持清洁。

（3）测图板是平板仪的主要附件之一，测图板的完好与否直接影响测图工作的进行，要特别注意保护图板面，不要直接在图板上划、写或钉图钉。图板不能压以重物，踩脚尖时要防止用力过猛，以免踩断脚架。

（4）小钢卷尺性脆，易折断，使用时要加倍小心，拉出时不要用力太大，收回时应将尺面理好，以防绞结、扭断。

四、测量资料的记录要求

测量记录是外业观测成果的记载和内业数据处理的依据。在测量记录或计算时必须严肃认真，一丝不苟，严格遵守下列规则：

（1）在测量记录之前，准备好铅笔（2H、3H），同时熟悉记录表上各项内容的填写和计算方法。

（2）记录观测数据之前，应将记录表头的仪器型号、测站号、天气、观测者、记录者姓名及观测日期填写齐全。数字和文字均须书写工整。

（3）观测者读数后，记录者应随即在测量记录纸的相应栏上填写，并将记录的观测数据回读给观测者，以资检核。

（4）各项观测数据必须在测量时记入正式表格中，不准用其他纸记载后再誊写。

（5）记录时要求字迹工整清晰，数位对齐，数字对齐。字体的大小一般占格宽的 1/2 ~ 2/3，字脚靠近底线（以便修改时有空位）；表示精度或占位的“0”（例如水准尺读数 1.6 m 和 0.123 m，应记为 1600 m 和 0123 m；盘读数 88°6′，应记为 88°06′00″）均不得省略。

（6）观测数据的尾数不得更改，读错或记错后必须重测或重记。例如，在角度测量时，分秒数字出错，应重测该测回；水准测量时，厘米、毫米上的数出错时，应重测该测站。

(7)观测数据的前几位(角度值的度数，长度的米和分米)出错时，应用细线划去错误的数字，并在原数字上方写出正确的数字。不准用橡皮擦去错误的数字，更不准在原错误的数字处涂改。禁止连环更改数字。例如，水准测量中的黑、红面读数，角度测量中的盘左、盘右读数，距离丈量中的往、返丈量值等，均不能同时更改，否则观测成果作废。

(8)记录数据修改后或成果作废后，都应在说明栏内写明原因(如测错、记错、超限等)。

(9)每站观测结束后，必须在现场完成规定的计算和检核，确认无误后方可迁站。

(10)为了避免凑整误差的积累，而导致测量结果的精度受到影响，在测量计算中采用如下凑整规则：

大于5者入，小于5者舍，正好是5者，则视该数前面数的奇偶性来决定，为奇数时入，为偶数时舍，又简称为奇进偶不进。例如，要求对距离保留小数点后3位小数(保留至毫米)，对266.864 4，266.863 8，266.864 5，266.863 5这几个数取至毫米位后，则均记为266.864。

附录二　技能训练实训报告格式

实训报告

日期：　　　班级：　　　组别：　　　姓名：　　　学号：

实训项目		成绩	
实训技能目标			
实训场地			
主要仪器工具			
实训主要步骤			
实训总结			

附录三　测量的度量单位

测量上采用的长度、面积、体积和角度的度量单位如下。

一、长度单位

我国测量工作中法定的长度计量单位为米(meter)制单位:

1 米 (m) =10 分米(dm) =100 厘米 (cm) =1 000 毫米 (mm)

1 千米(km) =1 000 米(m)

在外文测量书籍及参考文献中,还会用到英、美制的长度计量单位,它与米制的换算关系如下:

1 英寸 (in) =2.54 厘米 (cm)

1 英尺(ft) =12 英寸 (in) = 0.304 8 米 (m)

1 码 (yd) =3 英尺(ft) =0.914 4 米 (m)

1 英里 (mi) =1 760 码 (yd) =1.609 3 千米(km)

二、面积单位

我国测量工作中法定的面积计量单位为平方米(m^2),大面积则用公顷(hm^2)或平方千米(km^2)。我国农业上常用亩(mu)为面积计量单位。其换算关系如下:

1 平方米 (m^2) =100 平方分米(dm^2) =10 000 平方厘米(cm^2) =1 000 000 平方毫米(mm^2)

1 亩(mu) = 666.666 7 平方米 (m^2)

1 公亩(are) = 100 平方米 (m^2)

1 平方米 (m^2) =0.001 5 亩(mu)

1 公顷(hm^2) =10 000 平方米 (m^2) =15 亩(mu)

1 平方千米(km^2) = 100 公顷(hm^2) = 1 500 亩(mu)

米制与英、美制面积计量单位的换算关系如下:

1 平方英寸(in^2) =6.451 6 平方厘米(cm^2)

1 平方英尺(ft^2) =144 平方英寸(in^2) =0.092 9 平方米 (m^2)

1 平方码 (yd^2) =9 平方英尺(ft^2) =0.836 1 平方米 (m^2)

1 英亩 (acre) =4 840 平方码 (yd^2) =40.468 6 公亩(are) =4 046.86 平方米 (m^2) = 6.07 亩(mu)

1 平方英里(mi^2) =640 英亩 (acre) =2.59 平方千米(km^2)

三、体积单位

我国测量工作中法定的体积计量单位为立方米(m^3),在工程中简称为“立方”或“方”。

四、角度单位

测量工作中常用的角度单位有度、分、秒(DMS)制和弧度制。

(一)度、分、秒制

1 圆周 = 360°(度), 1° = 60′(分), 1′ = 60″(秒)

此外,还有 100 等分的新度:

1 圆周 = 400^g(新度), $1^g = 100^c$(新分), $1^c = 100^{cc}$(新秒)

两者的换算公式是:1 圆周 = 360° = 400^g,故

1^g(新度) = 0.9°　　　　$1° = 1.111^g$(新度)

1^c(新分) = 0.54′　　　　$1′ = 1.852^c$(新分)

1^{cc}(新秒) = 0.324″　　　　$1″ = 3.086^{cc}$(新秒)

(二)弧度制

圆心角的弧度为该弧长与半径之比。在推导测量学的公式或进行计算时,有时也用弧度来表示角度的大小,计算机运算中的角度值也往往以弧度表示。如附图 1 所示,把弧长 b 等于半径 R 的圆弧所对圆心角称为一个弧度,以 ρ 表示。因此,整个圆周为 2π 弧度。

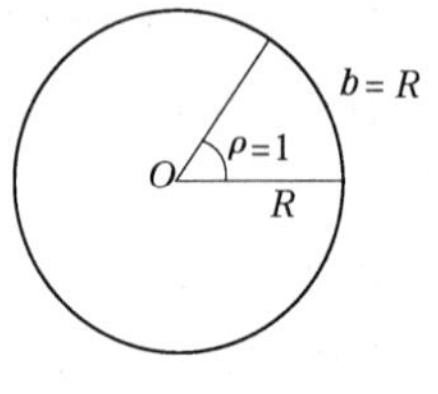

附图 1

弧度与角度的关系为 $2\pi\rho = 360°$,因此

$$\rho = \frac{180°}{\pi}$$

一个弧度所相对的度、分、秒制角值为

$$\rho° = \frac{180°}{\pi} = 57.295\ 779\ 5° \approx 57.3°$$

$$\rho' = \frac{180°}{\pi} \times 60 = 3\ 437.746\ 77' \approx 3\ 438'$$

$$\rho'' = \frac{180°}{\pi} \times 3\ 600 = 206\ 264.806'' \approx 206\ 265''$$

知道一角度的度、分、秒值,可以按下式将其化为弧度值

$$\widehat{\alpha} = \frac{\alpha°}{\rho°} = \frac{\alpha'}{\rho'} = \frac{\alpha''}{\rho''}$$

在测量工作中,有时需要按圆心角 α 及半径 R 计算该角所对的弧长 L。如附图 2(a)所示,已知 $\alpha = 15°36'18''$, $R = 100$ m,所对弧长 L 为

$$\alpha = 15° + \frac{36'}{60} + \frac{18''}{3\ 600} = 15.605°$$

$$L = R\widehat{\alpha} = R\frac{\alpha°}{\rho°} = 100\ \text{m} \times \frac{15.605°}{57.295\ 78°} = 27.236\ \text{m}$$

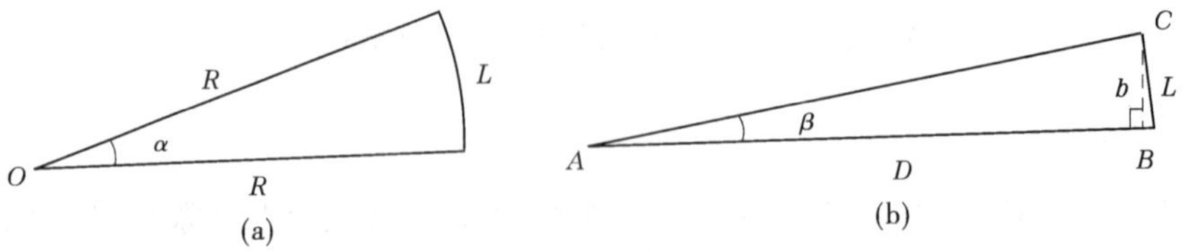

附图 2　弧长计算

有时,将直角三角形中小角度 β 的对边 b 按弧长计算(因与该角所对弧长 L 相差很

小)，如附图2(b)所示。设$\beta = 1'30''$,A、B的距离$D = 120$ m，则β角的对边b可按下式计算：

$$b = D \times \hat{\beta} = D \times \frac{\beta''}{\rho''} = 120\ \mathrm{m} \times \frac{90''}{206\ 265''} = 0.052\ \mathrm{m}$$

五、用于构成十进制倍数和分数单位的词头

所表示的因数	词头名称	词头符号
10^{18}	艾	E
10^{15}	拍	P
10^{12}	太	T
10^{9}	吉	G
10^{6}	兆	M
10^{3}	千	k
10^{2}	百	h
10^{1}	十	da
10^{-1}	分	d
10^{-2}	厘	c
10^{-3}	毫	m
10^{-6}	微	μ
10^{-9}	纳	n
10^{-12}	皮	p
10^{-15}	飞	f
10^{-18}	阿	a

参 考 文 献

[1] 罗志清.测量学[M].昆明:云南大学出版社,2010.
[2] 赵雪云,李峰.测量学基础[M]. 北京:化学工业出版社,2008.
[3] 赵文亮.地形测量[M].郑州:黄河水利出版社,2005.
[4] 吴贵才.地形测量[M].徐州:中国矿业大学出版社,2005.
[5] 张志勇.数字水准仪的原理特点及测量算法综述[J].大坝与安全,2004 x(s1):4-9.
[6] 肖进丽,等. 几种数字水准仪标尺的编码规则和读数原理比较[J]. 测绘通报,2004.(10):57-58.
[7] 索效荣,李天和.地形测量[M].北京:煤炭出版社,2007.
[8] 高井祥.测量学[M].徐州:中国矿业大学出版社,2002.
[9] 顾孝烈,鲍峰,程效军.测量学[M].上海:同济大学出版社,1999.
[10] 张凤举.控制测量学[M].北京:煤炭工业出版社,1999.
[11] 李天和,王文光.矿山测量[M].北京:煤炭工业出版社,2005.
[12] 武汉测绘科技大学《测量学》编写组.测量学[M].2 版. 北京:测绘出版社,1991.
[13] 高德慈,文孔越.测量学[M].北京:北京大学出版社,1996.
[14] 李天和,刘绍堂.工程测量[M].郑州:黄河水利出版社,2006.
[15] 冯仲科.测量学通用教程[M].北京:测绘出版社,1996.
[16] 侯湘浦.地形测量[M].北京:煤炭工业出版社,1988.
[17]中华人民共和国国家质量监督检验检疫总局,国家标准化管理委员会.国家基本比例尺地图图式 第1部分 GB/T 20257.1—2007 1:500、1:1 000、1:2 000 地形图图式[S].北京:测绘出版社,2007.
[18] 北京市测绘设计研究院.CJJ8—99 城市测量规范[S].北京:中国建筑工程出版社,1999.
[19] 中国有色金属工业协会.GB 50026—2007 工程测量规范[S].北京:中国计划出版社,2007.
[20] 国家技监督局.GB/T 13989—92 国家基本比例尺分幅和编号[S].北京:中国标准出版社,1993.
[21] 国家技监督局.GB/T 18314—2001 全球定位系统(GPS)测量规范[S].北京:中国标准出版社,2001.
[22] 中华人民共和国国家质量监督检验检疫总局,国家标准化管理委员会.GB/T 18316—2008 数字测绘成果质量检查与验收[S].北京:中国标准出版社,2008.